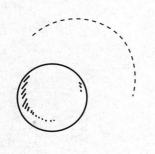

数学的思维与智慧

（第二版）

王章雄◎著

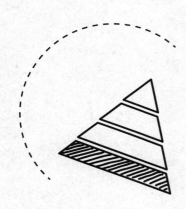

U0386328

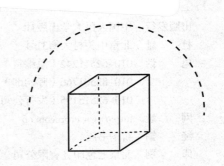

MATHEMATICAL
THINKING
WITH WISDOM

中国人民大学出版社
·北京·

图书在版编目（CIP）数据

数学的思维与智慧 / 王章雄主编 . -- 2 版 . -- 北京：
中国人民大学出版社，2022.4
ISBN 978-7-300-30137-2

Ⅰ . ①数… Ⅱ . ①王… Ⅲ . ①数学—思维方法—教材
Ⅳ . ① O1

中国版本图书馆 CIP 数据核字（2022）第 000172 号

数学的思维与智慧（第二版）

王章雄　主编

Shuxue de Siwei yu Zhihui

出版发行	中国人民大学出版社			
社　　址	北京中关村大街31号		**邮政编码**	100080
电　　话	010–62511242（总编室）		010–62511770（质管部）	
	010–82501766（邮购部）		010–62514148（门市部）	
	010–62515195（发行公司）		010–62515275（盗版举报）	
网　　址	http://www.crup.com.cn			
经　　销	新华书店			
印　　刷	北京七色印务有限公司			
规　　格	155mm×230mm　16开本		**版　　次**	2011年5月第1版
				2022年4月第2版
印　　张	25.25		**印　　次**	2022年4月第1次印刷
字　　数	348 000		**定　　价**	68.00元

前 言

Preface

　　随着现代社会经济、科技、文化的高速发展，各行各业对人才的要求也越来越注重整体素质。其中，数学素质已经成为现代人基本素质的一个重要部分。也许你从事的工作不会要求你去直接解决某个数学问题，但数学素质和数学思维仍然会在你解决数学以外的其他问题时产生潜移默化的影响，并且这些思考习惯、思维方式的影响会伴随你的一生。在科学昌明的今天，如果缺少数学素养，将是一种明显的文化缺陷。所以我们认为，数学素质的培养是各个层次的教育都应该非常重视的问题。

　　本书是为非数学专业的学生和一般数学爱好者编写的数学素质教育通俗读本。全书以若干数学问题或与数学有关的其他问题为专题，共分为20讲。每一讲或结合数学某个分支学科的起源和发展，讲述一段经典的数学历史；或以某个经典又有趣的实际问题引入，然后展开到一个数学专题上。通过数学"故事"阐述数学思想和数学的应用，介绍数学是怎样发现问题、解决问题的，借此展现数学思想和数学思维的特点。本书在培养数学思维方式、增强数学审美意识的同时，也适度地向非数学专业人士介绍一些经典与现代的数学知识。

　　本书编写特点：

　　（1）通过问题及其解决过程来培养数学思维方式。每一讲都以一个实际问题引入，然后自然展开到一个数学专题内容上来。这样组织材料具有较好的趣味性和可读性，但又不是单纯地"讲故事"，而是把数学知识融入其中，适度介绍数学知识。目的在于培养数学思维方式和数学审美意识。

（2）注重实际问题与数学知识的结合。本书不追求严格的数学体系与理论推导，而是把更多的注意力放在发现问题、解决问题的思路和过程上。这样读者可以更直接地看到数学的思维特点与在实际生产和生活中的巨大作用与力量，从而提高学习积极性与学习效果。

（3）力求经典与现代的融合。本书既适当介绍了经典数学的基本原理在生产和生活实际中的运用，从而使读者领略经典数学之美；又注重把当代科技发展与数学结合起来，使教材更具时代感和贴近生活。例如，我们在本书中加入了应用极为广泛的运筹学问题、大家熟知的谷歌搜索与网络问题等现代应用数学的内容。

本书从选材看，内容丰富、涵盖面广，不仅涉及普通基础数学、经典高等数学，也涉及一些数学在现代科学技术（如计算机、网络、信息）等领域的应用。从编写风格看，趣味性强、起点低，只要稍微具备一些数学基础，就能读懂其中大部分内容。所以，本书既可作为大中专院校数学素质教育的教材、参考书，也是一本面向大众的数学科学普及读物。当然，数学专业的学生阅读本书更不会有任何障碍，你仍然会发现其中的数学思想对你是很有价值的。

本次修订基本保持了原作的内容，适当扩充了涉及现代信息科学技术的数学部分，对原书的一些错误作了订正。

本书由王章雄主持编写，参编的还有徐常青、沈亚军、曹顺娟等。

在本书编写过程中，参考了众多数学文化方面的出版物，感谢各位作者。我们也从互联网上获得了许多资讯，恕不能一一列举致谢。中国人民大学出版社的编辑为此书的出版提出了很多好的建议，也付出了很多辛苦的工作，在此一并表示感谢！

对书中的错误、不足之处，恳请各位同仁和广大读者指正。

编者

2021 年冬

目 录

Contents

第一讲　开篇

——数与数学

　　数学（mathematics）一词的希腊词源是 μαθηματικά，含有学习、学问、科学的意思，是一个较广的范畴，亚里士多德曾拿它来指"万物皆数"的概念。但真要回答诸如"数学是什么"之类的问题，恐怕大家一时又难以说清。说到数学必定先要谈数，因为数是数学中最基本的元素和概念。从最早、最简单的自然数，发展到今天各种各样的数，数已经成为人类文明的重要组成部分。数也是我们生产和生活中的基本语言和不可或缺的工具，现代社会没有人能够离开数。理解数的本质，了解数的概念是怎样一次次扩充起来的，对于我们更好地认识数学有着基础性的意义。

　　本讲不仅讲述传统观念下数的扩展，也介绍一些现代广义的数的概念。意在从数的演变发展来了解数的概念对数学发展的作用。对于"数学是什么"这样很难正面回答的问题，我们从介绍数学的研究领域、数学区别于其他科学的特点以及数学的基本思维方式方法等方面，帮助读者从不同侧面来理解数学的本质。

数的演变与发展

一、数的起源

在远古时代，人类的祖先过着群居生活。我们都知道，人类的共同劳动和生活产生了语言。随着劳动内容的发展，他们的语言也在不断发展进步，终于超过了一切其他动物的语言。其中一个重要标志就是：人类语言包含了算术的色彩——产生了"数"的朦胧概念。

早期的原始人根据狩猎回来时猎物的或有或无，产生了"有"与"无"两个基本的定性概念。后来，猎物或多或少，早期的人数众多的群居发展为由一些成员很少的家庭组成的部落。这样，从"有"逐渐细分出"一""二""三""多"等最原始的数字概念。考古资料表明，许多原始部落在数的萌芽期确实把任何大于"三"的数量都理解为"多"或者"一堆""一群"。

大约在一万年以前冰川退却后，一些原先处于游牧状态的石器时代的狩猎者在现在的中东地区开始了一种新的生活方式——农耕生活。这时他们对数字有了更多需求。例如，他们需要记录日期、季节，还要计算收获的谷物数、种子数，等等。当尼罗河流域、底格里斯河与幼发拉底河流域发展起更复杂的农业社会时，他们还进一步碰到了交租纳税的问题。这就要求数有名称，而且计数必须更准确些，只有"一""二""三""多"，已远远不够用了。在美索不达米亚地区（今伊拉克境内幼发拉底河和底格里斯河中下游地区），产生了两河流域文化，与埃及文化一样，这也是世界上最古老的文化之一。有趣的是，美索不达米亚人和埃及人虽然相距很远，但却以同样的方式建立了最早的书写自然数的系统——在树木或者石头上刻痕记事。后来他们逐渐以符号代替刻痕，即用一个符号表示一件东西，两个符号表示两件东西，依此类推，这种记数方法延续了很久。曾有发现，大约5 000年以前的埃及祭司在一种芦苇纸上书写表示数的符号，而美索不达米亚的祭司则是把符号写在泥板上。他们除了仍用单划表示"一"以外，还用其他符号表示"十"或者更大的自然数。他们还学会了重复地使用这些单划和符号，以表示所需要的数字。南美洲秘鲁印加族（印第安人的一部分）则习惯于"结绳记数"——例如每收进一捆庄稼，他们就在绳子上打个结，用结的多少来记录收成（如图1-1所示）。"结"与痕有同样的作用，都用来表示自然数。根据我国古书《易经》的记载，上古时期的中国人先是"结绳而治"，后来又改为"书契"，即用刀在竹片或木头上刻痕记数（如图1-2所示）。这样的计数方法在近代中国比较边远的少数民族地区还可以看到。直至今天，我们还常用"正"字来记数。每一划代表"一"。当然，这个"正"字还包含"逢五进一"即五进制的意思。

图1-1　秘鲁印加人的结绳记数　　图1-2　中国基诺族人的刻木记事

二、印度 - 阿拉伯数系

数字中最重要、最有名的莫过于阿拉伯数字1、2、3、4、5、6、

7、8、9、0了。我们现在所说的阿拉伯数系，就是指由这10个记号及其组合表达出来的10进制数字体系。例如，在322这个数中，右边的2表示2个，中间的2却表示2乘以10，而3表示3乘以100。在当今世界上存在的数以千计的语言系统里，这10个阿拉伯数字是唯一通用的符号（比拉丁字母使用范围更广）。可以想象，假如没有阿拉伯数系，全球范围内的科技、文化、政治、经济、军事和体育方面的交流将变得十分困难，甚至不可能进行。

其实，阿拉伯数系并不是阿拉伯人发明创造的，其真正的发源地是古印度。它由古代印度人在生产和实践中逐步创造出来，后来由印度传到阿拉伯，被阿拉伯人掌握、改进，到了12世纪初又由阿拉伯传到欧洲，于是欧洲人称之为"阿拉伯数字"。此后，以讹传讹，世界各地都认同了这个说法。所以严格地说，"阿拉伯数字"应该被称作"印度－阿拉伯数字"。下面我们一起来简单地浏览一下这段历史。

我们知道，印度河流域是古代人类文明发源地之一。在古印度，人们在进行城市建设时需要设计和规划，进行祭祀时需要计算日月星辰的运行，于是就产生了数字计算。大约公元前3 000年，印度河流域居民的数字就已经比较先进了，而且采用了十进位的计算方法。

吠陀时代（1500 B.C.—600 B.C.），占领印度的雅利安人已经意识到数码在生产活动和日常生活中的作用，创造了一些简单的、不完全的数字。到公元前3世纪，印度各地已经出现了整套数字，其中最有代表性、最常用的是婆罗门式（如图1-3所示）。它的特点是从"1"到"9"每个数都由专门的数字表示。现代数字就是由这一组数字演

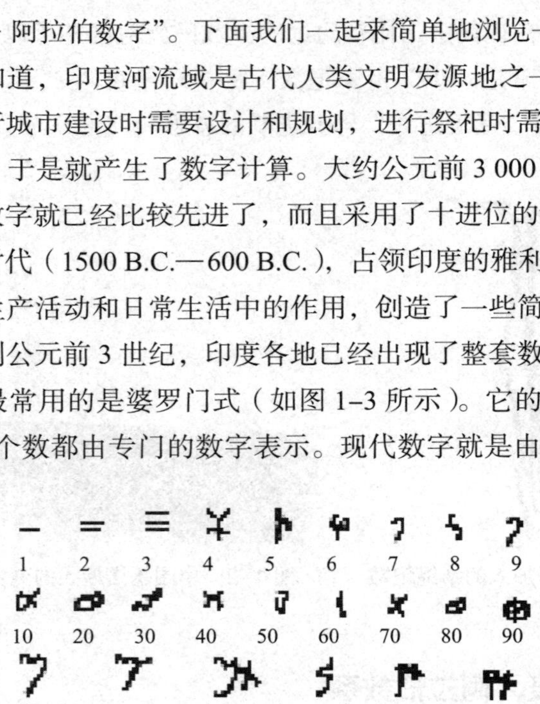

图1-3　印度婆罗门数字

化而来。在这一组数字中，还没有出现"0"（零）的符号。到了笈多王朝（320—550）时期，"0"这个数字才出现。公元4世纪的印度数学著作《太阳手册》中，"0"采用的是实心小圆点"·"的符号，后来，小圆点渐渐演化成为小圆圈"0"。

公元500年前后，古印度天文学家阿耶波多（Aryabhata）在简化数系方面取得了突破性的进展：他把数字记在一个个格子里，如果第一个格里有一个符号代表1，那么第二个格里同样的符号就表示10，而第三个格里的符号就代表100。这样，不仅是数字符号本身，而且符号的位置也起重要作用了。这些符号和表示方法是今天阿拉伯数系的老祖先。这是古代印度人民对世界文化的巨大贡献。

公元7—8世纪，地跨亚非欧三洲的阿拉伯帝国崛起。阿拉伯人在向四周扩张的同时也广泛汲取古代希腊、罗马、印度等国的先进文化，大量翻译这些国家的科学著作。公元771年，印度的一位旅行家经过长途跋涉来到了阿拉伯帝国阿拔斯王朝首都巴格达。他把随身携带的一部印度天文学著作《西德罕塔》献给了当时的哈里发（国王）曼苏尔。曼苏尔十分珍爱这部书，下令将它译为阿拉伯文。这部著作中应用了大量印度数字系统（当时的译文就称为"印度数字"，原意为"从印度来的"）。由此，印度数字和系统便被阿拉伯人吸收和采纳。此后，阿拉伯人逐渐放弃了他们原来作为计算符号的28个字母，而广泛采用印度数字，并且在实践中还对印度数字加以修改完善，使之更便于书写。在此期间，著名的阿拉伯数学家花拉子米（约780—850）对印度数系的传播起了重大作用，他在9世纪初出版了《印度的计算术》，系统阐述了印度数字及应用方法。

后来，阿拉伯人把这种数系传入西班牙。公元10世纪，这种数系又由教皇热尔贝·奥里亚克传到欧洲其他国家。公元1200年左右，欧洲的学者正式采用了这些符号和体系。至13世纪，在意大利数学家斐波那契（L. Fibonacci）的倡导下，普通欧洲人也开始采用阿拉伯数字。西方人接受了由阿拉伯传来的印度数系，但他们当时忽视了古代印度人，而只认为是阿拉伯人的功绩，因而称其为"阿拉伯数字"，这个错误的称呼一直流传至今。

印度－阿拉伯数系是"逢十进一"的，也就是我们常说的十进制数。事实上，除了十进制以外，在数学萌芽的早期，也出现过五进制、二进制、三进制、七进制、八进制、十六进制、二十进制、六十进制等多种数字进制法。在长期实际生活的应用中，十进制最终占了上风，被世界各国普遍应用，而阿拉伯数系则成为国际通行、世界上最完善的数字制度和体系。现代，随着计算机的发展，二进制数以其独特的优势得到了广泛应用，成为与十进制数互相配合的更完善的数字体系。我们这里暂不讨论关于二进制的问题。

印度－阿拉伯数系早在公元 8 世纪初叶就传到我国，可惜因为各种原因没能流行开来。直到 20 世纪初，随着近代数学在中国的兴起，这套数字体系才被广泛地使用。

1987 年 1 月 1 日，国家语言文字工作委员会、国家出版局、国家标准局、国家计量局、国务院办公厅秘书局、中宣部新闻局、中宣部出版局联合发布了《关于出版物上数字用法的试行规定》。这个规定试行了 8 年后，经修订，于 1995 年 12 月 13 日由国家技术监督局正式作为国家标准颁布，从 1996 年 6 月 1 日起实施。

三、有理数与实数系

前面说过，在 1～9 的"自然数字"之后，古印度数学家首先发明了符号"0"。随后，他们在研究代数方程的过程中引进了负数的概念。例如，只有引进了负数，方程 $x+5=2$ 才是一个可能的方程，因为在此之前 $x=-3$ 不是一个已知的数。"负数"具有实在的意义、最终为人们所接受是因为它们在实践中能用来代表债务。因此，在数的概念的这种扩展中，数量大小的概念上又加上了方向的概念。至此，整数系得以建立起来。

两个整数的和、差、积总是整数，即整数系对加法和乘法运算而言是封闭的。但对整数作除法，并不总是产生整数。也就是说，在整数系中只能施行加、减、乘法运算，而不能施行除法运算。另外，整数系是一个非稠密的数系，即两个相邻的整数中间隔着"较大的"距离，因此它只能表示一个单位量的整倍，而无法表示它的一部分。整数系的这种缺陷就促使人们将它加以扩充，以得到一个稠密的且在四则运算下封闭的数系，这就是后来人们得到的有理数系。可以证明，以下关于有理数系的三种描述是等价的：

（1）正负整数、分数和零的总体称为有理数。

（2）有理数由各式各样的分数组成（这里所说的各式各样是指分数可正可负；可以是真分数，也可以是假分数或带分数）。

（3）有理数由有限小数和无限循环小数组成。

公元前 500 年左右，人们就发现有些线段不能用选定为单位长度的线段的整数或分数的倍数来表示（所谓不可公度），这种发现最早与直角三角形的研究有关。勾股定理说：直角三角形两边平方的和等于斜边的平方，然而当直角三角形是等腰的时候，斜边的长度与其他任一边是不能公度的。事实上，如果把两直角边的长度取作单位长度，那么斜边的长度 c 满足方程

$$c^2 = 1^2 + 1^2 \qquad\qquad (1)$$

显然没有任何整数或分数 c 能满足方程（1）。后来人们把满足方程（1）的 c 值记作 $\sqrt{2}$。这就证明有些数（比如 $\sqrt{2}$）是不能用整数和分数这两类数字中的任何一种来表示的，这说明"$\sqrt{2}$"，不是有理数系中的成员。这个发现击碎了毕达哥拉斯学派"万物皆（整）数"的美梦，同时暴露出有理数系的缺陷：一条直线上的有理数尽管"稠密"，但是它却暴露出了许多"孔隙"，而且这种"孔隙"多得"不可胜数"。这样，古希腊人视有理数为连续衔接的"算术连续统"的观念就彻底破灭了。在以后两千多年的时间里，它的破灭对数学的发展产生了深远影响。

长期以来，诸如这样的问题都得不到合理的解释：不可公度的本质是什么？两个不可公度的量的比值又是什么？从而它们被认为是不可理喻的。15 世纪的大画家达·芬奇（L. da Vinci）把它们称为"无

理的数"（irrational number），开普勒（J. Kepler）称它们是"不可名状"的数。这些"无理"而又"不可名状"的数，虽然在后来的运算中渐渐被使用，但它们究竟是不是实实在在的数，却一直是个困扰人的问题。17—18世纪微积分的发展几乎吸引了所有数学家的注意力，正是人们对微积分基础的关注才使得实数域的连续性问题再次凸显出来。微积分是建立在极限运算基础上的变量数学，而极限运算需要一个封闭的数域。正是由于有理数之间的"孔隙"使得有理数系对极限运算不封闭，无理数的引入成为实数域连续性的关键。为了克服有理数系的这种缺陷来发展极其有用的变量数学（数学分析），数学家们在有理数的基础上，终于承认了无理数。因为有理数由无限循环小数组成（按照某一规则，有限小数可写成无限循环小数），所以无理数由无限不循环小数组成。有理数与无理数一起构成了实数系，实数系的建立成功地克服了有理数系的缺陷。

实数系的性质非常优良，一方面，实数可以与数轴上的点成一一对应的关系。这样，实数系就是连续的了，也就是说，在实数与实数之间不再有"孔隙"存在。这样一来，我们可以通过建立坐标系，用代数的方法来研究几何问题或者反之；另一方面，有了实数的连续性之后，实数系关于极限运算是封闭的，微积分从此有了坚实可靠的理论基础。

四、复数系的建立

如果说无理数起源于几何学，完善于分析学，则我们可以说复数的起源是代数学。公元300年左右，古希腊数学家丢番图（Diophantus）用和我们现在的解法大致一样的方法解一元二次方程 $ax^2+bx+c=0$，得出解：

$$x=\frac{-b\pm\sqrt{b^2-4ac}}{2a}$$

但由于人们认为负数不可能有平方根，所以当 $b^2-4ac<0$ 时，这

个解是没有意义的。直到公元 1545 年，卡尔达诺（G. Cardano）发表了三次方程的代数解法，并用代入法和形式运算证明，任何方程总有 $a+b\sqrt{-1}$ 这样的"数"满足它。但是，他并不承认这种数，因为他没法解释它们。

"虚数"这个名词最早由 17 世纪的法国数学家笛卡儿（Descartes）采用。在他看来，"虚数"代表的意思是"虚假的数""实际不存在的数"。

18 世纪，瑞士数学家欧拉（L. Euler）试图进一步解释虚数到底是什么数，他也认为虚数是"幻想中的数"或"不可能的数"。他在《对代数的完整性介绍》（1769 年）一书中说："因为所有可以想象的数或者比零大，或者比零小，或者等于零，即为有序数。所以很清楚，负数的平方根不能包括在可能的有序数中，就其概念而言它应该是一种新的数，而就其本性来说它是不可能的数。因为它们只存在于想象之中。因而通常叫作虚数或幻想中的数。"于是，欧拉引入符号 i（image 之意）来表示 $\sqrt{-1}$，称为虚数单位。

18 世纪末至 19 世纪初，韦塞尔（C. Wessel）、阿尔冈（J. R. Argand）以及高斯（F. Gauss）等都对"虚数"给出了几何解释，这使虚数有了实际背景，不再那么"虚幻"，从而使得人们慢慢接受了它们。其中最有名的是 1806 年阿尔冈提出的表示法。他令 $\sqrt{-1}\cdot\sqrt{-1}=-1$，把这个关系式写成 $\dfrac{-1}{\sqrt{-1}}=\dfrac{\sqrt{-1}}{1}$ 的形式，这样，$\sqrt{-1}$ 就是 -1 和 1 之间的比例中项。利用两线段之比例中项的作图方法，可以得到符号 $\sqrt{-1}$ 的几何表示：以实数轴的原点 O 为圆心，以 1 为半径作一单位圆，并在 O 点作一垂线与单位圆相交（见图 1-4）。阿尔冈用这根单位长度的垂直于代表 1 的线段的有向线段来代表 $\sqrt{-1}$。于是，复数 $a+bi$ 就用笛卡儿坐标为 (a, b)

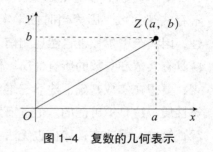

图 1-4 复数的几何表示

的点 Z 来表示（这种表示通常被称为"阿尔冈图示法"，以示纪念）。当然，我们也可以用有向线段 OZ 来表示复数 $a+b\mathrm{i}$。

有了上面的几何解释，像 $x^2=-1$ 及 $x^2-x+1=0$ 这类方程就不再被认为是不可能的了，因为它们的根 $\pm\mathrm{i}$ 及 $\dfrac{1\pm\sqrt{3}\mathrm{i}}{2}$ 和实数一样容易表示了。

虚数与实数合称为复数。复数系的产生导致了复变函数的迅速发展。特别是 19 世纪的三位代表性人物：柯西（A. Cauchy）、魏尔斯特拉斯（Weierstrass）、黎曼（G. B. F. Riemann）对此作出了杰出的贡献。经过他们的不懈努力，系统的复变函数论终于得以建立。

值得注意的是，复数特别适用于表示二维关系。尽管它们原来是从代数的角度为了解释方程的所谓不可能解而被引进的，但当复变函数论迅速发展以后，复数现在切切实实地已经成为数学物理学上研究电、磁或热在金属板上的流动所必不可少的手段了。当然，它们也在制图理论和流体力学上有着广泛的应用。因此应该说，虚数一点都不"虚"，而是实实在在的数学量了。

五、四元数的发现

由于复数的几何意义实际上是把复数看成二维数以及它在物理学上的广泛应用，人们很自然地又想到，能不能仿照复数集找到"三维复数"？

爱尔兰数学家哈密尔顿（W. R. Hamilton）经过长期的研究发现不存在三元数。因为当时数学家们所知道的全部数都具有乘法交换性，因而哈密尔顿也自然地相信，他要寻找的三维或三分量的数同样应具有实数和复数的所有性质。但是经过多年的努力之后，他首先发现，要想在实数基础上建立三维复数，使它具有实数和复数的各种运算性质，这是不可能的。他进而发现：第一，这种新数要包含四个分量；第二，乘法交换律再也无法得到满足。这两个特点都是对传统数系的革命。于是他开始研究"四维复数"，提出了"四元数"的概念。

到底四元数是什么样子？仿照复数，很容易看懂下面的定义。

定义 1 设 **R** 是实数集，定义集合 $H = \{a + bi + cj + dk \,|\, a,\, b,\, c,\, d \in \mathbf{R}\}$，其中 $i,\, j,\, k$ 是不同的符号。该集合中的每个元素称为哈密尔顿四元数。四元数的加法自然地定义为：

$$(a_1 + b_1 i + c_1 j + d_1 k) + (a_2 + b_2 i + c_2 j + d_2 k)$$
$$= (a_1 + a_2) + (b_1 + b_2)i + (c_1 + c_2)j + (d_1 + d_2)k$$

乘法由下面关于 $i,\, j,\, k$ 的乘法利用分配律定义到整个四元数集：

$$i^2 = j^2 = k^2 = -1 ; \quad ij = -ji = k ; \quad jk = -kj = i ; \quad ki = -ik = j$$

哈密尔顿这样描述他自己是怎样发现四元数的："1843 年 10 月 16 日，当我和夫人步行去都柏林的途中来到布鲁厄姆桥的时候，它们就来到了人世间，或者说出生了，发育成熟了。这就是说，此时此地我感到思想的电路接通了，而从中落下的火花就是 $i,\, j,\, k$ 之间的基本方程；恰恰就是我此后使用它们的那个样子。我当场抽出笔记本，它还在，就将这些做了记录，同一时刻，我感到也许值得花上未来的至少 10 年（也许 15 年）的劳动。但当时已完全可以说，这是因我感觉到一个问题就在那一刻已经解决了，智力该缓口气了，它已经纠缠我至少 15 年了。"

哈密尔顿关于四元数的主要工作在他的《四元数讲义》（1853 年）和去世后出版的两卷《四元数基础》（1866 年）中有介绍。1943 年爱尔兰政府为纪念四元数发表一百周年，特别发行了以他的头像为图案的邮票，并在都柏林的布鲁厄姆桥上立了一个石碑，上面写道："1843 年 10 月 16 日，当哈密尔顿爵士经过这里时，天才的闪光发现了四元数的乘法基本公式：$i^2 = j^2 = k^2 = ijk = -1$，他把这结果刻在了这桥的石柱上。"

在上面的定义之下，可以证明全体四元数成为一个环（即对加、减、乘法封闭的数系），并且这是一个不交换的除环。后来，代数学家们又证明了：对于实数域上的 n 维向量空间，当 $n > 2$ 时，无法定义乘法运算使它成为数域（即对加、减、乘、除法封闭且多于一个元素的数系）。这就是我们只称二维数系统为复数域，而不再称其他

$n > 2$ 时的多元数为数域（仅称为超复数系统）的原因。

虽然当初四元数是扩展了复数 $a + bi$ 的形式从纯数学的角度提出的，但是后来人们发现四元数的研究直接推动了向量代数的发展，导致在数论、群论、量子理论以及相对论等方面的广泛应用。例如，哈密尔顿的学生、英国著名的物理学家麦克斯韦（J. C. Maxwell）在掌握了四元数理论后，利用向量分析等工具建立起了著称于世的电磁理论。

四元数的出现完成了传统观念下数系的扩张。1878 年，弗罗贝尼乌斯（F. Frobenius）证明：实数域 **R** 上的可除代数只能是实数域、复数域或四元数除环。

回顾数系的历史发展，人们似乎获得了这样一种印象：数系的每一次扩张都是在旧的数系中添加新元素。如分数添加于整数，负数添加于正数，无理数添加于有理数，虚数添加于实数。但是，由四元数的发现过程我们看到：数系的扩张并不仅仅是在旧的数系中添加新元素，而应该认为是在旧的数系之外构造一个新的代数系，其元素在形式上与旧的可以完全不同，但是，它应该与原来的旧的数系是兼容的，用现代数学的话说，它包含一个与旧数系同构的子集。

六、"数"的未来

以上我们叙述了最常见的一些数系，随着现代数学的飞速发展，数的家庭已发展得十分庞大，数的概念已经变得十分宽泛，产生了许多非传统的"数"。我们不可能也不需要对它们一一加以论述。为扩展视野考虑，我们选择了几种新的"数"做一些简单介绍。我们希望读者从数的发展历程来体会人类对数学、最终对现实世界认识的不断深化。

1. 含无穷小、无穷大的超实数系

在现行《数学分析》教程中，"无穷小"和"无穷大"是基本概念。但值得注意的是，在标准的数学分析教程中均不把无穷小（除 0

外）和无穷大当作"数"使之参与运算，也就是说，无穷小和无穷大均在实数系中没有地位。

究竟无穷小和无穷大能否看作"数"？1960年，美国数理逻辑专家鲁滨逊（A. Robinson）利用数理逻辑中的模型论把无穷小和无穷大引入实数系，构成了一个超实数系统。所谓"超实数系"就是指：在实数系中加入正、负无穷小和正、负无穷大，以及形如 $c+\varepsilon$（c 为任一实数，ε 为任一无穷小）的数。正如我们在有理数系中增加无理数而构成实数系一样，在实数系中增加上述新成员后便构成一个新的数系，即超实数系。超实数系的成员叫作超实数。在超实数系中，所有实数，正、负无穷小，以及形如 $c+\varepsilon$ 的数，都叫作"有限数"，而正、负无穷大被称作"无限数"。这样，我们在超实数系中同样可以研究和处理过去我们一直在实数系中研究的诸如函数的极限、导数、积分等问题，这就是所谓的非标准分析。

2. 超限数

众所周知，集合可分为有限集与无限集两类。如通常所认为的那样，有限集的典型特征是具有一个标记元素个数的自然数。例如：$A=\{a_1, a_2, \cdots, a_n\}$，这里的"$n$"表示 A 的元素的个数，我们称"n"为 A 的基数；但另一方面，a_n 是 A 的第 n 个元素，这里的"n"还具有次序的含义，此时又称"n"为 A 的序数。所以任何自然数既是相应的有限集合的序数，又是其基数。对于无限集，我们就无法说出它的第末位元素的"号码"，也无法说出它的基数。比如，我们不知道自然数集 $N=\{1, 2, 3, \cdots\}$ 到底有多少个元素。为了确切地考察无限集的元素的"个数"的"多少"，人们把自然数的序数与基数的概念推广到一般情况，这样就提出了超限序数与超限基数的概念，超限序数与超限基数统称为超限数。具有相同超限数的集合称为对等的。例如，有理数集合与整数集合是对等的，它们都具有可数基数。关于超限基数，有著名的康托尔连续统假设：1874年，康托尔（G. Cantor）猜测在可数集基数和实数集基数之间没有别的基数。1938年，哥德尔（K. Gödel）证明连续统假设与 ZFC（策梅洛－弗伦克尔集合论公理体系）的无矛盾性。1963 年，美国数学家科恩（P. Choen）证明连续统假设与 ZFC 彼此独立。这说明了连续统假设不能用 ZF 公理体系加以证明。

3. 广义数

由于科学技术发展的需要，向量、张量、矩阵、群、环、域等概念不断产生，把数学研究推向新的高峰。从抽象的角度讲，这些概念也可列入数字计算的范畴，但若归入超复数中不太合适，所以，人们将复数和超复数称为狭义数，把向量、张量、矩阵等概念称为广义数。对此我们不展开讨论。只介绍一下我国数学家赵克勤于 1989 年提出的一种用于统一处理模糊、随机、信息不完全等不确定性问题的所谓联系数的概念。

定义 2 称形如 $a + bi + cj$ ，$a + bi$ ，$a + cj$ ，$bi + cj$ 的数为联系数，其中 a, b, c 是任意正数，$j^2 = -1$ ，$i \in [-1, 1]$ 且不确定取值。

世界是不确定性与确定性的矛盾统一体。经典数学一般处理确定性的问题；概率统计用来解决随机不确定性问题；而模糊数学用来解决模糊不确定性问题。但无论是概率论还是模糊集理论，它们都以康托的经典集合论作为理论基础，其基本思想是设法把随机或模糊不确定性在一定条件下转化为确定性，再用处理变量的数学来处理这些不确定性。然而，客观世界中还有大量现象是无法转化成单一确定性的，只能用所谓"确定不确定量"进行描述和分析。例如：假定 100 岁算年老，问 60 岁的人算多大程度的年老？你或许可以按照某种规则确定一个"比例"来定义 60 岁的年老程度，但要注意的是：两个同样是 60 岁的人有着不同程度的"年老"；且对同一个 60 岁的人，不同的观察者也会有不同的评价结果。再例如：一个方案让 10 个人评价，6 人赞同，3 人弃权，1 人反对，如何分析 3 个弃权人中的赞同倾向？诸如此类的问题都是客观大量存在的，其特点是都具有本质上的确定不确定性，利用处理随机现象和模糊现象的数学工具都无法客观地描述和分析这类问题。为此，赵克勤于 1989 年提出了联系数的概念并在 2000 年 3 月正式出版了他的专著——《集对分析及其初步应用》。目前集对分析理论已在自然科学、社会经济等领域得到了广泛的应用。

从上面的讨论可见，数的概念的每一次扩展都为数学提供了新的方法和新的理论，从而也开辟了新的研究领域。我们相信，随着社会的发展和科学的进步，在"数"的王国里还会不断涌现出一些新的成员，这些新成员也必将为社会和科学的发展作出进一步的贡献。

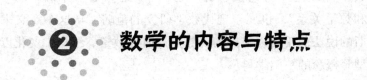

② 数学的内容与特点

一、数学是什么

从进入小学到现在，我们几乎每天都在学数学、用数学、与"数学"打交道。我们如何理解这样一种抽象而又具体的东西？

什么是数学？这是一个公认的难以回答的问题。伽利略曾说过："数学是一种语言，是一切科学的共同语言；展现在我们眼前的宇宙像一本用数学语言写成的大书，如果不掌握数学符号语言，就像在黑暗的迷宫里游荡，什么也认识不清。"高斯对数学的说法是："数学是科学之王……它常常屈尊去为天文学和其他自然科学效劳，但在所有关系中，它都堪称第一。"大师们的说法看来也无法准确地定义什么是数学。比较经典的说法是一百多年前恩格斯在《反杜林论》中，曾将数学定义为："纯数学的对象是现实世界的空间形式和数量关系。"①
应该说这个定义在客观上完整地概括了那一时期数学的对象和本质。
但是随着19世纪以后数学的快速发展，我们发现很多东西用这个定
义已经概括不了了，比如在19世纪末诞生的数理逻辑。在数理逻辑
中既没有数，也没有形，很难归入恩格斯的定义。这并不是说恩格斯
的说法不对，而是我们应该看到，数学定义是对数学科学发展的概括
和总结，必然具有其阶段性与局限性，也就是说，不存在适合任何时
期亘古不变的数学定义。最起码，我们可以从现代数学的研究内容与
方法上看到，数学的处理对象已经超越了"现实世界的空间形式和数
量关系"，大量"非现实世界"的，即"思维想象中的"的"空间形
式和数量关系"，也属于现代数学研究的范畴。从这个意义来讲，恩
格斯的说法似乎可以扩展为：数学是研究数量、结构、变化以及空间
模型等概念的一门学科。

　　但是如果我们放弃给数学下定义，而考察诸如下面的问题：数学
具有哪些区别于其他科学的特点，它有哪些研究领域，为什么抽象的
数学却有这么多具体应用，数学的基本思维方式方法是什么，等等，
说不定我们能更好地理解数学！

二、数学的特点

　　数学区别于其他学科的明显特点有三个：第一是抽象性，第二是
精确性，第三是应用的极端广泛性。

　　数学的抽象性表现为三点：一是数学的抽象中只保留量的关系和
空间形式而舍弃了其他的一切具体属性；二是数学的抽象是一级一级
逐步提高的，它们所达到的抽象程度大大超过其他学科的一般抽象；
三是数学本身几乎完全周旋于抽象概念和它们的相互关系的圈子之
中。数学的精确性表现为数学定义的准确性、推理的逻辑严格性和数

① 马克思恩格斯全集．中文1版．第20卷．北京：人民出版社，1971：41.

学结论的确定无疑与无可争辩性。而数学的广泛应用是由于数量关系和空间形式方面的问题是普遍存在的，并且现在各门学科越来越走向定量化，越来越需要用数学来表达其定量和定性的规律。

1. 有异于其他学科的抽象性

任何一门学科都具有抽象这一特性。例如在科学研究中，大量试验的资料必须整理、简化、归纳成一般的原则，以使人们了解、掌握事物的本质，才有可能扩充应用的范围，但数学科学在这一点上表现得最为突出。现代数学基本上只处理物体间量的关系以及空间的样式，而与物体实际的物理性质已经无关了。例如，1，2，3 只代表抽象的数，并不是代表 1 个人、2 个苹果或者 3 把刀。又例如，直线概念是"平直"的一种抽象，而实际物体的棱线严格说都是不平直的。

由于数学是在不断积累的基础上发展的，所以其抽象的程度不断增进，导致最后的结果远比一般科学更加远离日常生活中的具体经验。到今天，许多数学概念都是对原型事物极其抽象的结果，很难看到其具体"模样"了。现代数学在抽象的概念以及这些概念间的关系（公理、定理等）中发展，所有数学事实都由基础概念和公理经过逻辑推演而来。

需要说明的是，这并非说数学是数学家无中生有地"创造"出来的。数学的这种抽象与"脱离现实"实际上还是源于客观世界。人们在主动反映外在具体事物、分析并推广所接触到的大量的具体经验，经过漫长岁月逐步发展出有一定抽象性的基础概念的基础上，经过对已有抽象概念的运用、不断推广与抽象，得到更加深刻的观念。如此继续不断，数学才发展到今天这样高深的样子。所以说数学并不是空洞的符号游戏，它们的本原还是由客观世界反映而来，它的研究最终也还要回到现实世界。

2. 严谨与精确性

一般的自然科学理论通常都有一定的适用局限，然而数学的基本定理一旦建立便成为永久性的普遍适用的真理。这是由于数学是从基本概念与合适选定的公理严谨推导出的真理，它所使用的基本逻辑方法是演绎法，其每一步推理都在严格的逻辑条件管制下，它不能引用不是从基础概念定义得到的概念，所以数学的系统脉络分明，结论精确不移。唯一可以怀疑的是基础概念与公理。但如果你不想陷入不可知论的泥潭，就必须接受一些自明的真理（基础概念和公理），否则便无知识可言，因此数学的基础是稳固的。同时由于数学语言抛弃了事物的具体属性，所以在叙述一般性原理时，其语言也是最精确严谨的。

3. 广泛的应用性

我国已故数学家华罗庚曾说："宇宙之大，粒子之微，火箭之速，化工之巧，地球之变，生物之谜，日用之繁，数学无所不在。"他的话实际上指出了数学应用的极端广泛性。

无论是理论的架构，还是日常的计数和科技的运算，我们的生产生活现在看起来确实不能离开数学。数学已经成为一切理论知识的语言部分，没有它，我们的思想无法组织起来，也无法彼此沟通。更不用说那些与我们生活息息相关的日常计算了。更令人赞叹的是，对于很多表面上看来毫无关联的事情，若使用适当的数学工具加以分析，人们便能够发现它们内在的深刻关系——这正是数学的强大之处！

随着计算机的发展，数学越来越多地渗入各行各业，并且物化到各种先进设备中。从卫星到核电站，从天气预报到家用电器，高科技的高精度、高速度、高自动、高安全、高质量、高效率等特点，无一不是通过数学模型、数学方法并借助计算机的计算控制来实现的。这些都离不开计算机软件技术，而软件技术说到底实际上就是数学技术。大量例子说明，在世界范围数学已经显示出第一生产力的本性，它不但是支撑其他科学的"幕后英雄"，也直接活跃在技术革命第一线。

我们应该看到，上述三者不是孤立或者对立的，而是有着非常紧密的内在联系。事实上，数学之所以能获得极其广泛的应用，其实是离不开它的高度抽象性和精确性的。表面看来，现实的生产生活实际是既不抽象也不精确的，但是如果没有抽象性，数学就不会是普适的；如果没有精确性，数学没办法发展起来。另外，我们强调数学应用的广泛性，也不能过于功利化、短视化，不要陷入实用主义的泥潭。哈佛大学数学物理教授阿瑟·杰佛（A. Jaffe）所作的两点精辟论述或许可以帮助我们正确理解数学应用的广泛性：

（1）高明的数学不管怎么抽象，它在自然界中最终必能得到实际的应用；

（2）要事先准确地预测一个数学领域到底在哪些地方有用处是不可能的。

三、数学科学的发展与分类

数学发展的历史非常悠久。大约在一万多年前，人类从生产实践中就逐渐形成了"数"和"形"的概念，但真正形成数学理论还是从古希腊人开始的。其标志是公元前 300 多年前，希腊数学家欧几里得（Euclid）写下了《几何原本》。这是自古以来所有科学著作中发行最广、沿用时间最长的巨著。从那时开始，两千多年来，数学的发展大体可以分为三个阶段：

（1）17 世纪以前是数学发展的初级阶段，其内容主要是常量数学，如初等几何、初等代数；

（2）从文艺复兴时期开始，数学发展进入了第二个阶段，即变量数学阶段，产生了微积分、解析几何、高等代数；

（3）从 19 世纪开始，数学获得了巨大发展，形成了近代数学阶段，产生了实变函数、泛函分析、非欧几何、拓扑学、近世代数、计算数学、数理逻辑等新的数学分支。

半个多世纪以来，现代自然科学和技术的发展正在改变着传统的学科分类与科学研究的方法。"数、理、化、天、地、生"这些曾经以纵向发展为主的基础学科与日新月异的技术相结合，使用数值、解析和图形并举的方法，推出了横跨多种学科门类的新兴领域，在数学科学内也产生了新的研究领域和方法，如混沌与分形几何、小波变换等。据统计，数学发展至今，已经成为拥有100多个分支的科学体系。尽管如此，其核心仍然是三大传统数学领域：

（1）研究数的理论的代数学；

（2）研究形的理论的几何学；

（3）沟通形与数且涉及极限运算的分析学。

四、数学的素质及其思维方式

北京大学丘维声教授指出："数学素质包括提出数学问题，理解力，逻辑思维，抽象思维，创造力等几个方面；观察客观世界的现象抓住其主要特征，抽象出概念或者建立模型，进行探索，通过直觉判断或者归纳推理、类比推理作出猜测；然后进行深入分析和逻辑推理，揭示事物的内在规律，从而使纷繁复杂的现象变得井然有序，这就是数学的思维方式。"正是由于具备这种思维方式，牛顿才发现了万有引力定律。牛顿力学的时空观认为时间与空间不相干，伽利略变换式是这种模型的数学表现形式；爱因斯坦的相对论是宇宙观的一次伟大革命，其核心内容是时空观的改变，他认为时间与空间是相互联系的，促使爱因斯坦作出这一伟大贡献的仍是数学的思维方式，四维空间的洛仑兹变换是这种数学模型的表现形式。电磁波的发现、非欧几何的诞生等无不用到数学的思维方式，这是数学对人类文明作出的伟大贡献。

前面说过，数学中最重要、最典型的思维方式是演绎，即由基础概念与公理推导出所有定理。数学的论断不能由试验得到，即使测量1 000万个三角形，也不能在数学上断言所有三角形的内角和是180°。在演绎系统中，我们舍弃了基础概念原来的具体内容，而用其他具体事物来解释它——任何这种解释如果又满足所有公理，则认为这套解释就构成原来理论的一个模型。一旦定理得证，此定理在任何模型中就都成立，不需要在各个具体的系统中重复同样的证明。

演绎方法是组织起数学知识的最好方法，它至少有如下作用：

（1）极大限度地消去我们认识上的不清与错误；

（2）将所有怀疑都回归到对基础概念及公理的怀疑；

（3）涵盖了种种具体特例，精简和组织了我们对外在世界的认识。

这也能够解释数学为什么有那么广泛的应用性。因为数学不仅抽象出个别事物的概念，并且进一步抽象出一般概念的共性。共性是不受物体普通物理性质所局限的，因此它有更普遍的真理性。只要这一系列抽象不是从空洞的事物出发，它的抽象性就必然保证了它的广泛应用性。数学抽象的基础是客观世界的量与形，因此数学的作用虽然不像螺丝刀、老虎钳这类工具那么直接，但是一旦涉及事物间的深层关联，就必不可少地要用到数学。

从历史的经验可知，数学与逻辑的普遍法则不是任意规定的，它们是无数关于具体事物的运算、具体关系的思考经验的累积。因此它们的意义在人的心智上变得十分明确清晰而有权威性。另外，客观世界的均匀稳定性使得这些规则不会有异动，这保证了我们在进行演绎推理的时候不至于出现不确定的结果与谬误。具体与实质世界的真理性最终成为数学方法的基础。

我们强调演绎法的重要，并不是说其他思维方法在数学中就不需要或者不重要了。比如在探求原创性数学概念的过程中，归纳法就占更重要的地位。这时数学也要用尝试、猜测等手段，与其他自然科学方法相当类似。我们只是为了说明演绎法的特性反映了数学在内容上的特色。

最后，作为本讲的结尾，我们借用东南大学教授王元明的话，对数学作一个这样的理解与描述：它是一种语言，是一切科学的共同语言；它是一把钥匙，一把打开科学大门的钥匙；它是一种工具，一种思维的工具；它是一门艺术，一门创造性艺术。

思考题

1. 数的扩充与发展主要经过了哪些阶段？
2. 简述数的扩充与数学发展的关系。
3. 数学相对于其他科学有哪些特点？

第二讲　数学科学的支点

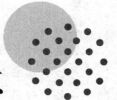

——公理体系

　　古希腊著名学者阿基米德（Archimedes）说过："只要给我一个支点，我就能撬动地球。"在理论体系的建立中，这个支点就是不定义的概念（原词）与不证明的命题（公理）。试想，你要说明甲概念，就需要借助乙概念，要说明乙概念，又需要借助丙概念……如此推演下去，总有一个概念是不能用别的概念来说明的；相反，我们利用它来说明别的概念。这个概念就是原词。数学中的"集合""点""线""面"等就是原词。"点"，没有大小，无限可分。但究竟"点"是什么呢？无法说清楚。欧几里得本人说："面"就是当没有一丝风的时候，池塘中水面的无限延伸。我们明白"面"是什么了吗？似乎明白些什么，但又并不十分清楚。对于理论体系的建立，仅有原词是不够的，我们还要有一些基本命题，这些基本命题就是公理。同样的道理，这些基本命题是不可以证明的；相反，它们是用来证明别的命题的逻辑基础。"两点决定一条直线""不在同一直线上的三点决定一个平面""在平面上，过直线外一点能且只能引一条直线与该直线平行"，等等，这些都是欧几里得几何的公理。实际上，从根本上来讲，一切科学的理论都是公理体系。欧氏几何是这样，代数理论是这样，相对论也是这样……一切科学的理论都只能基于公理体系。下面我们学习几个最基本、最重要的数学公理体系，然后简单介绍一下公理化问题和公理体系的不完备性——哥德尔定理。

几何公理体系

一、欧几里得的古典公理方法

平面几何学作为数学史上（甚至是整个科学史上）第一个完整的理论体系而备受人们的推崇。最早阐述平面几何学的著作是《几何原本》，它的作者是2 000多年前古希腊时代的伟大学者——欧几里得（见图2-1）。在西方，人们把这本书与《圣经》并列，作为对人类影响最为深远的书籍之一。

图2-1　欧几里得

在《几何原本》的开头，欧几里得列出5个公理和5个公设（按照欧几里得的想法，公理适用于数学各个领域而公设仅适用于几何）如下：

公理1　等于同量的量彼此相等。

公理2　等量加等量，其和相等。

公理3　等量减等量，其差相等。

公理4　彼此能重合的物体是全等的。

公理5　整体大于部分。

公设1　由任意一点到任意（另）一点可作直线。

公设 2　一条有限直线可以继续延长。

公设 3　以任意点为圆心，以任意距离为半径可以画圆。

公设 4　凡直角都相等。

公设 5　同平面内一条直线和另外两条直线相交，若在某一侧的两个内角的和小于两直角，则这二直线经无限延长后在这一侧相交。

欧几里得由这些公理和公设出发得到了平面几何中的常用定理（当然，欧几里得只是古希腊数学的集大成者，很多定理并不是由他提出的）。古代的人们将这些定理付诸实践，解决实际问题——如丈量土地、求图形面积等。

限于时代的局限，《几何原本》与欧几里得体系中存在一些瑕疵：首先，欧几里得几何学中的点、线、面等概念采用了不严格、不精确的描述；其次，欧几里得几何学运用许多直观的概念，如"介于……之间"等都没有严格的定义；最后，一些公设相互等价而导致重复，这实际上是没有证明公理体系的独立性、无矛盾性、完备性，等等。这些缺陷由后来的数学家们逐渐弥补和完善。例如，阿基米德补充了表述长度、面积和体积的度量公理；帕施（Pasch）又补充了顺序公理。但是，《几何原本》最伟大的意义在于第一次给出了完整的数学公理体系。后世的许多数学家一边改造和完善欧氏几何的公理体系，一边寻求数学对于其他学科的公理基础。他们形成了数学界的所谓"公理派"。在他们的带动下，公理化的趋势已扩大到诸如数理逻辑、力学、电磁学、量子力学等许多其他科学领域，所以我们说公理方法对整个科学的进展起了重要作用。

二、希尔伯特公理体系

人们对《几何原本》中逻辑方面存在的一些漏洞、破绽的发现，正是推动几何学不断向前发展的契机。20 世纪的数学领袖、德国数学家希尔伯特（D. Hilbert）（见图 2-2）在总结前人工作的基础上，于1899 年出版了他的著作《几何基础》。在这本书里，希尔伯特为欧几里得几何补充了一些概念和公理，使得其更为完整，并在此基础上提出了一个比较完善的几何学的公理体系。这个公理体系就被叫作希尔伯特公理体系。

希尔伯特公理体系比欧几里得的公理体系复杂得多，它是由一些最基本的原始概念和 5 类公理构成的。

图 2-2　希尔伯特

基本概念（原始概念）包括：

（0.1）基本对象：点；直线；平面。

（0.2）基本关系：点在直线上，点在平面上（"属于""通过"均为"在……上"的同义语）；一点在另外两点之间；线段合同，角合同。

第一类公理叫作关联公理（或结合公理），共有 8 个，分别是：

（1.1）对于任意两个不同的点 A、B，存在直线 a 通过每个点 A、B。

（1.2）对于任意两个不同的点 A、B，至多存在一条直线通过每个点 A、B。

（1.3）在每条直线上至少有两个点；至少存在三个点不在一条直线上。

（1.4）对于不在一条直线上的任意三个点 A、B、C，存在平面 α 通过每个点 A、B、C。在每个平面上至少有一个点。

（1.5）对于不在一条直线上的任意三个点 A、B、C，至多有一个平面通过每个点 A、B、C。

（1.6）如果直线 a 上的两个点 A、B 在平面 α 上，那么直线 a 上的每个点都在平面 α 上。

（1.7）如果两个平面 α、β 有公共点 A，那么至少还有另一个公共点 B。

（1.8）至少存在四个点不在一个平面上。

第二类公理叫作顺序公理，共有 4 个，分别是：

（2.1）设 A、B、C 是一条直线上的三个点，如果 B 在 A、C 之间，则 B 也在 C、A 之间。

（2.2）已知 A、B 是直线上两个点，则直线上至少有一点 C，使得 B 在 A、C 之间。

（2.3）一条直线的三个点中至少有一个点在其他两个点之间。

（2.4）若直线 a 不经过三角形 ABC 的顶点，且与线段 AB 相交，则 a 与 AC 或 BC 相交。

第三类公理是合同公理（或全等公理），包括：

（3.1）已知直线 a 及 a 上的线段 AB，给出直线 a' 及其上的点 A' 并指定 a' 上点 A' 的一侧，则在 a' 上点 A' 的该侧存在点 B'，使 $A'B'$ 合同于（或等于）AB。记作 $AB=A'B'$。

（3.2）若 $A'B'=AB$，且 $A''B''=AB$，则 $A'B'=A''B''$。

（3.3）关于两条线段的相加。

（3.4）关于角的合同（或相等）。

（3.5）若两个三角形 $\triangle ABC$ 和 $\triangle A'B'C'$ 有下列合同式：$AB=A'B'$，$AC=A'C'$，$\angle A=\angle A'$，则 $\angle B=\angle B'$，且 $\angle C=\angle C'$。

希尔伯特还以此为根据，在《几何基础》中建立了平面的刚体运动，为《几何原本》中"彼此能够叠合的物体是全等的"这一事实奠定了公理化基础。

第四类平行公理中只有一个，是修改了的《几何原本》中著名的第五公设：

（4.1）过直线外一点至多有一条直线与已知直线平行。

第五类公理是连续公理，包括阿基米德度量公理和直线的完备性两条：

（5.1）如果 AB 和 CD 是任意两线段，那么以 A 为端点的射线 AB 上必有这样的有限个点 A_1，A_2，$\cdots$，A_n，使得线段 AA_1，A_1A_2，$\cdots$，$A_{n-1}A_n$ 都和线段 CD 合同，而且 B 在 A_{n-1} 和 A_n 之间。

（5.2）一直线上的点集在保持公理（1.1），（1.2），（2.2），（3.1），（5.1）的条件下，不可能再进行扩充。

《几何基础》的出版标志着数学公理化新时期的到来。希尔伯特的公理体系是其后一切公理化的楷模，他的公理化思想极深刻地影响了其后数学基础的发展，《几何基础》重版多次，成为一本广为流传的经典文献。

希尔伯特的公理体系与欧几里得及其后任何公理体系的不同之处，即他的工作的最大贡献还在于，他改进了欧几里得的"实质公理体系"，从而创立了"形式公理体系"。他没有原始的几何元素的定义，定义通过公理反映出来。他在1891年就透露过这种思想。他说：我们可以用桌子、椅子、啤酒杯来代替点、线、面。当然，他的意思不是说几何学研究桌子、椅子、啤酒杯，而是在几何学中，点、线、面的直观意义要抛掉，研究的应该只是它们之间的关系，关系由公理来体现。几何学是对空间进行逻辑分析，而不诉诸直观。这种用公理体系来定义几何学中的基本对象和它的关系的研究方法成为数学中所谓的"公理化方法"。

公理化方法给几何学的研究带来了一个新颖的观点，在公理法理论中，由于基本对象不予定义，因此不必探究对象的直观形象是什么，只专门研究抽象的对象之间的关系、性质。从公理法的角度看，我们可以任意地用点、线、面代表具体的事物，只要这些具体事物之间满足公理中的结合关系、顺序关系、合同关系等，使这些关系满足公理体系中所规定的要求，就构成了几何学。因此，凡是符合公理体系的元素都能构成几何学，每一个几何学的直观形象不止一个，我们把每一种直观形象都叫作几何学的解释，或者叫作几何学的某种模型。例如，平常我们所熟悉的几何图形，在研究几何学的时候并不是必需的，它只不过给我们一种直观形象而已。

希尔伯特不仅提出了一个完善的几何体系，还提出了建立一个公理体系的原则。也就是说，在一个公理体系中，应该包含多少条公理，以及采用哪些公理，应当考虑如下三个方面的问题：

第一，相容性（无矛盾性）。在一个公理体系中，各条公理应该是不矛盾的，它们和谐共存于同一系统中。这个要求很自然，否则，如果从这个公理体系中推出相互矛盾的结果，那么这个公理体系就会毫无价值。

第二，独立性。公理体系中的每条公理应该是各自独立而互不依附的，也就是说，公理没有多余的。一个公理如果不能由其他公理推出来，它对其他公理就是独立的。假如把它从公理体系中删除，那么有些结论就会受到影响。希尔伯特证明独立性的方法是建立模型，使除了要证明的公理（比如平行公理）之外其余公理均成立，而且该公理的否定形式也成立。

第三，完备性。公理体系中所包含的公理应该能足够证明本学科的任何新命题。对此，希尔伯特猜想，不仅形式数学系统的基础逻辑——谓词演算是完全的，而且每一个形式数学系统也是完全的，特别是皮亚诺算术系统 P 应当是完全的，其体系中的所有命题总是可以被证真或者证伪（二者居其一）。但他没有证明他的这个猜想，直到 1931 年哥德尔给出了一个否定的证明。

由于这些公理具有独立性和无矛盾性，因此可以增减公理或使其中的公理变为否定形式，并由此得出新的几何学。比如，平行公理换成其否定形式就得到非欧几何学；阿基米德度量公理（大意是一个短线段经过有限次重复之后，总可以超出任意长的线段）换成非阿基米德的公理就得到非阿基米德几何学。希尔伯特在他的书中详尽地讨论了非阿基米德几何学的种种性质。

从此，几何学研究的对象更加广泛了，几何学的含义比欧几里得时代更为抽象。这些都对近代几何学的发展带来了深远的影响。

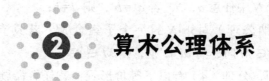

算术公理体系

　　从时间上来说，代数方面的公理化来得比几何的要晚一些。下面我们要介绍的是意大利数学家皮亚诺的具有历史意义的工作。

　　皮亚诺（G. Peano）（见图 2-3）是 19 世纪末 20 世纪初最伟大的数学家之一，他在几何、数理逻辑、微积分、微分方程、积分方程等许多数学领域都有很深刻的研究，但最著名的工作还是建立以他的名字命名的自然数公理体系。

图 2-3　皮亚诺

　　1889 年皮亚诺的名著《算术原理新方法》出版，书中他完成了对整数的公理化处理，使得这本小册子成为经典之作。他在其中做了最重要的两件事：第一，把算术明显地建立在几条公理之上；第二，公理都用新的符号来表达。1891 年皮亚诺创建了《数学杂志》（*Rivista di Mathematica*），他在这个杂志上用数理逻辑符号写下了这组自然数公理，并且证明了它们的独立性。

　　皮亚诺用两个不定义的概念"1"和"后继者"及四个公理来定义自然数，用他的说法，所谓自然数是指满足以下性质的集合 N 中的元素：

　　（1）1 是 N 的一个元，它不是 N 中任意元的后继者，若 a 的后继者用 a^+ 表示，则对于 N 中任何 a，$a^+ \neq 1$；

　　（2）对于 N 中任意元 a，有且仅有一个后继者 a^+；

（3）对于 N 中任意 a，b，若 $a^+=b^+$，则 $a=b$；

（4）（归纳公理）对于 N 的一个子集合 M，若具有以下性质：$1 \in M$，当 $a \in M$ 时，有 $a^+ \in M$，则 $M \in N$。

可以证明，公理（4）有以下等价形式：若任意命题对 1 得到证明，更假定它对于小于自然数 n 的一切自然数 k 均为真，从而推出它对于 n 也为真，则该命题对于所有自然数都为真。这实际上就是我们熟悉的数学归纳法原理。

算术的基本概念和逻辑推论法则深刻反映了我们周围世界的客观规律性，同时也构成了数学其他分支的最坚实的基础。

皮亚诺在其他领域中也使用了公理化方法。他期望能将他的数理逻辑的概念应用于数学各分支的所有已知结果，试图从他的逻辑记号的若干基本公理出发建立整个数学体系。他使数学家的观点发生了深刻变化，对布尔巴基学派产生了很大影响。

3　其他数学对象的公理化

与我们大学数学离得最近的公理化方法是线性代数中线性空间的定义：

考察一个与数域 F 有关、其中定义了两个运算"$+$""$.$"的非空集合 V，如果下列条件被满足，则称 V 为 F 上的线性空间：

（1）$\alpha+\beta=\beta+\alpha$；

（2）$(\alpha+\beta)+\gamma=\alpha+(\beta+\gamma)$；

（3）V 中有一个零元 O：对任何 $\alpha\in V$，都有 $O+\alpha=\alpha$；

（4）V 中每一个元素 α 都有一个负元素 α'，满足 $\alpha'+\alpha=O$；

（5）$a(\alpha+\beta)=a\alpha+a\beta$；

（6）$(a+b)\alpha=a\alpha+b\alpha$；

（7）$(ab)\alpha=a(b\alpha)$；

（8）$1\alpha=\alpha$。

（这里 α、β、γ 是 V 中任意元素，a、b 是 F 中的任意数。）

（1）～（8）刻画了线性空间的一个公理化体系，用这些公理可以证明零向量、负向量的唯一性；$k\alpha=0$ 必有 $k=0$ 或者 $\alpha=O$；子空间的存在性等命题的成立。在此公理化体系中，R，C，V^2，V^3，$F[x]$，$M_n(F)$，F^n，$C[a,b]$ 等一系列线性空间具有了共性，讨论它们的思路统一为：基—坐标—维数—同构。

在上述线性空间定义的基础上，利用公理化方法定义内积，实数域 R 上欧氏空间 E 的公理化定义也得以给出：

设 E 是一个实数域上的线性空间，当且仅当二元实值函数 $<\alpha,\beta>$ 满足下列公理时，E 成为一个欧氏空间：

（1′）$<\alpha,\beta>=<\beta,\alpha>$；

（2′）$<\alpha+\gamma,\beta>=<\alpha,\beta>+<\gamma,\beta>$；

（3′）$<k\alpha,\beta>=k<\alpha,\beta>$；

（4′）当 $\alpha\neq0$ 时，$<\alpha,\beta>>0$。

（这里 α，β，γ 是 E 中任意向量，k 是任意实数。）

在欧氏空间中，由公理（1′）～（4′）可推证出向量的度量性质（如向量的长度、向量的方向角及两个向量的夹角）以及有关定理，进而建立欧氏空间内向量之间的关系结构，从而形成一个公理化体系。这样，R^n 与 $C[a,b]$ 有了相同的讨论方式，柯西－施瓦茨不等式也有了统一的表达式，即 $<\alpha,\beta>^2\leqslant<\alpha,\alpha><\beta,\beta>$。

在 19 世纪末到 20 世纪初的公理化浪潮中，数学家们对一系列数学对象进行了公理化。例如，由于解代数方程而引进的域及群的概念在开始时都是十分具体的，如置换群。到 19 世纪后半叶，逐步有了抽象群的概念并用公理刻画它。群的定义由一个带有运算的非空集合及四条公理组成，即封闭性、运算满足结合律、有单位元素及存在逆元素。

群在数学中是无处不在的，但是抽象群的研究一直到 19 世纪末才开始。域的公理比较多一些，有理数域、实数域、复数域都是抽象域的具体模型。另外，环、偏序集、全序集、格、布尔代数等大量数学系统也都已经公理化。

另一大类结构是拓扑结构。拓扑空间在 1914—1922 年间得到了公理化，泛函分析中的希尔伯特空间、巴拿赫空间也随之完成公理化，成为 20 世纪抽象数学研究的出发点。在模型论中，这些数学结构成为逻辑语句构成理论的模型。

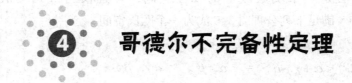

4 哥德尔不完备性定理

自希尔伯特提出公理体系的三大要求以来，所有人都希望我们所使用的公理体系是相容的、独立的并且是完备的，这种想法当然是有很大诱惑的。例如，如果能证明数学公理体系的完备性，那么对哥德巴赫之类难度极大的猜想我们便可放心让其"安睡"若干年，一直等到人类有足够的智力来解决它们，因为解决只在迟早之间。但这个希望仅仅是一个"希望"。

1931 年，捷克数理逻辑学家哥德尔（见图 2-4）发表了题为《论〈数学原理〉及有关系统的形式不可判定命题》的著名论文，其中包含一个对数学界具有"毁灭性"的断言：任一包含算术的形式系统的一致性和完全性是不可兼得的。或者说，如果一个包含算术的形式系统是一致的，那么这个系统必然是不完全的。所谓不完全，就是指存在一个公式 A，使得 A 和非

图 2-4　哥德尔

A 在这个系统内都不可证。这就是大名鼎鼎的所谓"哥德尔第一不完备性定理"。哥德尔的工作使希尔伯特的幻想破灭了，因为这与希尔伯特的猜想和人们的希望完全相反！有人惊呼：数学的"灾难"降临了！也有人悲叹：上帝是存在的，因为数学无疑是相容的；魔鬼也是存在的，因为我们不能证明这种相容性！

其实，如果你有兴趣和耐心，抛开抽象的形式逻辑后，我们不需要多少高等数学，用中学数学知识就能大致弄懂哥德尔定理。大家都知道，算术是数学中最基本的体系。这里，以"算术公理体系（也就是皮亚诺公理体系）是不完备的"为例讲一下证明的思想。

第一步，哥德尔把所用到的算术元件：逻辑操作符号（非，蕴含，$\forall$（对任何，…）、运算符号（加，乘，左右括号，…）、等号"="、常量（0，1，2，…）、变量（$x(1)$，$x(2)$，…）等，都一一对应于一个正整数，称为哥德尔数。

第二步，建立一个通过以上元件写出算术陈述语句和证明语句的规则。在元件编号的基础上再定义与这些语句一一对应的哥德尔数。通过哥德尔数的性质又可提供一个规则，判断一个哥德尔数所对应的语句是或者不是另一个语句的证明。

第三步，根据以上结果构造一个哥德尔数为 m 的语句："具有哥德尔数 m 的语句没有合适的证明语句"。因为此语句的哥德尔数恰为 m，这相当于说"本语句不能被证明"。

现在我们看到这个语句就不能根据公理体系加以形式上的证明。原因是，如果不可证，那么它已是一句不可证明的语句；如果可证，那么又说明了"本语句不能被证明"，也就是说，我们要承认体系里有不可以证明的语句！

从以上的简单介绍中，我们看到哥德尔定理是从算术公理出发进行推理的，利用哥德尔数讨论问题是一个关键。"哥德尔定理"既为"定理"，也有"证明"，它的每一步推理都有根据，这些"根据"归根到底也是来自公理体系。也正因为它在算术公理体系内进行推理，发现了体系内的问题，它的结论才对算术体系有意义。如果站在算术体系之外，你按你的规则，我按我的根据，那就没有什么意义了。

上述哥德尔定理指出，在任何数学公理体系下，总存在它不能做出判断的数学命题，即逻辑演绎也存在失效的地方。无论证明怎么严密，一旦纳入整体来考虑，问题肯定就会暴露出来，这说明公理体系不具有普适性，只在规定的前提范围内才是有效的。所谓的数学证明也还是在公理化基础之上的演绎证明，不具有完全严格的确定性，具有一定的不完备性，只具有相对的真理性。

哥德尔定理的意义之一在于，那种把数学公理体系搞成一个形式化系统、希望所有猜想都能从公理出发加以判定、希望不发生"出乎始料"的事的愿望是不可能实现的。这是我们使用数学公理体系时需要注意的。至于哥德尔定理的其他意义，以及在一个公理体系中不可判定的"猜想"是否在另一公理体系中可判定等问题，读者可以参阅其他相关文章。

有一个例子足以说明哥德尔的影响是深远的。在 2002 年夏天北京国际数学家大会上，霍金的报告就是《哥德尔与 M 理论》。在当今国际物理研究领域，很多科学家提出有可能存在一个能描述一切物理现象的理论，并把这一理论称为超弦理论。爱因斯坦后期一直在寻找的统一场论也是其中之一。不过霍金认为，建立一个单一的描述宇宙的大统一理论是不太可能的。霍金说他的这一推测正是基于数学领域的哥德尔不完备性定理。

在本讲将要结束的时候，我们指出：要注意区分作为科学的"数学公理"和作为教学内容处理的"数学教学公理"。例如：从数学科学的角度来说，"两直线平行，同位角相等"并不是公理，因此，以"两直线平行，同位角相等"为公理来证明"两直线平行，内错角相等"和"两直线平行，同旁内角互补"是有问题的。但中学数学教材多是这样处理的：以"两直线平行，同位角相等"为依据，逻辑地说明"两直线平行，内错角相等"与"两直线平行，同旁内角互补"。这从中学数学教学内容的处理角度来说，有它的方便与实用之处。同理，"三组对应边对应相等的两个三角形全等"等并非"数学公理"的命题，但它们也一直在我们中学数学教材中被作为"教学公理"使用。即使到了高等数学里，我们也能找到一些这样的例子，如"线性空间"的定义中著名的 8 大公理，即使在任意的数域上实际上也只有 7 条是独立的。现在所有线性代数教科书仍然使用 8 条公理的说法，这里面可能既有实用的理由，也有历史的原因吧。

 思考题

1. 在数学发展过程中，产生了哪几个重要的公理体系？

2. 公理化的主要思想方法是怎样的？

3. 哥德尔不完备性定理有什么重要意义？它给了我们哪些启示？

4. 简述作为科学的"数学公理"和作为教学内容处理的"数学教学公理"的差别。

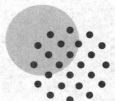

第三讲　对还是错?

——悖论与数学危机

我们先从一个小游戏开始。

上课时，老师在黑板上写下：

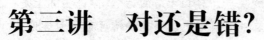

这里有三个错误的句子
$2+2=4$
$3\times6=9$
$8+4=12$
$5+4=20$

学生们开始回答。可是他们很快发现自己陷入了一个"陷阱"：如果他们回答只有第三句和第五句错了，则第一句也是错的，这样就共有三句话错了，所以第一句话又是对的。但是当你承认第一句正确的时候，又只有第三句和第五句是错的，所以第一句不对了！无论你如何回答，总是得到与你的答案相反的结果，似乎这么简单的一个问题是没有答案的。这是怎么回事？这就是数学中潜伏着的怪物——悖论。

　　"悖论"（paradox）一词源于希腊文"para+dokein"，原意为"多想一想"，引申为"无路可走，四处碰壁"，现译义为"似是而非的观点，自相矛盾的话"。悖论实际上是一种特殊的逻辑矛盾。一般我们把以下几种情况都称为悖论：

　　（1）一种论断看起来好像肯定错了，但实际上却是对的（佯谬）；

　　（2）一种论断看起来好像肯定是对的，但实际上却错了（似是而非）；

　　（3）一系列推理过程看起来无懈可击，可是却导致逻辑上自相矛盾。

　　现在我们所说的数学上的悖论主要是指第三种。所以它在很多情况下表现为不符合排中律的矛盾命题：由它的真，可以推出它为假；由它的假，又可以推出它为真。关于悖论的比较精确的陈述是希尔伯特给出的：如果某一理论的公理和推理规则看上去是合理的，但在这个理论中推出了两个互相矛盾的命题，或者证明了这样一个复合命题，它表现为两个矛盾命题的等价式，那么我们就说这个理论包含一个悖论。

　　悖论看似荒诞，但却在数学史上产生过重要影响。数学虽然历来被视为是严格、和谐、精确的典型学科，但它的发展从来不是直线式的，它的体系也不是永远和谐的，特别是一些重要悖论的产生，曾经引起人们对数学基础的怀疑以及对数学可靠性信仰的动摇。由此导致的怀疑还会引发人们认识上的普遍危机感，这时悖论就会导致"数学危机"的产生。数学发展史上的危机皆由数学悖论而起。然而，数学悖论和危机的产生并不全是坏事。一些著名的悖论曾引发诸多伟大的数学家和逻辑学家长期艰难而深入的思考，并由此产生了很多新的数学思想和理论。例如，欧拉的拓扑学、冯·诺依曼（von Neumann）的博弈论等均源于数学悖论。迄今为止，数学的三次危机都导致了新的数学理论的出现，从而促进了数学自身的发展。

应该注意，悖论不是"诡辩"，因为悖论与诡辩有本质的不同。后者不仅从公认的理论明显看出是错误的，而且通过已有的理论逻辑可以论述其错误的原因；而前者虽让人感到是不妥的，但在现有理论之下却不能阐明其错误的原因。

① 希帕索斯悖论与第一次数学危机

一、毕达哥拉斯学派及勾股定理

图 3-1　毕达哥拉斯

数学发展史上的第一次危机发生于古希腊时期，与勾股定理的发现以及希帕索斯悖论密切相关。

毕达哥拉斯（Pythagoras）（见图 3-1）是古希腊著名的数学家与哲学家，他曾创立了一个合政治、学术、宗教三位一体的神秘主义派别：毕达哥拉斯学派。"唯数论"是该学派的哲学基石，"万物皆数"就是毕达哥拉斯本人提出的著名观点。他们认为世间万物的本原是数，宇宙的本质就是数的和谐，数的规律统治万物。不过要注意的是，在那个年代，他们所说的"数"只是整数，或者至多是有理数，"一切数均可表成整数或整数之比"就是这一学派的数学信仰。

我们知道，"勾股定理"是欧氏几何中最著名的定理之一，开普勒将其与黄金分割并称为欧氏几何的两颗明珠。它是人类最早认识到的平面几何定理之一，同时也在实践中有着极其广泛的应用。在我国，这个定理最早见于西周时期商高（比毕达哥拉斯早出生 500 多年）同周公的一段对话中（见西汉数学著作《周髀算经》），所以中国人把这个定理叫作"商高定理"。不过，我国对它的证明较晚，直到三国时期，赵爽才用面积割补给出了它的第一个证明。欧几里得在编著《几何原本》时，认为这个定理是毕达哥达斯最早证明的，因而国外一般称之为"毕达哥拉斯定理"。据说毕达哥拉斯当时曾杀了一百头牛来庆贺这一伟大定理的证明，因此这一定理还获得了一个带有神秘色彩的称号："百牛定理"。遗憾的是，当年毕达哥拉斯定理的证明方法已失传，现在最流行的证明方法是欧几里得的。（据说，关于勾股定理的证明方法现已有 500 余种。）然而具有悲剧意味的是，毕达哥拉斯建立的这一著名定理最后成了这个学派数学信仰的"掘墓人"。

二、希帕索斯悖论与第一次数学危机

在一般人看来，对于任何两条不一样长的线段，我们都能找到第三条线段，使给定的两条线段都是第三条线段的整数倍，这就是所谓线段的可公度性。

前面提到，古希腊时代的人只有"有理数"的观念，其实这也并不奇怪。我们知道，在数轴上整数是一点点分散的，而且点与点之间的距离是 1，也就是说，整数不能完全填满整条数轴。但有理数则不同了，我们发现任何两个有理数之间，必定有另一个有理数存在，例如：1 与 2 之间有 1/2，1 与 1/2 之间有 1/4 等，因此令人很容易以为"有理数"可以完全填满整条数轴。"有理数"就是一切数，这是毕达哥拉斯学派的自然想法。可惜这个想法是错的，因为希帕索斯的发现导致了数学史上第一个无理数 $\sqrt{2}$ 的诞生。

希帕索斯（Hippasus）是毕达哥拉斯学派的一个成员。他根据毕达哥拉斯定理提出了如下问题：边长为 1 的正方形的对角线长度是多少？如果设对角线长为 x，根据勾股定理，有 $2 = x^2$，可以证明，没有任何整数或者分数的平方是 2。

事实上，首先，显然 2 不是整数的平方。

若 $2 = \left(\dfrac{m}{n}\right)^2$，其中 m，n 互素，有

$$m^2 = 2n^2 \qquad\qquad (*)$$

导致 $2|m$；令 $m=2s$，代入式（*），得 $2s^2=n^2$，又导致 $2|n$，从而与 m，n 互素矛盾。

于是，我们看到 x（后来被记为 $\sqrt{2}$）和 1 是不可公度的，这在当时是不被接受的（正因为如此，这个数一直被称为"无理的数"）。由于可公度性是当时的人们普遍接受的信仰，希帕索斯的问题就在当时的数学界掀起了一场巨大风暴。这个无法写成有理数的"怪物"动摇了毕达哥拉斯学派的哲学基础，把他们心中的信念完全破坏了，他们所恃和所自豪的信念被彻底粉碎。实际上，这对于当时所有人的观念也是一个极大的冲击。因为在常识上，任何量在任何精确度范围内都可以表示成有理数。即使在测量技术已经高度发展的今天，这个断言在实践上也还是正确的。但希帕索斯提出的显然也是一个无法回避的问题，于是，就构成了"存在一个线段，它的长度要用不存在的数来表示"的悖论。由于希帕索斯悖论是毕达哥拉斯学派内的人发现的，因此它也常常被称为毕达哥拉斯悖论。这个悖论意味着人们之前所了解的数学的根基出现了问题，整个数学都有可能被推翻！它导致了西方数学史上的一场大风波，历史上称为"第一次数学危机"。

简言之，希帕索斯悖论就是不可公度线段的出现；"第一次数学危机"就是有理数的不完备性，亦即有理数不可以完全填满整条数轴。现在我们知道在有理数之间还有大量"孔隙"，这些"孔隙"就是"无理数"。但在当时，这却使得数学家们经历了极度的思想混乱。

三、危机的解决

混乱和沮丧一直延续到公元前 370 年左右，"和柏拉图同时代的最杰出的"古希腊数学家、天文学家欧多克斯（Eudoxus）（见图 3-2）建立起了一套改进毕达哥拉斯理论的完整的比例论。欧多克斯用巧妙的方法避开了无理数，但保留了与之相关的一些结论，从而初步解决了由无理数出现而引起的数学危机（他本人的著作已失传，他的成果被保存在欧几里得《几何原本》的第五篇中）。

首先，欧多克斯引入了"量"的概念，将"量"和"数"区别开来。用现代的术语来说，他的"量"指的是"连续量"，如长度、面积、重量等，而"数"是"离散的"，仅限于有理数。其次，他改变了"比"的定义："比"是同类量之间的大小关系。如果一个量加大若干倍之后就可以大于另一个量，则说这两个量有一个"比"。这个定义含蓄地把零排除在可比量之外，并且实质上相

图3-2 欧多克斯

当于所谓"阿基米德公理"（阿基米德本人将此公理归功于欧多克斯，不过它在现存文献中被正式作为公理形式提出时仍以阿基米德命名）。

我们知道，如果 A，B，C，D 四个量成比例：$\dfrac{A}{B} = \dfrac{C}{D}$，两边分别乘以分数 $\dfrac{m}{n}$，得到 $\dfrac{mA}{nB} = \dfrac{mC}{nD}$。于是

（1）由 $mA > nB$，可以推出 $mC > nD$；

（2）由 $mA = nB$，可以推出 $mC = nD$；

（3）由 $mA < nB$，可以推出 $mC < nD$。

欧多克斯比例论的关键是将这一性质作为比例的定义，即设有 A，B，C，D 四个量，如果满足上面的（1）、（2）、（3），就说两个比 $\dfrac{A}{B}$ 与 $\dfrac{C}{D}$ 相等，或者说四个量可构成比例式 $\dfrac{A}{B} = \dfrac{C}{D}$。

从这一定义出发，可以推出有关比例的若干命题，而不必考虑这些量是否可公度。这在希腊数学史上是一个大突破。不难看出，当两个量 a 和 b 不可公度时，可按 $\dfrac{m}{n} < \dfrac{a}{b}$ 或 $\dfrac{m}{n} > \dfrac{a}{b}$，把全体有理数划分成两个不相交的集合 L 和 U，使得 L 的每个元素都小于 U 的每个元素，并以此定义无理数 $\dfrac{a}{b}$。这令人想起了分析学中著名的"戴德金分割"。事实上，19世纪的无理数理论正是欧多克斯思想的继承和发

展。虽然欧多克斯理论是建筑在几何量的基础之上的，回避了把无理数作为数来处理，但欧多克斯的这些定义无疑给不可公度比提供了逻辑基础。为了防止在处理这些量时出错，他进一步建立了以明确的公理为依据的演绎体系，从而大大推进了几何学的发展。从他之后，几何学成了希腊数学的主流。

这次数学危机不仅导致了无理数的诞生，使数的体系变得更加丰富和完备，还使得古希腊数学家不得不承认直观和经验并非绝对可靠，因此他们开始要求对一些凭经验得到的几何知识用严格的推理加以证明。正是这个过程促进了伟大的欧氏几何的诞生。

直到 1761 年，德国数学家兰伯特（J. H. Lambert）率先证明了圆周率是无理数后，拥护无理数存在的人才越来越多了。问题的最后解决是在 19 世纪下半叶，这时现代意义上的实数理论已经建立起来，无理数的本质才被彻底搞清楚。无理数在数学中合法地位的确立不仅拓展了人类对数的认识，同时也彻底、圆满地解决了第一次数学危机。

贝克莱悖论与第二次数学危机

一、无穷小与贝克莱悖论

数学史上的第二次危机发生在 18 世纪，涉及的是微积分理论基础的问题，是由贝克莱悖论引起的。

　　17世纪下半叶，随着科学和技术的发展，牛顿（I. Newton）（见图3-3）和莱布尼茨（G. W. Leibniz）（见图3-4）几乎同时各自独立发现了微积分。微积分一问世，立即就显示出它的非凡威力，实际计算中的许多疑难问题运用这一数学工具后马上变得易如反掌。但当时的微积分理论还是很不严格的，不仅缺乏令人信服的严格的理论基础，而且在推导过程中存在着明显的逻辑矛盾。其中最明显的是，牛顿、莱布尼茨的理论都建立在无穷小分析之上，但他们自己对"无穷小量"的理解与运用却是混乱的。正因为此，微积分从一诞生，就遭到了很多人的攻击，其中最有代表性的是贝克莱。

图3-3　牛顿

图3-4　莱布尼茨

　　贝克莱（G. Berkeley）（见图3-5）是英国的大主教。1734年，他出版了一本标题很长的书——《分析学家；或一篇致一位不信神数学家的论文，其中审查一下近代分析学的对象、原则及论断是不是比宗教的神秘、信仰的要点有更清晰的表达，或更明显的推理》。在这本书中，贝克莱抓住牛顿对无穷小量概念的不清晰，对微积分理论进行了猛烈攻击。例如，他列举

图3-5　贝克莱

了牛顿的流数法计算 x^2 的导数的过程：先对 x 取一个不为 0 的增量 Δx，由

$$(x+\Delta x)^2-x^2 \qquad\qquad ①$$

得到

$$2x\Delta x+(\Delta x)^2 \qquad\qquad ②$$

后再被 Δx 除，得到

$$2x+\Delta x \qquad\qquad ③$$

最后，令

$$\Delta x=0 \qquad\qquad ④$$

求得导数为

$$2x \qquad\qquad ⑤$$

贝克莱指出："无穷小最初不是零，才能在由式②到式③的过程中作除数；而在式③到式⑤时，又作为零而被舍弃，这违反了矛盾律。无穷小如果是零就不能作除数，如果不是零，就不能被舍弃。"贝克莱说牛顿的方法是"依靠双重错误得到了不科学却正确的结果"。贝克莱的攻击虽说是出自维护神学的目的，但却抓住了牛顿理论中的缺陷，是切中要害的。这就是著名的"贝克莱悖论"。

笼统地说，贝克莱悖论可以表述为"无穷小量究竟是不是零"的问题：就无穷小量在当时的实际应用而言，它必须既是零，又不是零；但从形式逻辑而言，这无疑是一个矛盾。这一问题的提出在当时的数学界引起了很大的混乱，由此导致了第二次数学危机。

二、微积分发展初期的状况

其实，微积分隐含的问题远不止贝克莱提出的悖论。下面仅以一无穷级数为例来说明当时微积分面临的困境。

问：无穷级数 $S=1-1+1-1+1\cdots$ 到底等于什么？

一方面，$S=（1-1）+（1-1）+\cdots=0$；另一方面，$S=1+（1-1）+（1-1）+\cdots=1$，这样看起来，岂不是有 $0=1$？这一矛盾

竟使很多大数学家也困惑不解，欧拉曾经这样求解这个级数：由

$$1 + x + x^2 + x^3 + \cdots = \frac{1}{1-x}$$

令 $x = -1$，得出

$$S = 1 - 1 + 1 - 1 + 1 \cdots\cdots = \frac{1}{2}$$

欧拉的结果当时得到很多人的赞同，因为级数的部分和序列是

$$1，0，1，0，\cdots$$

于是人们认为级数 S 应该"平等地"在 0 与 1 之间，即 $\frac{1}{2}$。现在看来，这是一个相当"低级"的错误，可是在当时却无法克服。显然，这里存在着最基本、最深刻的问题没有被解决。

由此一例，不难看出当时数学中出现的混乱局面：当时分析中任何一个比较细致的问题，如级数、积分的收敛性、微分积分的换序、高阶微分的使用以及微分方程解的存在性等，几乎都找不到严格的理论推导。数学家们来不及顾及基础是否严格、论证是否严密，仅凭直观去"快速"开创新的数学领地。在这种思潮的影响下，经过一个多世纪几代数学家，其中包括达朗贝尔（d'Alembert）、拉格朗日（J. L. Lagrange）、伯努利家族、拉普拉斯（P. Laplace）、欧拉等的努力，各种新方法、新结论以及新分支纷纷涌现出来，微积分理论和方法空前丰富，造成了当时分析学的极大繁荣。应该说当新思想涌流的时候，情况一般都是这样的。然而，这种粗糙的、不严密的工作也导致了谬误越来越多的局面。尤其到 19 世纪初，傅立叶理论直接导致了数学逻辑基础问题的彻底暴露。这样，微积分的发展到了一个既欣欣向荣、又问题成堆的尴尬的十字路口。

三、分析学的基础与危机的解决

当年，针对贝克莱的攻击，牛顿与莱布尼茨也曾试图通过完善自

己的理论来解决悖论，但都没有获得完全成功。这使得微积分陷入了矛盾：一方面，它在应用中大获成功，几乎无坚不摧；另一方面，其自身却存在着大量诸如贝克莱悖论这样的逻辑矛盾。如何解决这个极大的矛盾？显然，废弃、停止微积分已经是不可能的了，唯一的出路是回过头来审视微积分的理论基础，从而消除悖论。进一步来说，把分析学建立在严密的逻辑推理之上，使之成为一门真正严谨的数学学科就成为数学家们迫在眉睫的任务。

纵观微积分的各种问题和矛盾，数学家们发现最根本的缺失是极限的概念和理论，贝克莱悖论的要害也就在这里，因为无穷小的概念本质上就是极限的概念。为解决这些问题，无数优秀的数学家投入了大量劳动。

图3-6　柯西

在分析基础严密化的工作中作出第一个实质性贡献的是法国著名数学家柯西（A. L. Cauchy）（见图3-6）。从1821年开始，柯西陆续出版了《分析教程》《无穷小计算讲义》《无穷小计算在几何中的应用》等几部具有划时代意义的论著。其中，他给出了分析学中连续、导数、微分、积分、无穷级数的和等分析学的一系列基本概念的较为严格的定义，让分析学建立在了较为坚实的基础上。

柯西这样定义极限：

（1）当一个变量相继取的值无限接近于某一个固定值，最终与此固定值之差要多小就有多小时，该值就称为这一变量的极限。

（2）当同一变量相继取的值无限减小以至降到低于任何给定的数时，这个变量就成为人们所称的无穷小或无穷小量。这类变量以零为极限。

（3）当同一变量相继取的值不断增加以至升到高于每个给定的数

时，如果它是正变量，则称它以正无穷为极限，记作"∞"；如果是负变量，则称它以负无穷为极限，记作"−∞"。

柯西是历史上著名的大分析学家之一，现在我们学习的很多数学定理和公式也都以他的名字命名，如柯西不等式、柯西积分公式、柯西收敛准则等。他在分析学方面的开创性的工作起到了奠基作用。

柯西的极限概念大大改进了此前达朗贝尔等人所给的定义。他给了无穷小一个准确的概念，完全摆脱了与几何直观的联系。他用到了现代的 $\varepsilon-\delta$ 论证法的雏形，将无穷的运算化为一系列不等式的推导，这就是所谓极限概念的"算术化"。同时，他首次放弃了过去定义中常有的"一个变量绝不会超过它的极限"这类不准确也不必要的提法，也不提过去定义中常涉及的一个变量是否"达到"它的极限的问题，而把重点放在了变量具有极限时的性态上。接着他又以极限概念为基础，建立了连续、导数、微分、积分以及无穷级数等较严格的一般理论。不过，由于当时实数的严格理论尚未建立，所以柯西的极限理论还不可能十分完善。（目前广泛使用的"$\varepsilon-\delta$"极限定义方法是德国数学家魏尔斯特拉斯在 19 世纪 60 年代给出的。）

19 世纪 70 年代，魏尔斯特拉斯、戴德金、康托尔等人经过各自独立的深入研究，发现数学分析的无矛盾性可以归结为实数理论的无矛盾性，他们用不同的方法建立了完整的实数理论，最终完成了分析学的逻辑奠基工作，从而使微积分学这座人类数学史上空前雄伟的大厦建在了牢固可靠的极限理论与实数理论基础之上。这项伟大的工作结束了当时数学中的混乱局面，同时也宣布了第二次数学危机的彻底解决，贝克莱悖论也自然迎刃而解。

罗素悖论与第三次数学危机

一、康托尔的集合论

研究集合的数学理论——集合论是现代数学的一个基本分支，在数学中占据着一个极其独特的地位，其基本概念已渗透到数学的所有领域。我们从中学阶段就开始接触到集合的概念。如果把现代数学比作一座辉煌的大厦，那么可以说集合论正是构成这座大厦的基石，由此可见它在数学中的重要性。其创始人康托尔（Cantor）（见图 3-7）也以其集合论的成就被誉为对 20 世纪数学发展影响最深的学者之一。

图 3-7　康托尔

在第二次数学危机的解决过程中我们已经看到，极限理论的最终完善依赖于严格的实数理论的建立。因此康托尔开始探讨前人从未涉足的实数点集，这就是集合论研究的开端。19 世纪 70 年代，康托尔开始提出一般"集合"的概念。他对集合所下的定义是：把若干确定的有区别的（不论是具体的还是抽象的）事物合并起来，看作一个整体，就称为一个集合，其中各事物称为该集合的元素。人们把康托尔于 1873 年 12 月 7 日给戴德金的信中最早提出集合论思想的那一天定为集合论的诞生日。

作为新生事物的集合论在它刚产生时曾遭到许多人的攻击。然而经历了二十余年后，集合论最终获得了世界公认。到 20 世纪初，集合论已完全得到数学家们的认同，并且获得广泛而高度的赞誉。数学家们甚至乐观地认为从算术公理体系出发，借助集合论的概念，便可以建造起整个数学的大厦！例如，在1900年的国际数学家大会上，法国著名数学家庞加莱（J. H. Poincaré）就曾宣称："借助集合论的概念，我们可以建造整个数学大厦……今天，我们可以说绝对的严格性已经达到了！"

可是，正当集合论为大家所接受并逐渐深入到数学的各个分支时，罗素提出的关于集合论的悖论又把数学带到了危机之中。

二、罗素悖论与第三次数学危机

康托尔的集合论是没有使用公理的，站在今天公理化的角度分析一下，他的论证基本上依赖于下面三个公理：

（1）外延公理：集合由它的元素决定，即两个集合元素相同则它们相同。

（2）抽象公理：任一性质都有一个由满足该性质的客体组成的集合。

（3）选择公理：每个集合都有一个选择函数。

这三个公理中，第一个是没有任何问题的，但其他两个就包含了巨大的隐患。罗素就是抓住抽象公理的缺陷，提出了著名的罗素悖论。

罗素（B. Russell）（见图3-8）是英国哲学家、数学家，也是20世纪西方最著名、影响最大的学者和社会活动家之一。他早年对数学很有兴趣，后来才逐渐转而研究哲学，因此他在数学方面也有很多重要的建树。1902—1903年，罗素思考了"说谎者悖论"（即"我说的都是假的"）以及集合论中的一些基

图3-8　罗素

本问题，但没有找到解决办法。他在《我的哲学的发展》第七章"数学原理"中写道："自亚里士多德以来，无论哪一个学派的逻辑学家，从他们公认的前提中似乎都可以推出一些矛盾。这表明有些东西是有毛病的，但是指不出纠正的方法是什么。1903 年春季，其中一种矛盾的发现把我正在享受的那种逻辑蜜月打断了。"这个令人讨厌的"矛盾"，就是罗素悖论。

首先，罗素构造了一个集合 S：$S = \{x \mid x \notin x\}$，也就是说，$S$ 由一切不是自身元素的集合组成。然后问：S 是否属于 S 呢？根据排中律，一个元素要么属于某个集合，要么不属于某个集合，因此，对于一个给定的集合，问是否属于它自己是有意义的。但当你试图回答这个问题时，你马上会发现陷入了两难境地：如果 S 属于 S，根据 S 的定义，S 就不属于 S；反之，如果 S 不属于 S，同样根据定义，S 就属于 S。总之，无论怎么回答，前提与答案都是矛盾的。

"罗素悖论"的通俗形式是广为人知的"理发师悖论"：一个理发师声称他只给他居住的镇上任何一个不为自己刮脸的人刮脸。那么他应该给自己刮脸吗？如果他给自己刮，他就属于为自己刮脸的那类人。但是，他声称他不给这类人刮脸，因此他不能给自己刮脸；如果他不给自己刮脸，他就是不自己刮脸的人。但是，他说他要给所有这类人刮脸，所以他应该给自己刮脸。因此，无论这位理发师是否给自己刮脸，都不符合他自己的规定。读者还可能已经看到，我们在本讲开头提出的"游戏"与罗素悖论基本上也属于同一类问题。

其实在罗素悖论之前，集合论已经被发现是有漏洞的了。如 19 世纪的最后几年间，就有人分别提出了集合的最大序数悖论和最大基数悖论。但由于这两个悖论都涉及集合论中太多复杂的概念和理论，所以未能引起大家的注意。罗素悖论则不同，它浅显易懂，所涉及的只是集合论中最基本的东西。所以，罗素悖论一提出，就在当时的数学界与逻辑学界内引起了极大震动。如德国数学家、逻辑学家和哲学家弗雷格在他的关于集合的基础理论著作完稿付印时，收到了罗素关于这一悖论的信。他立刻发现，自己工作很久得出的一系列结果却因为这条悖论变得一塌糊涂。他只能在自己著作的末尾伤心地写道："一个科学家所遇到的最不合心意的事莫过于在他的工作即将结束时，其基础崩溃了。罗素先生的一封信正好把我置于这个境地。"分析学家戴德金也因悖论推迟了他的《什么是数的本质和作用》一书的再版。罗素悖论对数学产生的震撼是不言而喻的：数学家们每天都在使用并且企图用之统一整个数学的"集合"概念居然存在矛盾和漏洞！这对于当时的人们不啻一记晴天霹雳。就好像一个人早上醒来，却发现自己住的房子脚下都是流沙一样。这样的感觉无疑使人震惊，甚至是恐惧的。这就是史上的第三次数学危机。

三、集合公理化与悖论的排除

把罗素悖论用符号表示，就可看出，它使用了这样一个定义模式：如果 x 不是 x 的，则 x 是 S 的（稍微严格一点写成这样：如果 非 xRx，则 xRS，其中 R 为一个所谓的二元谓词）。而在定义 S 时，S 本身又可以用它自己的定义来判定，即可以把定义中的 x 换成 S，导致这样一个语句：如果 S 不是 S 的，则 S 是 S 的。由于定义中的两个语句总是互为充要条件，所以原来的定义中就蕴含了一个"P 等价于非 P"的结论，从而导致两难推理。这种定义模式本身是逻辑中的漏洞，康托尔的朴素集合论正因为没有防范机制而陷入了这个逻辑漏洞，从而导致了集合论形式的罗素悖论。

数学家们针对问题的根源提出了解决问题的思路：既然罗素悖论是由朴素的集合论思想不严密造成的，那么就要建构更加严密的集合论，在朴素集合论的概念里加上一些限制，以防止不适当集合的出现，也就是希望通过对集合定义加以限制来排除悖论。这样，公理集合论就渐渐发展起来了。

1908 年，策梅洛（F. Zermelo）率先提出用公理化集合论体系来消除罗素悖论。据说在 1899 年策梅洛就已经发现了罗素悖论，但他没有发表出来，而是开始研究如何去解决它们。他的著名论文《关于集合论基础的研究》中确定了公理化集合体系的原则："这些原则应该足够狭窄，足以排除所有矛盾。同时，又要足够宽广，能够保留这个理论所有有价值的东西。"在这篇文章中，策梅洛试图把集合论变成一个完全抽象的公理化理论。在这样一个公理化理论中，集合这个概念不加定义，而引进了一系列公理，集合的性质就由公理反映了出来。

策梅洛的体系共有 7 条公理，分别是：

（1）外延性公理：如果一个集合 M 的所有元素也是 N 的元素，反之亦然，则 $M=N$。也就是说，每一集合都是由它的元素决定的。

（2）初等集合公理：存在一个没有元素的集合，并称它为空集合；对于对象域中的任意元素 a 与 b，存在集合 $\{a\}$ 和 $\{a, b\}$。

（3）分离公理：如果一命题函数 $p(x)$ 对于一集合 S 为确定的，那么存在一集合 T，它恰好含有 S 中的元素 x 并使命题函数 $p(x)$ 取真值的那些元素。

（4）幂集公理：如果 S 是一集合，则 S 的幂集合仍然是一集合，换言之，一集合 S 的所有子集合仍然组成一集合。

（5）并集公理：如果 S 是一集合，则 S 的并仍然是一集合。它包含 S 的元素们的所有元素作为元素。

（6）选择公理：如果 S 是不空集合的不交集，那么存在 S 的并的一子集合 T，它与 S 的每一元素都恰好有一个公共元素。

（7）无穷公理：存在一集合 Z，它含有空集合，并且对于任一对象 a，若 $a \in Z$，则 $\{a\} \in Z$。

策梅洛的公理体系（记为 Z）是他研究康托尔集合论基本原则的结果。一方面，他保留了康托尔理论的一些基本出发点和运算性质的其他公理；另一方面，则剔除了"抽象公理"等不合理部分，而改用分离公理。实际上就是对集合做了必要的限制，使之不要太大。这里，集合不能用任意的逻辑上可定义的概念来独立定义，它们必须被"分离"为已经"给出"的集合的子集。这消除了如"所有集合的集合"或"所有序数的集合"等矛盾的想法，从而消除了悖论产生的条件。正是由于策梅洛用"分离公理"替代了"抽象公理"，不承认自己包含自己的集合，从而消除了罗素悖论。

策梅洛是第一个集合论公理体系的开创者，也是选择公理的开创者，他的成果是重大的，影响是深远的。但是这个体系中还有许多缺点和毛病。比如：他的公理没有涉及逻辑基础（他自己相信 7 条公理是相互独立的，但他也承认不能证明它们的相容性）；分离公理的命题函数的含义并不清楚；选择公理有许多争议等。后来经许多人加以严格处理及补充才成为严格的公理体系。最具有代表性的是 ZF 或 ZFS 系统，其中 Z 代表策梅洛，F 代表弗伦克尔（Fraenkel），S 代表斯科伦（Skolem）。但是一般的 ZF 中往往不包括选择公理，如果加进选择公理则写为 ZFC（C 就是 Axiom of Choice 的简写）。

除 ZF 系统外，集合论的公理体系还有多种，如诺依曼等人提出的 NBG 系统等。这些公理化集合系统的建立在很大程度上弥补了康托尔朴素集合论的缺陷，成功排除了集合论中出现的悖论，从而比较圆满地解决了第三次数学危机。

虽然罗素悖论和第三次数学危机从发生到解决不如前两次经历的时间长，但是由于它涉及了数学中许多最基本、最核心问题的讨论，所以罗素悖论对数学而言有着更为深刻的影响，被认为是具有决定性意义的事件。事实上，这次危机使得数学基础问题第一次以最迫切的需要的姿态摆到数学家面前，导致了数学家对数学基础的研究，掀起了"对数学进行一场批判性的检查运动"的浪潮。这场运动不仅使数理逻辑更加成熟，使数学有了更严实的基础，而且产生了公理化方法论以及实变函数论、点集拓扑学、抽象代数学等新的数学学科。

④ 悖论意义反思

虽然 ZF 公理集合论到目前还没出现矛盾，但是经过了第三次数学危机，数学家们如何能够相信 ZF 公理集合论是一致的（也就是不矛盾的）？这个问题又扩展到对数学基础的反思。什么样的数学基础是稳固的？数学真理的本质是什么？数学命题有什么意义？它们是基于什么样的证明？

对于这些问题，数理逻辑界形成了三派：逻辑主义学派、形式主义或公理学派、直觉主义学派。他们对解决数学的本源问题都作出了各自的贡献，但问题还远远没有解决。例如，前面第二讲中谈到的，当以希尔伯特为代表的公理学派满怀信心要把一切数学问题都公理化，从而一劳永逸地解决数学基础问题时，哥德尔的不完备性定理却打破了他们的美梦。

现在看来，现代公理集合论的一大堆公理仍然很难分清孰真孰假，可是又不能把它们一股脑儿消除掉，它们已经跟整个数学血肉相连了，去掉它们中间的任何一个都可能对整个数学带来无法估量的影响。所以第三次数学危机表面上解决了，实质上更深刻地以其他形式延续着。早在康德时期，哲人们就意识到"理性不能回答关于其自身的问题"，而哥德尔的不完备性定理进一步告诉我们，逻辑本身存在无法弥补的漏洞。但我们又不可能抛弃理性与逻辑，因为它们是人类了解世界的唯一途径。所以矛盾是固有的，悖论仍然会出现，我们应该对悖论有一个正确的认识。

首先，数学悖论是在数学学科理论体系发展到相当高的阶段才出现的，是对数学学科理论体系可能存在的内在矛盾的揭示，是该理论体系的发展陷入某种危机的表现。因此,悖论的出现往往会使人们对该理论体系的信念产生动摇,引起思想混乱甚至悲观失望,对正常的科学研究活动形成一定程度的冲击。毕达哥拉斯悖论的出现就曾彻底动摇了该学派的世界观,给当时古希腊的数学家带来了极大的思想混乱、恐慌和愤怒。希帕索斯甚至被一群"万物皆数"的捍卫者抛到海中活活淹死。无穷小量悖论的发现曾引起数学界长达两个世纪的论战。罗素悖论的发现导致了数学基础的崩溃,引发了第三次数学危机。

其次,数学悖论的出现虽然暂时引起人们的思想混乱,对正常的科学研究可能会形成一定的冲击,但它对于揭露原有理论体系中的逻辑矛盾、缺陷或局限性,对于进一步深入理解、认识和评价原有科学理论,对于原有科学概念或理论的进一步充实完善和促进科学理论的产生都有相当重要的意义。所以,悖论和危机的出现会有助于原有理论的进一步严密、完善,有助于促进新理论的建立,从而极大地促进数学科学的发展。正是希帕索斯悖论的发现导致了无理数的引入,从而使数的概念发生了深刻的变革;第二次数学危机引发了极限理论的产生,并由此建立了完整的实数理论,促成了分析学大厦的完成和集合论的创立;而罗素悖论和第三次数学危机使数学家们在长期的激烈争论中形成了一系列学派,大大促进了集合论的研究,导致了数理逻辑与一批现代数学新学科的产生,使数学在更加严密的基础上得到了迅猛发展。

在21世纪的今天,讨论和研究悖论和数学危机问题时不要把它们的出现看作坏事,而应看作是促使人们进行辩证思维的一种动力。悖论一经发现,就力求排除,使理论系统合于逻辑。从正确认识要求来说,悖论是不允许存在的;从人类认识的真实情况来看,悖论又是随时会出现的,这本身就是矛盾。人类正是通过不断地发现和解决矛盾来不断地提高认识水平。我们应该自觉地应用悖论方法,通过不断地提出和解决新的悖论,发现和揭露原有理论体系中的逻辑矛盾的形成原理、概念的缺陷,促进数学的发展。

除了上面讲到的之外，历史上还有许多著名的悖论。我们只是选取了与数学史上三次重大危机有关的数学悖论，对它们如何引起数学危机以及人们如何去解决它们的思想、过程、方法做了简单的介绍。虽然由于有些问题涉及的理论较艰深而不便展开进一步的讨论，但从中我们依然不难看到数学悖论在推动数学发展中的巨大作用。正如爱因斯坦所说："提出一个问题往往比解决一个问题更重要，因为解决问题，也许是数学上或实际上的技能而已。而提出新的问题、新的可能性，从新的角度去看旧的问题都需要创造性的想象力，而且标志着科学的真正进步。"而数学悖论提出的正是让数学家无法回避的问题，它逼迫数学家们投入最大的热情去解决它。而在解决悖论的过程中，各种理论应运而生了，数学由此获得了蓬勃发展，这正体现了数学悖论的重要意义和特殊作用。

 思考题

1. 数学史上三次数学危机是怎样引起的？试述其解决之道。

2. 试用极限理论解决"芝诺悖论"：阿基里斯是古希腊神话里跑得最快的人，但如果他前面有一只乌龟（正从 A 点向前爬），那么他永远也追不上这只乌龟。理由如下：他要追上乌龟必须经过乌龟出发的地方 A，但当他追到这个地方的时候，乌龟又向前爬了一段距离，到了 B 点，他要追上乌龟又必须经过 B 点，但当他追到 B 点的时候，乌龟又爬到了 C 点……所以阿基里斯永远也追不上乌龟！

3. 谈谈悖论对数学发展的意义。

第四讲　从兔子到黄金分割

——神奇的斐波那契数

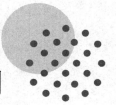

　　在我们居住的这个世界上，总有许多不解之谜，引导我们去探索自然界的奥妙，总有许多看似偶然的巧合让我们去思考其内在联系，去追溯事物的本源。13 世纪生活在比萨的一位哲人不经意描述的一对兔子，居然影响了我们生活的每一个方面：从植物界里向日葵花盘和松果的螺线、植物茎干上的幼芽分布、种子发育成形，到动物犄角的生长定式，人类胚胎、婴儿、孩童到成年的发育规律；从优美的艺术、建筑、音乐领域到变化莫测的金融市场甚至残酷的战争的形势发展；从微不足道的草木、雪花到茫茫银河系中天体的排列与运行，无一不与这对神奇兔子和由之而产生的大名鼎鼎的斐波那契数列以及黄金分割率有着千丝万缕的联系。本章通过介绍斐波那契数列及其基本性质，从几个不同方面描述和探讨了这个有趣而又极其重要的数列的表现和应用，展示出数学与自然界的令人吃惊的契合。

神奇的兔子数列

一、斐波那契数的来源

图4-1 斐波那契

意大利数学家斐波那契（见图4-1）在1202年写了著作《算盘书》，这是当时欧洲最好的数学书。书中有许多有趣的数学题，其中有下面这个问题：

"如果一对兔子每月能生一对小兔子，而每对小兔子在它出生后的第3个月里，又能开始生一对小兔子，假定在不发生死亡的情况下，由一对初生的兔子开始，一年后能繁殖成多少对兔子？"

分析：第1个月小兔子没有繁殖能力，所以还是一对；两个月后，生下一对小兔子，共有两对；三个月以后，老兔子又生下一对，因为小兔子还没有繁殖能力，所以一共是三对。

斐波那契把推算得到的头几个数摆成一串：1，1，2，3，5，8，…，发现这串数有一个十分明显的规律，那就是：从第3个数起，后面的每个数都是它前面两个数的和。而根据这个规律，只要作一些简单的加法，就能推算出以后各个月兔子的数目了。于是，按照这个规律推算出来了数学史上一个有名的数列，大家都叫它"斐波那契数列"，又称"兔子数列"，如表4-1所示。

表 4-1 斐波那契数列

月份	1	2	3	4	5	6	7	8	9	10	11	12
兔子对数	1	1	2	3	5	8	13	21	34	55	89	144

斐波那契数列表面看来似乎很简单，然而人们发现该数列还是一个非常美丽、和谐的数列。数学上，它与组合数学、概率论等一系列深刻的数学问题关系密切。在自然界，植物花瓣、枝杈、叶序的分布，种子排列的纹理与蜂房结构，以及人体结构等大量的自然现象也遵从斐波那契数列的奇妙构造。另外，与之密切相关的黄金分割更是体现在音乐、艺术、建筑等许多领域。

二、生物中的斐波那契数

自然界中到处可见斐波那契数列的踪迹，而植物似乎对斐波那契数更加情有独钟，可发现它们的花、叶、枝条、果实、种子等都与斐波那契数有某些联系。譬如，自然界中多数花的瓣数、许多植物种子（如向日葵盘和松果）的排列螺线、植物茎干上的幼芽分布等都是斐波那契数。另外，从种子发育成形和动物犄角的生长定式，到人类由胚胎、婴儿、孩童到成年的发育规律等许多生命现象，也遵循着与斐波那契数有密切关系的黄金分割率。

最容易观察的是，斐波那契数列常常出现在许多植物的果实或花瓣上。如果观察整个松果，就会发现它的鳞片是一片片顺着两组螺线排列的：一组呈顺时针旋转，数目是 8 条；另一组呈逆时针方向，数目则为 13 条（见图 4-2）。

再来观察蓟的花头。图 4-3 中标出了两条不同方向的螺旋。我们可以数一下，左图中顺时针方向的螺旋一共有 13 条、逆时针方向的螺旋一共有 21 条；右图中顺逆方向螺旋数目则恰好相反。

向日葵的花盘常见的螺线数目一般是 34 和 55、55 和 89，较大的向日葵的螺线数目可以达到 89 和 144，更大的甚至还有 144 及 233，其中前一个数字是顺时针线数，后一个数字是逆时针线数，而每组数

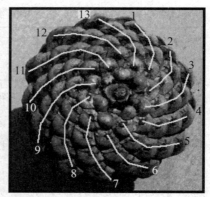

图 4-2　松果种子的排列：8 条左螺旋和 13 条右螺旋

左：13 条左旋转和 21 条右旋转　右：13 条右旋转和 21 条左旋转

图 4-3　具有螺旋的蓟的头部

字都是斐波那契数列中相邻的两个数。有些植物（例如花菜）的螺旋线不是那么明显，需要仔细观察才会注意到。如果你拿一颗花菜认真研究一下，就会发现花菜上的小花排列也形成了两组螺旋线，再数数螺旋线的数目，是否也是相邻的两个斐波那契数（例如顺时针 5 条，逆时针 8 条）？掰下一朵小花再用放大镜仔细观察，它实际上是由更小的小花组成的，而且排列成了两条螺旋线，其数目也是相邻的两个斐波那契数。我们称这样的螺旋为斐波那契螺旋（见图 4-4）。

以这样的形式排列种子、花瓣或叶子的植物还有很多，如蒲公英、延龄草、血根草、大波斯菊、金凤花、耧斗菜、百合花、蝴蝶花、野玫瑰等（如图 4-5 所示）。

图 4-4 自然界中各种各样的斐波那契螺旋

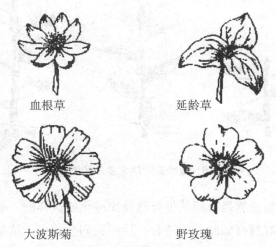

血根草　　　　　　　延龄草

大波斯菊　　　　　　野玫瑰

图 4-5 许多植物的花瓣数目是斐波那契数

　　在大多数情况下，植物一朵花的花瓣数目也常常是斐波那契序列中的数字。例如：火鹤为 1，百合、蝴蝶花、延龄草为 3，梅花、野玫瑰为 5，血根草、桔梗花、大波斯菊常为 8，金盏花多为 13，等等。

　　斐波那契数还可以在植物的叶、茎等排列中发现。在树木的枝干上选一片叶子，记其为数 0，然后依序数叶子的数目，直至到达与那片叶子正对的位置。叶子从一个位置到达下一个正对的位置称为一个循环，叶子旋转圈数与在一个循环中叶子数的比称为叶序。例如，对于樱树，这种叶序为 2/5。橡树以及许多其他树和植物大多与之相同。在一些情况下，例如榆树，它的叶子交错着长在枝干的相对位置，所以其叶序为 1/2。对于普通的山毛榉，每经 3 片叶子便完成一个循环，重新回到相对于初始的位置，则其叶序为 1/3。其他例子有梨树为 3/8、柳树为 5/13 等。很多草的叶序是 1/2，但更常见的是 1/3。饶有趣味的是，所有的叶序"分数"都是由斐波那契数列交错的两个数组成的，即一个循环中的旋转圈数以及一个循环中的叶子数都是斐波那契数，除非因损坏或扭曲而改变了排列（如图 4-6 所示）。

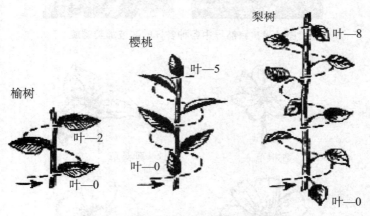

图 4-6　植物的叶序大多是斐波那契数

　　这些植物显然是按照某种自然规律进化成这样的，那它们为什么与斐波那契数列有如此多的巧合？后面我们会知道，这是植物排列种子的"最优化方式"。为了"公平"对待，它们要使所有种子疏密得当，不至于在圆心处挤了太多种子而在圆周处却又稀稀拉拉。叶子的生长方式也是一样的道理，对于许多植物来说，每片叶子从中轴附近生长出来，为了使后来连续生长出的叶子在生长的过程中都能最佳地利用空间，植物就要使每片叶子和前一片叶子之间具有一个最佳的角度。后面我们会证明这个角度是 222.5°（或者从另一个方向是137.5°），称为"黄金角度"。种子的这种优化生长方式、叶子的最佳排列角度会与斐波那契数有密切联系。

　　由于受自然环境的影响，比如地形、气候或病害，即使是生长得很健康的植物，也难免有这样或那样的缺陷，所以你很难找到完美的斐波那契螺旋。仔细观察自然界中的斐波那契螺旋，你会发现螺旋的中心经常是一片混乱。完美的斐波那契螺旋只能通过计算机绘制出来（如图 4-7 所示）。

图 4-7　计算机绘制的斐波那契螺旋

　　除了植物的花、叶，树木的分枝也符合斐波那契数。数学家泽林斯基（Zielinsky）曾在一次国际性的数学会议上提出，树木的分枝问题正好与兔子的繁殖规律一样：如果一棵树苗在一年以后长出一条新枝，然后休息一年，再在下一年又长出一条新枝，并且每一条树枝都按照这个规律长出新枝，那么，第 1 年它只有主干，第 2 年有两枝，第 3 年就有 3 枝，然后是 5 枝、8 枝、13 枝等，这样，分枝数正好就是斐波那契数。

除了斐波那契数本身，与之相关的是黄金分割数。黄金分割问题源于古希腊著名数学家欧多克斯提出来的一个美妙的设想："能不能把一条线段分成不相等的两部分，使得较长部分为原线段和较短部分的比例中项？"用数学的语言，欧多克斯的设想可以表达为：在任意长的线段 AC 上取一点 B，假设 AB 为较长的一段（如图 4-8 所示）：

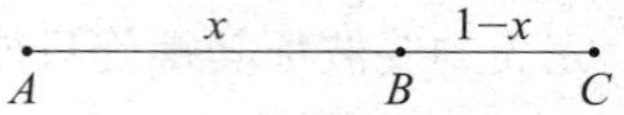

$$A \quad\quad\quad\overset{x}{} \quad B \quad \overset{1-x}{} \quad C$$

图 4-8

则有" $\dfrac{\text{全段}}{\text{大段}} = \dfrac{\text{大段}}{\text{小段}}$ "，即 $\dfrac{AC}{AB} = \dfrac{AB}{BC}$ ，这就是众所周知的分线段为中外比。15 世纪意大利数学家帕奇欧里把"中外比"称为"神圣比例"。我们来计算一下点 B 应该取在什么位置。设整个线段 AC 的长度为单位长度 1，并设大线段 AB 的长度为 x ，则小线段 BC 的长度为 $1-x$ ，于是有 $\dfrac{1}{x} = \dfrac{x}{1-x}$ ，解得 $x = \dfrac{-1 \pm \sqrt{5}}{2}$ ，取其正值为 $x = \dfrac{\sqrt{5}-1}{2}$ ，即有 $x = 0.618\cdots$ 。这个值在应用时一般取其约数 0.618，这就是人们所说的"黄金数"，由于按此比例设计出来的造型十分优美，故意大利著名学者兼画家达·芬奇赋予这个比率"黄金分割率"的美称。

在生物世界里，黄金分割的现象比比皆是。比如，将世界上任何一个蜂巢里的雄蜂和雌蜂分开数，你将得到一个基本相同的比率，约为 0.618；鹦鹉螺身上每圈罗纹的直径与相邻罗纹直径之比也约为 0.618；昆虫身上的分节也符合这个比率。我们人类自身生命体内也有这个黄金数的踪影：在一般情况下，人的肚脐约长在人体的黄金分割点处；人体肩膀到指尖的距离除肘关节到指尖的距离约为 0.618；用臀部到地面的距离除膝盖到地面的距离约为 0.618。再看看手指关节、脚趾、脊柱的分节，你都可以从中得到 0.618。在本讲稍后，我们将揭示斐波那契数与黄金分割率的渊源。

❷ 斐波那契数和黄金数的若干应用

一、音乐中的应用

斐波那契数在音乐中屡见不鲜，例如，图 4-9 中钢琴的黑白琴键的排列正好是斐波那契数列的前几项。

中国古人对斐波那契数的领悟与运用与西方有异曲同工之妙。"以琴长全体三分损一，又三分益一，而转相增减"，全弦共有十三徽，把这些排列到一起：二池，三纽，五弦，八音，十三徽。这些恰恰都是奇妙的斐波那契数！

斐波那契数不仅体现在乐器上，更为美妙的是，你可以发现贝多芬、莫扎特、巴赫、巴托克、德彪西、舒伯特这些大师们在他们的音乐里流淌着斐波那契数与黄金分割的完美和谐：乐曲中的大小高潮大都处在乐曲的 5/8 点处。

与斐波那契数密切相关的黄金分割律也是小提琴系统工程中的一个重要组成部分。意大利伟大的提琴制作师斯特拉迪瓦里在制造他那有名的小提琴"克鲁采"时运用了黄金分割率来确定 f 形洞的确切位

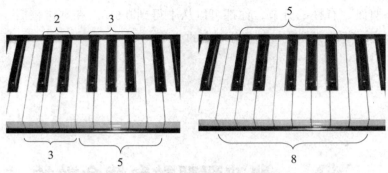

图4-9 钢琴的琴键与斐波那契数

置。同样，二胡要获得最佳音色，其"千斤"须放在琴弦长度0.618处。小提琴的调试是比较困难的，其中有的可以自行调试，有的则明知不准确也难以调试。在可能的条件下调节其某些可调部分的黄金分割点，其音质可获得一定程度的改善。基于同样的道理，舞台上的报幕员并不是站在舞台的正中央，而是偏在台上一侧，站在舞台长度的黄金分割点处最美观，声音传播的效果也最好。

二、建筑与艺术中的应用

千百年来，黄金分割数被广泛应用于几何学、建筑设计、绘画艺术、舞台艺术、音乐艺术等方面。17世纪德国著名科学家开普勒曾说："几何学有两个宝藏，一个是勾股定理，另一个就是黄金分割。"

如果一个等腰三角形的顶角是36°，那么它的高与底线的比等于黄金数，这样的三角形称为黄金三角形。如果一个矩形的长宽比是黄金数，那么从这个矩形切割掉一个边长为其宽的正方形后，剩下的小矩形的长宽比仍是黄金数。

建筑师们认为黄金分割率和黄金矩形能够给画面带来美感，令人愉悦。在很多建筑、雕刻中都能找到它的影子。古希腊雅典的帕提农神庙是举世闻名的完美建筑，它的高和宽的比是0.618。他们发现，按这样的比例来设计殿堂，殿堂会更加雄伟、美丽；设计别墅，别墅将更加舒适、漂亮。无论是古埃及的金字塔，还是巴黎的圣母院，或者是近代的法国埃菲尔铁塔，都有与0.168有关的数据，连一扇门窗若设计为黄金矩形都会显得更加协调和令人赏心悦目。这样，在建筑物的长宽设计中黄金分割率就应用得非常广泛。金字塔的几何形状有五个面、八个边，总数为十三个层面（这恰好都是斐波那契数列的项！）。从任何一边看进去，都可以看到三个层面。金字塔的高和底面的比率是0.618，塔的任何一边的长度都约等于这个五角形对角线的0.618倍。对于我国上海的东方明珠广播电视塔，设计师为了美化塔身，巧妙地在上面装置了晶莹耀眼的上球体、下球体和太空舱，既可供游人登高俯瞰地面景色，又使笔直的塔身有了曲线变化。其中上球体所选的位置在塔身总高度的5/8处，即上球体到塔顶的距离与上球体到地面的距离大约是5∶8。这一符合黄金分割之比的安排使塔体挺拔秀美，具有审美效果。

艺术家们对数字0.168也特别偏爱，艺术大师达·芬奇最早把0.618称为黄金数。他发现，如果按0.618∶1来设计腿长与身高的比例，则画出的人体身材最优美。他在《论绘画》一书中指出："美感完全建立在各部分之间神圣的比例关系上，各特征必须同时作用，才能产生使观众如醉如痴的和谐比例"。这里达·芬奇所说的"神圣比例"就是黄金分割率。而现实中的女性，其腰身以下的长度平均只占身高的0.58，因此古希腊维纳斯女神塑像及太阳神阿波罗的形象都通过故意延长双腿，使之与身高的比值为0.618来创造艺术美。为了达到视觉上的效果，他的名画《维特鲁威人》（见图4–10）、《蒙娜丽莎》、《最后的晚餐》等都应用了黄金矩形的比例布局。

三、其他应用

常见的报纸、杂志、书、纸张、身份证、信用卡用的形状都接近于黄金矩形，这种形状让人看上去很舒服。的确，在我们的生活中，黄金数无处不在，因为它让我们感到美与和谐。

图 4-10　达·芬奇的名画《维特鲁威人》采用黄金比率布局

黄金数和我们的健康、养生都有着紧密的联系。养生学家通过多年观察发现，动和静有一个 0.618 的比例关系，大致"四分动，六分静"才是较佳的养生之法。医学专家分析后发现，饭吃六七成饱的人几乎不生胃病；当人的脑电波图的高低频率比为 1∶0.618 时，身心最具快乐欢愉之感；人体最舒适的气温是体温的 37℃ ×0.618＝23℃，人体在此温度下的心率、血压平稳，心脏负担最轻，抗病能力最强；每天的最佳睡眠时长 12 小时 ×0.618＝7.416 小时，这个睡眠时长对人体的各种组织机能的修复效果最佳，等等。

从饮食结构来说，黄金比例也能给我们带来很多启示。我们知道人类是杂食的，消化道平均长度约为 9 米，其 0.618 倍（即 61.8%）为 5.5 米，是承担消化吸收任务的小肠的长度，所以人类最适合以素食为主的混合膳食。食物供给人体热能，热能由碳水化合物、蛋白质和脂肪提供，碳水化合物供热要占人体总热能需要的 0.618 倍，主要来源是谷物中的淀粉。我们把进餐说成"吃饭"，其实是很科学的。在一些发达国家的食物结构中这一黄金比例被颠倒了，动物性食物占了大部分，造成心血管疾病、糖尿病、肥胖症的发病率大大上升。再者，蛋白质是人体含量最多的有机物质，由 20 种氨基酸组成，"20"的 0.618 倍即约 12 种氨基酸为人体自行合成，另外 8 种氨基酸必须由食物供给。由于谷物中的蛋白质质量较差，因此，为了保证蛋白质的摄入，膳食中优质蛋白质的供给量应达到 61.8%。优质蛋白主要存在于动物性食物和豆类食物中，每天吃适量豆类食物和豆制品对健康很有好处。植物油和动物脂肪各有其生理功效，植物油与动物脂肪的摄入比例也应符合黄金分割率。在酸碱平衡方面，米、面、肉、蛋、油、糖、酒属于酸性食物，进食过多会使血液偏酸，导致酸性体质，使免疫能力下降，容易患病。据统计，有 61.8% 的疾病源于酸性体质。所以，应该多吃些碱性食物，使血液保持正常的微碱性。碱性食物主要有海带、食用菌、蔬菜和水果，进食量应占膳食总量的 61.8%。日本人的平均寿命多年来稳居世界首位，合理的膳食是一个主要因素。在他们的膳食中，谷物、素菜、优质蛋白、碱性食物所占的比例基本上达到了黄金分割率。另外，人体内的水分占体重的 61.8%，不计出汗，每天失去和需要补充的水达 2 500 毫升，其中半固体食物供给的水和人体内部合成的水约 1 500 毫升，大约占 61.8%。其余 1 000 毫升需要补充，这样才能保持水平衡。因此，人每天喝 5 杯水是最科学的。

数学家眼中的斐波那契数

一、斐波那契数列的通项公式

如果设 $F(n)$ 为该数列的第 n 项，那么可以得到斐波那契数列的一般形式：

$$F(1)=F(2)=1, \quad F(n)=F(n-1)+F(n-2) \ (n\geq3)$$

其通项为

$$F_n = \frac{1}{\sqrt{5}}\left[\left(\frac{1+\sqrt{5}}{2}\right)^n - \left(\frac{1-\sqrt{5}}{2}\right)^n\right]$$

这里，我们看到了一个似乎匪夷所思的现象：一个正整数数列，其通项竟要用无理数来表达！下面，我们来看看这个十分意外的结果是怎么得来的。虽然读者可以找到更加初等的推导方法，但是初等方法毕竟比较烦琐。这里介绍一个利用线性递归数列特征方程的简洁推导。

设 F_n 为斐波那契数列的第 n 项，那么

$$F_1 = F_2 = 1, \quad F_n = F_{n-1} + F_{n-2} \ (n\geq3)$$

这是一个线性递归数列。利用它的特征方程

$$X^2 = X+1$$

解得 $X_1 = (1+\sqrt{5})/2, \quad X_2 = (1-\sqrt{5})/2$

于是 $F_n = C_1 X_1^n + C_2 X_2^n$

因为 $F_1 = F_2 = 1$

所以 $C_1 X_1 + C_2 X_2 = 1, \quad C_1 X_1^2 + C_2 X_2^2 = 1$

解得 $C_1 = 1/\sqrt{5}, \quad C_2 = -1/\sqrt{5}$

即得 $F_n = \frac{1}{\sqrt{5}}\left[\left(\frac{1+\sqrt{5}}{2}\right)^n - \left(\frac{1-\sqrt{5}}{2}\right)^n\right]$

二、斐波那契数列的若干性质

可以验证斐波那契数列有很多奇妙而有趣的属性，例如：

（1） $\lim\limits_{n\to\infty} \dfrac{F_n}{F_{n+1}} = \dfrac{\sqrt{5}-1}{2} \approx 0.618$。

（2）数列的最后一位数字，每 60 项一循环；最后两位数字，每

300 项一循环；最后三位数字，每 1 500 项一循环；最后四位数字，每 15 000 项一循环；最后五位数字，每 150 000 项一循环，等等。

（3）对于任何四个相继的斐波那契数 A，B，C，D，下列公式成立：

$$C^2 - B^2 = A \times D$$

（4）3 的倍数项可被 2 整除，4 的倍数项可被 3 整除，5 的倍数项可被 5 整除，6 的倍数项可被 8 整除，等等。这些除数本身也构成斐波那契数列。

（5）从第二项开始，每个奇数项的平方都比前后两项之积多 1，每个偶数项的平方都比前后两项之积少 1，即

$$F_n^2 - F_{n+1}F_{n-1} = (-1)^{n-1}$$

（6）如果把前 5 个斐波那契数加起来再加 1，结果会等于第 7 个斐波那契数；如果把前 6 个斐波那契数加起来再加 1，就会得出第 8 个斐波那契数，即 $1+1+2+3+5+1=13$；$1+1+2+3+5+8+1=21$；…。

那么前 n 个斐波那契数加起来再加 1，会不会等于第 $n+2$ 个斐波那契数呢？

事实上，由于每一个斐波那契数都是其前两项斐波那契数的和，于是我们的确可以利用数学归纳法证明

$$F_1 + F_2 + \cdots + F_n + 1 = F_{n+2}$$

对所有自然数 n 都成立。

证明： 当 $n=1$ 时，左式 $=F_1+1=1+1=2=F_{1+2}=F_3=$ 右式，故等式成立。

假设对任意自然数 $n=k$，等式成立，即

$$F_1 + F_2 + \cdots + F_k + 1 = F_{k+2}$$

则

$$F_1+F_2+\cdots+F_k+F_{k+1}+1$$

$$=(F_1+F_2+\cdots+F_k+1)+F_{k+1}$$

$$=F_{k+2}+F_{k+1}=F_{k+3}$$

故 $n=k+1$ 时等式也成立。

由数学归纳法原理，$F_1+F_2+\cdots+F_n+1=F_{n+2}$ 得到证明。

（7）如果我们分别对偶数项与奇数项做加法运算，情形又如何呢？

1，1，2，3，5，8，13，21，34，55，…

$$1+2+5=8$$

$$1+2+5+13=21$$

$$1+1+3+8=13$$

$$1+1+3+8+21=34$$

同样利用数学归纳法，我们可以证明下列结果：

$$F_1+F_3+\cdots+F_{2n-1}=F_{2n}$$

$$1+F_2+F_4+\cdots+F_{2n}=F_{2n+1}$$

（8）如果把第 3 项的平方加上第 4 项的平方会得到第 7 项：

1，1，2，3，5，8，13，21，34，55，…

$$2^2+3^2=4+9=13$$

一般地，任何两个相继的斐波那契数的平方和都满足 $F_n^2+F_{n+1}^2=F_{2n+1}$，其证明留给读者。

三、斐波那契数列与黄金分割的关系

斐波那契数列与黄金分割到底有什么关系呢？仔细观察，我们首先发现黄金分割数非常接近于斐波那契数列中任何两个连续数字的比，譬如 55/89，89/144，144/233 都约等于 0.618。可以证明，相邻两个斐波那契数的比值随着序号的增加，确实逐渐趋于黄金分割率，即 $\lim\limits_{n\to\infty}\dfrac{F_n}{F_{n+1}}=\dfrac{\sqrt{5}-1}{2}\approx 0.618$。由于斐波那契数都是整数而黄金数是无理数，两个整数之商是有理数，所以它们只是逐渐逼近黄金分割率。但是当我们继续计算出后面更大的斐波那契数时，就会发现相邻两数之比确实非常接近黄金分割率。

有趣的是，不仅斐波那契数是这样，随便选两个整数，然后按照斐波那契数的规律排下去，两数间的比也会逐渐逼近黄金分割率。

下面我们来看看黄金数与另一个更古老的、早在古希腊就被人们注意到甚至被崇拜的"神秘"数字的关系。假定有一个数 Φ，它有如下数学关系（注意，它就是前面线性递推数列的特征方程）：

$$\Phi^2 - \Phi^1 - \Phi^0 = 0，即 \Phi^2 - \Phi - 1 = 0$$

解这个方程，得两个解：

$$\frac{1+\sqrt{5}}{2}=1.618\,033\,988\,7\cdots，\quad \frac{1-\sqrt{5}}{2}=-0.618\,033\,988\,7\cdots$$

这两个数的小数部分是完全相同的，通常用 Φ 表示其中正数解。有趣的是，它的倒数恰好等于它的小数部分，即 $1/\Phi = \Phi-1\approx 0.618$，这个倒数就是所谓的黄金数或者黄金分割率。那么黄金数究竟和斐波那契数有什么关系呢？

根据上面的方程 $\Phi^2 - \Phi - 1 = 0$，可得：

$$\Phi = 1 + 1/\Phi$$
$$= 1 + 1/(1 + 1/\Phi)$$
$$= \cdots$$
$$= 1 + 1/(1 + 1/(1 + 1/(1 + \cdots)))$$

根据上面的公式，可以用计算器如此计算 Φ：输入 1，取倒数，加 1，和取倒数，加 1，和取倒数……你会发现总和越来越接近 Φ。我们用分数和小数来表示上面的逼近步骤：

$$\Phi \approx 1$$
$$\Phi \approx 1 + 1/1 = 2/1 = 2$$

$$\Phi \approx 1+1/(1+1/1)=3/2=1.5$$

$$\Phi \approx 1+1/(1+1/(1+1))=5/3=1.666\ 667$$

$$\Phi \approx 1+1/(1+1/(1+(1+1)))=8/5=1.6$$

$$\Phi \approx 1+1/(1+1/(1+(1+(1+1))))=13/8=1.625$$

$$\Phi \approx 1+1/(1+1/(1+(1+(1+(1+1)))))=21/13 \approx 1.615\ 385$$

$$\Phi \approx 1+1/(1+1/(1+(1+(1+(1+(1+1))))))=34/21 \approx 1.619\ 048$$

$$\Phi \approx 1+1/(1+1/(1+(1+(1+(1+(1+(1+1)))))))=55/34$$
$$\approx 1.617\ 647$$

$$\Phi \approx 1+1/(1+1/(1+(1+(1+(1+(1+(1+(1+1))))))))=89/55$$
$$\approx 1.618\ 182\cdots$$

现在，你是否发现以上分数的分子和分母都是相邻的斐波那契数？原来相邻两个斐波那契数的比近似等于 Φ，数目越大，越接近，当无穷大时，其比就等于 Φ。斐波那契数就是这样与黄金数密切联系在一起的。植物喜爱斐波那契数，实际上就是喜爱黄金数。

四、植物偏爱斐波那契数的数学解释

我们已经看到，一方面，斐波那契数和黄金分割几乎无处不在；另一方面，二者之间紧密相关（可能后者更加直观一些）。我们不禁要问：是人们先发现了黄金分割率的普遍存在，并认识到符合这一神奇比例的生物（包括人类自身）能够得到更好的发展，对此进行了总结和有意识的应用后才把它认作一个最美的比例，还是人类由于自身的生理结构中天生包含着这种比例关系，并且因为它符合进化论的选择，所以本能地就喜欢符合黄金分割率的事物呢？也就是说，人们认为符合黄金分割率的事物是"美"的和"合理"的，到底是一种理性认识和理论概括的结果，还是由于人的心理—生理同构而先天就具有的（写入人的 DNA 密码之中的）喜好呢？从哲学上看，这也许是一个"鸡生蛋，蛋生鸡"的问题。不过，当我们在植物的生长、造型中屡屡发现黄金分割率、斐波那契数时，还是认为上述答案更应该是后者，因为植物是不会懂得斐波那契数的，它们只是按照自然规律才进化成这样的。下面我们来分析一下植物为什么喜爱黄金数。

植物以种子和嫩芽开始生长，其枝条、叶子和花瓣有相同的起源，都是从茎尖的分生组织依次出芽、分化而来的。种子发芽后，很多细根会长出来，并且向地底下生长，而嫩芽则是迎向阳光。如果用显微镜观察新芽的顶端，就可以看到所有植物的主要征貌的生长过程，包括叶子、花瓣、萼片、小花，等等。顶端的中央有一个圆形的组织称为"顶尖"；而顶尖的周围则有微小隆起物一个接一个地形成，这些隆起则称为"原基"。成长时，每一个原基自顶尖移开，最后这些隆起原基会长成叶子、花瓣、萼片，等等。每个原基都希望生成的花、蕊或叶片能够获得最大的生长空间。新原基生长的方向与前面一个原基的方向不同，旋转了一个固定的角度。如果要充分地利用生长空间，新原基的生长方向应该与旧原基离得尽可能远。由于较早产生的原基移开得较远，所以可以通过它与顶尖的距离来推断出现的先后次序。如果我们依照原基的生成时间顺序描出原基的位置，便可画出一条卷绕得非常紧的螺线——"生成螺线"。

那么新原基旋转的最佳角度是多少呢？我们可以把这个角度写成 $360° \times k$，其中 $0 < k < 1$。由于左右各有一个角度是一样的（只是旋转的方向不同），例如 $k = 0.4$ 和 $k = 0.6$ 实际上结果相同，因此我们只需考虑 $0.5 \leq k < 1$ 的情况。如果新原基要与前一个旧原基离得尽量远，就应长到其对侧，即 $k = 0.5 = 1/2$，但是如果这样，则第 2 个新原基与旧原基同方向，第 3 个新原基与第 1 个新原基同方向……也就是说，仅绕 1 周就出现了重叠，而且总共只有两个生长方向，中间的空间都浪费了。如果取 $0.6 = 3/5$ 呢？绕 3 周就出现了重叠，而且总共也只有 5 个方向。事实上，如果 k 是真分数 p/q，则意味着绕 p 周就会出现重叠，共有 q 个生长方向。

从上述分析我们看到，如果 k 是无法用分数有效逼近的无理数，对植物生长而言，就会有利得多。在这个意义之下，越是"无理的"无理数越好，对植物越"有理"。选什么样的无理数呢？圆

周率 π、自然常数 e 和 $\sqrt{2}$ 都不是很好的选择，因为它们的小数部分分别与 1/7、5/7 和 2/5 非常接近，也就是分别绕 1、5 和 2 周就出现重叠，总共分别只有 7、7 和 5 个生长方向。容易证明，黄金数是不可能用分母为个位数的分数作精确的有理近似的。所以结论是：这个最无理的无理数，就是黄金数。也就是说，k 的最佳值 ≈ 0.618，即新原基的最佳旋转角度大约是 360°×0.618 ≈ 222.5° 或137.5°。

　　前面已提到，最常见的叶序为 1/2，1/3，2/5，3/8，5/13 和 8/21，它们是相邻两个斐波那契数的比值，不同程度地逼近 1/Φ。在这种情形下，植物的芽可以有最多的生长方向，占有尽可能多的空间。对叶子来说，意味着尽可能多地获取阳光进行光合作用，或承接尽可能多的雨水灌溉根部；对花来说，意味着尽可能地展示自己以吸引昆虫来传粉；而对种子来说，则意味着尽可能密集地排列起来。这一切对植物的生长、繁殖都是大有好处的。虽然基因导致了生长发育的差异，使得各种植物的叶序、花瓣各不相同，但如前所述，它们都在尽量靠近斐波那契数。事实上我们可以说，植物之所以偏爱斐波那契数，乃是在适者生存的自然选择作用下进化的结果。

　　晶体学先驱布拉菲兄弟约在 1837年曾测量相邻两原基之间的角度，发现

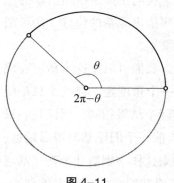

图 4-11

测得的各个角度非常相近，这些角的共同值就称为"发散角"（见图4-11）。他们也发现发散角往往非常接近 137.5°（或从另一边量起为222.5°），也就是"黄金角"。经过计算，黄金角为 360°-360°/Φ，大约是 137.5°，更准确的值为 137.507 7°。下面是一个简单的推证。

　　由　　$\dfrac{2\pi-\theta}{\theta}=\Phi$

　　容易求得　$\theta=\dfrac{2\pi}{\Phi+1}=\dfrac{2\pi}{\Phi^2}=\dfrac{2\pi}{\Phi}(\Phi-1)=2\pi-\dfrac{2\pi}{\Phi}$

于是 $\dfrac{2\pi}{2\pi-\theta}=\dfrac{2\pi}{2\pi-\left(2\pi-\dfrac{2\pi}{\Phi}\right)}=\Phi$

1907 年，数学家易特生（G. van Iterson）在一条绕得很紧的螺线上，每隔 137.5° 画一个点。结果他发现，两组互相交错的螺线中，一组顺时针旋转，另一组逆时针旋转，两组螺线的数目也正好是相邻的斐波那契数。1979 年，数学家伏格（H. Vogel）以电脑模拟原基的生长情形，他用圆点来代表向日葵的原基，在发散角为固定值的假设下，试图找出最佳的发散角，以使这些圆点尽可能紧密地排在一起。他的电脑试验显示，当发散角小于 137.5° 时，圆点间就会出现空隙，只会看到一组螺线；同样地，当发散角超过 137.5° 时，圆点间也会出现空隙，但这次看到的是另一组螺线。因此，如果要使圆点排列没有空隙，发散角就必须是黄金角；而这时，两组螺线就会同时出现。简言之，要使花头最密实、最坚固，最有效的堆排方式是让发散角等于黄金角。

图 4-12 是用数学软件模拟的伏格的试验结果。

事实上，如果我们选用的发散角是 360° 的有理数倍，就必定会得到一组径向直线。由于直线之间都有空隙，所以原基就无法排列得很紧密。结论是：想要以最有效的方式填满一个平面，发散角就必须是 360° 乘以某个无理数，这个最好的无理数就是黄金数，它最难以用有理数近似。也就是说，黄金发散角会使原基排列得最致密。

黄金数还与螺线有着紧密的联系。一个黄金矩形可以不断地被分为正方形以及较小的黄金矩形，通过这些正方形的端点（黄金分割点），可以描出一条等角螺线。所谓等角螺线就是向径和切线的交角永远不变的曲线，如图 4-13 所示。

螺线的中心正好是第一个黄金矩形及第二个黄金矩形的对角线的交点，也是第二个黄金矩形与第三个黄金矩形的对角线的交点，如图 4-14 所示。

我们可以在鹦鹉螺的外壳中发现如图 4-15 所示的螺线：

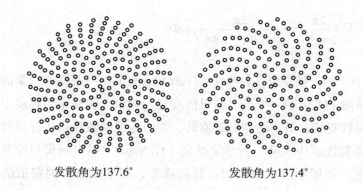

发散角为137.6°   发散角为137.4°

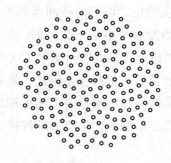

发散角为137.5°

图4-12　伏格试验

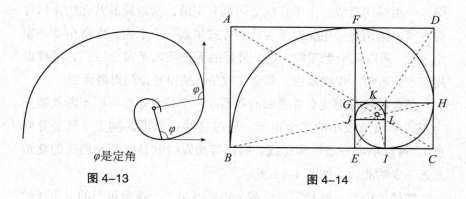

φ是定角

图4-13   图4-14

　　斐波那契数列相邻两项的比值趋近于黄金比值，由黄金矩形又可描出等角螺线，等角螺线又出现在松果、菠萝、雏菊、向日葵等植物中，而它们的左右旋螺线数目又是斐波那契数列相邻的两项。自然之造物真令人叹为观止！

图 4-15 鹦鹉螺的等角螺线

五、斐波那契数列的变式

观察下面的数列：

1，1，1，2，2，3，4，5，7，9，12，16，21，…

这样的数列称为帕多瓦数列。它和斐波那契数列非常相似，稍有不同的是：每个数都是跳过它前面的那个数，并把再前面的两个数相加而得出的。它也有许多有趣的性质，读者不妨仿照斐波那契数列进行研究。我们还可以在生活中发现更多类似情形，现举例如下：

（1）冬冬有 15 块糖，如果每天至少吃 3 块，吃完为止，那么共有多少种不同的吃法？

如果冬冬有 3 块糖、4 块糖或者 5 块糖，都只有 1 种吃法；如果有 6 块糖，则有 2 种吃法；如果有 7 块糖，则有 3 种吃法；如果有 8 块糖，则有 4 种吃法；如果有 9 块糖，则有 6 种吃法。见表 4-2。

表 4-2

糖的粒数	3	4	5	6	7	8	9	10	11	12	…
糖的吃法	1	1	1	2	3	4	6	9	13	19	…

这个"吃糖数列"和斐波那契数列很类似，不同的是，每次都是跳过中间的那个数，再把第 1、3 两个数相加，其和等于第 4 个数。

（2）小明要上楼梯，他每次能向上走 1 级、2 级或 3 级，如果楼梯有 10 级，他有几种不同的走法？

　　如果楼梯就 1 级，他有 1 种走法；如果楼梯有 2 级，他有 2 种走法；如果楼梯有 3 级，他有 4 种走法；如果楼梯有 5 级楼梯，他有 7 种走法……继续下去，即有表 4-3。

表 4-3

楼梯的级数	1	2	3	4	5	6	7	8	...
上楼梯的走法	1	2	4	7	13	24	44	81	...

　　读者不妨对表 4-2 和表 4-3 做出你的解读。

4 优选法

　　科学家们发现，将黄金分割率运用于生产实践和科学试验，可以用更快的速度把最优方案选出来，从而取得显著的经济效益。数字 0.168… 就更加引起了数学家们的关注，他们用黄金分割率不仅解决了许多数学难题，而且给优选法提供了理论上的支持。

　　优选法是一种求最优化问题的方法。如在炼钢时需要加入某种化学元素来增加钢材的强度，假设已知在每吨钢中需加某化学元素的量在 1 000 ～ 2 000 克之间，为了求得最恰当的加入量，需要在 1 000 克与 2 000 克这个区间中进行试验。如果取区间的中点（即 1 500 克）

做试验，然后将试验结果分别与 1 000 克和 2 000 克时的试验结果做比较，从中选取强度较高的两点作为新的区间，再取新区间的中点做试验，再比较端点，依次下去，直到取得最理想的结果，这种试验法就称为对分法。这种方法虽然简便易行，但并不是最快的试验方法。人们发现，如果将试验点取在区间的 0.618 处，那么试验的次数将大大减少。这种取区间的 0.618 处作为试验点的方法就是一种一维的优选法，也称黄金分割法或者 0.618 法。实践表明，对于单因素的问题，用"0.618 法"做 16 次试验就可以完成"对分法"做 2 500 次试验达到的效果。我国伟大的数学家华罗庚在 20 世纪 60 年代不顾自身的疾患，走遍各地亲自宣讲，在我国大力推广"优选法"，这在当时极差的学术、科研环境中促进了科学技术在工农业生产中的应用。

对求极小问题而言，所谓 $[a, b]$ 上的单峰函数，是指存在唯一的 $x^* \in (a, b)$，使得 $f(x)$ 在 $[a, x^*]$ 上严格单调减递，在 $[x^*, b]$ 上严格单调递增。同时，称 $[a, b]$ 是函数 $f(x)$ 的单峰区间。一维优选法的基本思想是：逐步缩小单峰函数的单峰区间，当区间长度小到一定程度时，区间上各点的函数值均接近于极小值，因而最后找到近似的极小点。

下面简单介绍 0.618 法的基本原理。

假定要确定第 k 个单峰区间，即确定 λ_k，μ_k，使它们满足两个条件：λ_k 和 μ_k 在 $[a_k, b_k]$ 中的位置是对称的；每次迭代时区间长度缩短的比例相同。由此得到

$$b_k - \mu_k = \lambda_k - a_k \qquad （对称性） \qquad ①$$
$$(b_{k+1} - a_{k+1}) = \delta(b_k - a_k) \qquad （压缩比） \qquad ②$$

于是有

$$\lambda_k = a_k + (1-\delta)(b_k - a_k) \qquad ③$$
$$\mu_k = a_k + \delta(b_k - a_k) \qquad ④$$

设在第 k 次迭代时得出 $f(\lambda_k) < f(\mu_k)$，包含极小点的区间 $[a_{k+1}, b_{k+1}] = [a_k, \mu_k]$。为进一步选择试探点，由式④得

$$\mu_{k+1} = a_{k+1} + \delta(b_{k+1} - a_{k+1}) = a_k + \delta(\mu_k - a_k)$$

$$= a_k + \delta^2 (b_k - a_k) \tag{5}$$

可以看到，如果 $\delta^2 = 1 - \delta$，则由式③和式⑤得到 $\mu_{k+1} = \lambda_k$。因此 μ_{k+1} 及函数值 $f(\mu_{k+1})$ 都不必重新计算，从而节省了计算量。解方程，得到其正数解 $\delta = (\sqrt{5} - 1)/2 \approx 0.618$。这就是 0.618 方法的来历！

根据上面的讨论，我们很容易给出 0.618 法的算法和例子。

算法

步骤 1：选取初值，确定初始搜索区间 $[a_1, b_1]$ 和精度要求 $L > 0$，计算最初试探点 λ_1，μ_1：

$$\lambda_1 = a_1 + 0.382(b_1 - a_1)，\quad \mu_1 = a_1 + 0.618(b_1 - a_1)$$

计算 $f(\lambda_1)$ 和 $f(\mu_1)$，令 $k = 1$。

步骤 2：比较 $f(\lambda_k)$ 和 $f(\mu_k)$，若前者大于后者，则转步骤 3；否则，转步骤 4。

步骤 3：若 $b_k - \lambda_k \le L$，则停止计算，输出 μ_k；否则令 $a_{k+1} = \lambda_k$，$b_{k+1} = b_k$，$\lambda_{k+1} = \mu_k$，$f(\lambda_{k+1}) = f(\mu_k)$，$\mu_{k+1} = a_{k+1} + 0.618(b_{k+1} - a_{k+1})$。

计算 $f(\mu_{k+1})$，转步骤 2。

步骤 4：若 $\mu_k - a_k \le L$，则停止计算，输出 λ_k；否则令 $a_{k+1} = a_k$，$b_{k+1} = \mu_k$，$\mu_{k+1} = \lambda_k$，$f(\mu_{k+1}) = f(\lambda_k)$，$\lambda_{k+1} = a_{k+1} + 0.382(b_{k+1} - a_{k+1})$。

计算 $f(\lambda_{k+1})$，转步骤 2。

例 1 用 0.618 法求解问题：$\min f(x) = 2x^2 - x - 1$。取初始区间为 $[-1, 1]$，精度为 0.15.

用 Matlab 编程计算：

```
a(1)=-1
b(1)=1
r(1)=a(1)+0.382*(b(1)-a(1));
u(1)=a(1)+0.618*(b(1)-a(1));
L=0.15
```

```
k=1;
while(b(k)-a(k)>L)
    f1(k)=2*(r(k))^2-r(k)-1
    f2(k)=2*(u(k))^2-u(k)-1
    if(f1(k)>f2(k))
        if b(k)-r(k)<=0.15
            x=u(k);
            break
        else a(k+1)=r(k)
        b(k+1)=b(k)
        r(k+1)=u(k)
        u(k+1)=a(k+1)+0.618*(b(k+1)-a(k+1))
        end
    end
    if(f1(k)<f2(k))
        if u(k)-a(k)<=0.15
            x=r(k);
            break
        else a(k+1)=a(k)
        b(k+1)=u(k)
        u(k+1)=r(k)
        r(k+1)=a(k+1)+0.382*(b(k+1)-a(k+1))
        end
    end
    k=k+1;
end
x
```

计算过程及结果如表4-4所示：

表 4-4

	1	2	3	4	5	6
a	−1.000 0	−0.236 0	−0.236 0	0.055 8	0.055 8	0.167 2
b	1.000 0	1.000 0	0.527 8	0.527 8	0.347 5	0.347 5
r	−0.236 0	0.236 0	0.055 8	0.236 0	0.167 2	0.236 0
u	0.236 0	0.527 8	0.236 0	0.347 5	0.236 0	0.278 7
f1	−0.652 6	−1.124 6	−1.049 6	−1.124 6	−1.111 3	−1.124 6
f2	−1.124 6	−0.970 6	−1.124 6	−1.106 0	−1.124 6	−1.123 4
$x=0.236\ 0$						

用 0.618 法不需要确定迭代次数，而且计算简单，也较可靠。相比于斐波那契等算法，0.618 法可以更快地得到同样精度的结果。

斐波那契是意大利一位商人兼数学家，约 1175 年生于比萨，1250 年卒于比萨。兔子问题只是他的著作《算盘书》中许多有启发性的数学问题中的一个，在历史上更重要的是他在书中首先引入阿拉伯数字，将十进制记数法介绍给欧洲人。斐波那契的许多数学工作对后世特别是对欧洲的数学发展也有深远的影响。可以说斐波那契在西方的数学复兴中起到了先锋作用，或者说他在东西方的数学发展中起到了桥梁作用。就像卡尔达诺在讲述斐波那契的成就时说的：我们可以假定，所有我们掌握的希腊之外的数学知识都是由于斐波那契的存在而得到的。

由于各种原因，斐波那契本人对斐波那契数列并没有做进一步的探讨。直到 19 世纪初才有人对此开展了较多的研究。到 20 世纪 60 年代，许多数学家对斐波那契数列和有关现象非常感兴趣，不但成立了斐氏学会，还创办了相关刊物，1963 年创刊的《斐波那契季刊》（*The Fibonacci Quarterly*）专门登载了有关这个数列的各种最新发现。其后各种相关文章也像斐氏的兔子一样迅速地增加。由于斐波那契数列的奇妙特性与广泛的应用价值，该研究领域历经千年仍充满活力。

在外国，仍然有很多人对该数列产生兴趣，并办杂志来分享研究心得。关于该问题的更多讨论，读者可参阅台北九章出版社的《斐波那契数列》等参考文献。

尽管关于斐波那契数列的一系列成果是后人得到的，但我们不能忘记，这些数学成果都起因于斐波那契在《算盘书》中提到的那对神奇的兔子。

 思考题

1. 斐波那契数列与黄金分割率有什么联系？

2. 证明：对任何 $n > 1$，有 $F_n^2 + F_{n+1}^2 = F_{2n+1}$ 成立。

3. 观察你身边的植物，是否可以在它们那里找到斐波那契数的踪影？

第五讲　谁输谁赢？

——从博彩到概率

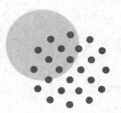

　　赌博，似乎不是一个好的字眼，但"赌一把"又似乎是人类的天性。人们除了希望通过赌博这种手段赢得更多钱物来满足自己的各种欲求外，可能同时也想证明自己的运气或者智力能够超过别人。然而，天公并不作美，自古以来，实现这一梦想的人似乎也很少见到，相反，不少人为此而倾家荡产。由此引发了很多值得我们思考的问题，这些问题到了数学家那里就发展成了一门学科——概率论。这里我们就博彩的原理及其中的数学问题作一些介绍。

概率论简介

概率论的最基础的相关知识，在任何一本《概率论与数理统计》教科书上都可以找到，这里只结合实例描述几个基本概念，并简单介绍其发展脉络。

一、概率论的基本概念

1. 确定性与非确定性

概率论是研究随机现象的科学，是描述不确定性的数学语言。随机现象是相对于确定性现象而言的。自然界发生的现象不外乎两类：一类称为确定性现象，还有一类称为非确定性现象。确定性现象的特点是：在一组条件下，其结果完全被决定，要么完全肯定，要么完全否定，不存在其他可能性。例如，在标准大气压下，纯水加热到100℃时必然会沸腾等。确定性现象实际上就是事前可以预测结果的现象。非确定性现象的特点是：条件不能完全决定结果，每次发生的结果可能是不同的。例如，掷一硬币可能出现正面或反面，在同一工艺条件下生产出的灯泡的寿命长短参差不齐，等等。非确定性现象实际上就是事前不能预测结果的现象，只有事后才能确切知道它发生的结果。在概率论中，这类现象称为随机现象。注意，随机现象不能理解为杂乱无章的现象。我们说一种现象是随机的，有两方面的意思：第一，对这种现象进行观察时，其结果不是唯一的，可能发生这种结果，也可能发生那种结果，究竟出现哪一种结果，事前是不能预测的，只有事后才能得知；第二，在一次观察中，这种现象发生哪一种结果往往带有偶然性，但通过对这种现象的大量观察，会发现这种现象的各种可能结果在数量上呈现出一定的统计规律性。

2. 随机试验

随机现象的实现和对它的观察称为随机试验。为了研究随机现象内部存在的数量规律性，必须对随机现象进行观察或试验，举一个最简单的随机现象的例子——掷硬币。硬币我们想掷多少次就可以掷多少次；所有可能的结果就只有两种：正面或反面；在每一次掷硬币之前我们并不知道到底出现正面还是反面。这类试验有三个特点：

（1）在相同条件下试验可以重复进行；

（2）每次试验的结果具有多种可能性，而且在试验之前可以明确试验的所有结果；

（3）在每次试验之前不能准确地预测该次试验将出现哪一种结果。

我们称这类试验为随机试验。在每次试验中可能发生也可能不发生的随机试验的结果称为随机事件，如在掷硬币考察它的哪一面朝上的随机试验中，"正面朝上"和"反面朝上"都是随机事件。在随机事件中，有些事件不能分解为其他事件的组合。这种不能分解成其他事件的组合的最简单的随机事件称为基本事件。而有些事件可以看作由某些事件复合而成，这样的事件称为复合事件。

3. 频率与概率

概率论研究的是随机现象的量的规律性。因此仅仅知道试验中可能出现哪些事件是不够的，还必须对事件发生的可能性进行量的描述。对于事件 A，若在 n 次试验中，事件 A 发生的次数为 A_n，则称 $\dfrac{A_n}{n}$ 为事件 A 在 n 次试验中发生的频率。

某个随机事件在一次试验中是否发生是偶然的，但在大量试验中，事件发生的频率却随着试验次数的增加总在某一确定的常数附近摆动，这种规律性称为频率的稳定性。而且一般说来，试验次数越多，事件的频率就越接近那个确定的常数 p，称事件 A 的概率为

$P(A)=p$。这称为事件概率的统计定义，得到的相应概率称为统计概率。概率的统计定义给出了计算事件概率的近似方法，即当试验次数充分大时，可用事件的频率作为该事件概率的近似值。

应该指出以下两点：

（1）虽然事件频率的稳定性是概率的经验基础，但并不是说概率取决于试验，一个随机事件发生的概率完全取决于其自身结构，是先于试验而客观存在的。

（2）直接计算某一事件的概率有时是非常困难甚至是不可能的。仅在某些情况下才可以直接计算事件的概率。

例如，有一类试验，每次试验只有有限种可能的结果，即组成试验的基本事件总数为有限个；每次试验中，各基本事件出现的可能性完全相同。具有上述特点的试验称为古典概型试验。在古典概型试验中，如果能够知道某一事件的基本事件数，就可以通过这个数与试验的基本事件总数之比计算出概率。例如，在掷硬币的例子中，随机事件有两种："出现正面"和"出现反面"，出现正面和反面的可能性是一样的，因此，"出现正面"和"出现反面"这两种随机事件发生的概率都等于 1/2，即 50%。

4. 随机变量

为进一步研究随机现象的数量规律性，需要将随机试验的结果数量化，这就是随机变量，简单地说，随机变量就是一个随试验结果而变化的量，是随机事件的数量化。随机变量所有取值发生的概率称为随机变量的概率分布，它是对随机变量的一种完整描述。

5. 数学期望

所有随机变量的取值与随机变量的概率的乘积之和称为随机变量的数学期望，通俗地讲，就是随机变量的加权平均值，是随机变量最常用的数字特征之一。

6. 大数定律

大数定律的概念与赌博有重要关系，下面从一些实际例子来详细介绍。

（1）掷一颗均匀的正六面体的骰子，出现 1 点的概率是 1/6，当掷的次数比较少时，出现 1 点的频率可能与 1/6 相差很大，但是当掷的次数很多时，出现 1 点的频率接近 1/6 几乎是必然的。转动轮盘的小球，出现 36 点的概率是 1/37，当转动的次数比较少时，出现 36 点的频率可能与 1/37 相差很大，但是当转动的次数很多时，出现 36 点的频率接近 1/37 几乎是必然的。

（2）在一副牌中随机抽出五张牌，出现一对的概率是 0.42，在抽的次数比较少时，出现一对的频率可能与 0.42 相差很大，但是当抽的次数很多时，出现一对的频率接近 0.42 几乎是必然的。

（3）测量一个长度 a，一次测量的结果不见得就等于 a，测量了若干次，其算术平均值仍不见得等于 a，但当测量的次数很多时，算术平均值接近于 a 几乎是必然的。

类似的例子还可以举出很多。这些例子说明，在大量随机现象中，不仅看到了随机事件频率的稳定性，而且看到了平均结果的稳定性，即无论个别随机现象的结果如何，或者它们在进行过程中的个别特征如何，大量随机现象的平均结果实际上与个别随机现象的特征无关，并且几乎不再是随机的了。这就是概率论中大数定律的概念。历史上第一个提出大数定律的是瑞士数学家雅各布·伯努利（J. Bernoulli）（见图 5-1），他由此被认为是使概率论成为数学的一个分支的奠基人。通俗地说，这个定理就是：在试验不变的条件下，重复试验多次，随机事件的频率近似等于它的概率。其数学

图 5-1 雅各布·伯努利

表示形式为：在伯努利试验中，当试验次数 n 无限增加时，事件 A 的频率 A_n / n（A_n 是 n 次试验中事件 A 发生的次数）依概率收敛于它的概率 p，即对任意 $\varepsilon > 0$，都有：

$$\lim_{n\to\infty} P\left(\left|\frac{A_n}{n}-p\right|<\varepsilon\right)=1$$

大数定律以明确的数学形式表达了随机试验的规律，并论证了它成立的条件，从理论上阐述了这种大量的、在一定条件下的、重复的随机现象呈现的"频率稳定于概率"的规律性。由于大数定律的作用，大量随机因素的整体作用必然导致某种不依赖于个别随机事件的结果。由"频率稳定性"导出的"大数定律"成为整个概率论的基础。

二、概率论发展简介

如前所述，最早的概率问题源于赌博。早在 15 世纪，意大利数学家帕乔利（L. Pacioli）、塔尔塔利亚（N. Tartaglia）和卡尔达诺就曾讨论过俩人赌博的赌金分配问题。1657 年，荷兰数学家惠更斯（C. Huygens）出版了《论赌博中的计算》，这是最早的概率论著作。在这些数学家的著述中出现的第一批概率论概念与定理标志着概率论的诞生。

雅各布·伯努利在 17 世纪末建立了概率论中第一个基本定理——大数定律，阐明了事件的频率稳定于它的概率。伯努利之后，

图 5-2　拉普拉斯

法国数学家棣莫弗（A. De Moivre）把概率论又作了巨大推进，他提出了概率乘法法则、正态分布和正态分布率的概念，并给出了概率论的一些重要结果。之后法国数学家布丰（G. L. Buffon）提出了著名的"布丰问题"，引进了几何概率。另外，拉普拉斯（见图 5-2）和泊松（S. D. Poisson）等对概率论做出了进一步的奠基性工作。特别是拉普拉斯，他在 1812 年出版的《概率的分析理论》中，以强有力的

分析工具处理了概率论的基本内容，实现了从组合技巧向分析方法的过渡，使以往零散的结果系统化，开辟了概率论发展的新时期。他还和棣莫弗导出了概率论第二个基本定理——中心极限定理。泊松则推广了大数定律，提出了著名的泊松分布。

19 世纪后期，极限理论的发展成为概率论研究的中心课题。俄国数学家切比雪夫（P. L. Chebyshev）、马尔可夫（A. Markov）、李雅普诺夫（A. M. Lyapunov）等人用分析方法建立了大数定律及中心极限定理的一般形式，科学地解释了为什么实际中遇到的许多随机变量近似服从正态分布。20 世纪初受物理学的刺激，人们开始研究随机过程。这方面柯尔莫哥洛夫（A. N. Kolmogorov）、维纳（N. Wiener）、马尔可夫、莱维（P. Levy）及费勒（W. Feller）等人作出了杰出贡献。

如何定义概率，如何把概率论建立在严格的逻辑基础上，是概率理论发展的困难所在，对这一问题的探索一直持续了三个世纪。20 世纪初完成的勒贝格测度与积分理论及随后发展的抽象测度和积分理论为概率公理体系的建立奠定了基础。在这种背景下，苏联数学家柯尔莫哥洛夫 1933 年在他的《概率论基础》一书中第一次给出了概率的测度论的定义和一套严密的公理体系。他的公理化方法成为现代概率论的基础，使概率论成为严谨的数学理论。

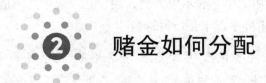

❷ 赌金如何分配

现在我们来解决前面曾提到的赌金分配问题，这也是概率论最早的起源。1494年帕乔利出版了一本有关算术技术的书，书中叙述了这样一个问题：在一场赌博中，某一方先胜6局便算赢家，那么在甲方胜了4局、乙方胜了3局的情况下，若因某种意外赌局中断，无法继续，请问此时，赌金应该如何分配？帕乔利的答案是，应当按照4∶3的比例把赌金分给双方。当时，许多人都认为帕乔利的分法不是那么公平合理，因为已胜了4局的甲方只要再胜2局就可以拿走全部赌金，而乙方需要胜3局，并且至少有2局必须连胜，这样要困难得多。

那么，到底要按怎样的比例来分配赌金呢？在此之后的100多年中，许多数学家都研究讨论过，可惜都没有正确答案。直到1654年，一位"经验"丰富的法国赌徒梅莱以自己的亲身经历向法国大数学家、物理学家帕斯卡（B. Pascal）请教"赌金分配问题"，从而引起了数学家们的兴趣。此后，帕斯卡又写信给费马，两人频繁书信往来，互相探讨，交流意见，最后他们应用了不同的方法得到了相同的结论。

我们知道，如果按照4∶3的比例把赌金分给双方，则显得有失公平合理。我们不能像帕乔利一样，纯粹地只考虑当前赌局的形势，我们更应该站在赌徒双方的角度来思考：假如赌局没有被中断，接下来的情况又该是怎样的呢？赌徒双方各胜出的可能性（概率）有多大呢？下面我们分别看一下费马和帕斯卡的解法。

费马的解法是：如果继续赌局，那么最多只要再赌4局就可以决出胜负，如果用"甲"表示甲方胜，用"乙"表示乙方胜，那么最后4局的结果，不外乎以下16种排列：

甲甲甲甲 甲甲甲乙 甲甲乙甲 甲乙甲甲 乙甲甲甲 甲甲乙乙 甲乙甲乙 甲乙乙甲 乙乙甲甲 乙甲乙甲 乙甲甲乙（甲方胜）

甲乙乙乙 乙甲乙乙 乙乙甲乙 乙乙乙甲 乙乙乙乙（乙方胜）

在这16种排列中，当甲出现2次或2次以上时，甲方获胜，这种情况共有11种，因此甲方胜出的概率为$\frac{11}{16}$；当乙出现3次或3次以上时，乙方获胜，这种情况共有 5 种，因此乙方胜出的概率为 $\dfrac{5}{16}$。所以，赌金应按照 11：5 的比例分配。

而帕斯卡则利用了他的"算术三角形"，欧洲人常称之为"帕斯卡三角形"，而在我国则称之为"杨辉三角形"（见图 5-3），即

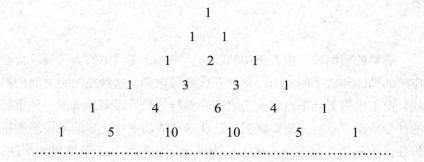

图 5-3　杨辉三角形

由图 5-3 可知，三角形第 5 行上的数恰好是

$$C_4^4 = 1, \ C_4^3 = 4, \ C_4^2 = 6, \ C_4^1 = 4, \ C_4^0 = 1$$

其中 C_4^4 表示在最后的 4 局中甲全胜出的组合数，C_4^3 表示在最后的 4 局中甲胜 3 局的组合数，依此类推。而在最后的 4 局中甲胜 2 局、3 局、4 局都是甲胜出，而甲胜 1 局、0 局表示甲输（即乙胜出）。则甲胜出的可能情况有

$$C_4^4 + C_4^3 + C_4^2 = 11 \ 种$$

乙胜出的可能情况有

$$C_4^1 + C_4^0 = 5 \ 种$$

而在 4 局赌博中，共有 $2^4 = 16$ 种可能，因此，甲胜出的概率为 $\dfrac{11}{16}$，乙胜出的概率为 $\dfrac{5}{16}$。所以，赌金应按照 11：5 的比例分配。

3　赌场的真相

最早的赌博源于中世纪初的赛马。当时，庄园主们为了展示自己庄园的马匹和驭手的实力，常常开展赛马比赛。这种庄园主之间的游戏，由于吸引了越来越多人的兴趣和参与，最后逐渐形成了一种重要的社会活动。一些人想要证明自己在赛马活动前对比赛结果预测的正确性，于是赌注就逐渐产生了。为了保证获胜者能公平地得到赌注，他们把赌金交给当地德高望重、诚实可信的中间人保管，并且双方向中间人支付一些小费，这些中间人后来就逐渐成为职业博彩商。像赛马这样的活动需要较长的周期，不能满足人们急迫的翻本需求，所以更加简便、频繁的赌博活动应运而生。比如轮盘、二十一点、百家乐等纯粹的赌博都是从赛马这样的原始赌博活动抽象出来的。

博彩业发展到今天，人类的赌性支撑着这个庞大的产业变得日益"兴旺"。是什么原因导致了开赌场的老板个个赚钱，进赌场的赌客输多赢少？其实，排除作弊，赌场里的所有秘密都在精巧设计的赌规上，而这套赌规的设计却基于概率的理论和方法（不管赌场老板是否懂得概率论）。赌规是智慧和知识的结晶，赌客把钱输给了赌场是表象，其实是败给了自己对赌博缺乏正确的认知。我们只有了解了这些基本理论，才能从根本上认识赌博、认清赌场。

一、赌博是随机试验

各种各样的赌博游戏，如轮盘、二十一点等，赌客总想方设法对游戏的每一次结果进行预测，尽管有的时候看起来似乎做到了，但事实上赌客不可能对任何一次赌博试验施加影响。例如，你可以一次猜中轮盘出红还是出黑，但重复多次后就会发现猜中的可能性其实只有18/38。原因何在？从前面的 3 个条件可知，赌博游戏中的每次"猜"都是一次随机试验。任何一次随机试验，在试验之前其结果是不可准确预测的，这在概率论中是一个无须证明的结论。同样，我们知道，每次试验都是独立的，任何事件的概率都是不变的，且与前面的结果无关。也就是说，在轮盘上连出了十次红并不意味着第十一次出黑的概率就要大一些，任何时候轮盘上出黑的概率都是不变的。

赌博不仅是随机试验，而且是古典概型试验，因而赌博中的各种概率都可以准确计算，只不过有的简单，几乎不需要思考，而有的复杂，必须借助计算机和巧妙的算法。例如，轮盘赌中出现号码"0""1""2"……直到"36"等都是基本事件，而"大小""红黑""单双"则是由基本事件组成的复合事件。

赌博作为随机试验，就必然服从由概率确定的各种数学关系。

二、概率与预测

为什么当轮盘上连出了十次"红"后，大多数人会押第十一次出"黑"？实际上是以下两点错误造成的。

首先，是由于不了解随机试验中频率和概率之间的概率关系所致。从大数定律我们知道，当 n 趋于无限大时，频率无限接近于概率。但是，这种"无限接近"却需要正确理解。事实上，"接近"分为确定性的和不确定性的两种情形：我们生活中可能更多的是体验到确定性的"接近"。例如，当我们在高速公路上朝着某目的地前进时，我们将越来越接近目标。这种"接近"是确定性的"越来越近"，也就是说，我们可以期待下一分钟会比这一分钟离目标更近。但是，所谓不确定性"接近"，也就是概率方式的接近是完全不同的情形，它是有时候离得近，有时候离得远，这时，"不接近"是很自然的。频率是以概率的方式接近概率的，所以一定会存在"不接近"这种情形。在小样本情况下，频率偶尔会集中在概率附近；在大样本情况下，多数时候频率会集中在概率附近。但不管是大样本还是小样本，都无法避免频率严重偏离概率这样的情形出现，而人们习惯于确定性关系法则，在对待不确定性事件时，也不自觉地运用了这一法则，将小样本情况下连续出"红"这种频率严重偏离概率的情形视为一种反常，以为在随后的试验中会得到纠正。事实上，相对于昼夜不停转动的轮盘，你参赌的那段时间里所做的基本上都是"小样本"，这样看起来，连续出"红"其实是不可避免的正常现象，人们往往在不知不觉中犯了以确定性关系代替概率和频率之间的概率关系的错误。

其次，小概率事件与概率为零的事件是不一样的。连续出多次"红"是一个小概率事件，由大数定律很容易推出，在长期不断的试验中，小概率事件是可能会发生的，但人们往往把它当成了不会出现、不应该出现的概率为零的事件。有趣的是，同样是小概率事件，有的我们希望它发生，有的我们又希望它不发生（这不公平吧）。赌博中连输是赌客不希望发生的，一旦发生了，总是希望这种已经发生了的小概率事件能很快终止，因此往往在连输时加大注码。但是对中六合彩这样的小概率事件来说，我们却希望它发生在自己身上。其实，我们应该像接受中六合彩一样来接受已经连续出了十次"红"这样的事实。

比较下面两个试验，可以更直观清楚地了解上面我们所讲的事实。

试验一　在一个箱子里放红球和黑球各 100 个，进行随机地从里面取出一个小球且不放回的试验。显然，在初始状态，取出红球和黑球的概率都是 1/2，随着试验的进行，事件的概率将不一定等于 1/2。例如，从一开始连续 10 次都取出了红球，那么第 11 次取出红球的概率为 $(100-10)/(200-10) \approx 0.474$，取出黑球的概率为 $100/(200-10) \approx 0.526$，取出黑球的概率大于取出红球的概率。

试验二　在一个无限大且只露了一个小孔的密闭箱子里按 1∶1 的比例放了无限多个红球和无限多个黑球，进行随机地从里面取出一个小球且不放回的试验。显然，在任何时候，取出红球和黑球的概率都是 1/2。假设从一开始连续 10 次都取出了红球，那么第 11 次取出红球的概率和取出黑球的概率仍都是 1/2，并不随试验的进行而改变。在这个试验里，很难产生"连续拿出了多个红球时，就认为接下来拿出黑球的机会很大"这样的错觉。

虽然试验二简单，实际上也无法直接实现，但它和掷硬币试验是完全等效的。它是赌场里各种赌戏的基本模型，只是用输赢代替了红黑球，球的比例也不一定是 1∶1，而是略有不同，但对于每个确定的赌戏，这个比例是确定的。这样一来，试验二直观地说明了"连续出红后押黑、连输后加注"等赌博心理是不正确的。

赌博是随机事件，概率的法规支配其中的一切。如前所述，用概率来预测少量试验的频率，在多数时候都是误差很大且不可信的。而且，虽然我们事先可以知道一个事件发生的概率，且不管前面的频率和概率相差得多大，但继续试验下去，后来事件的频率只和概率有关，和以前试验的频率无关，所以不能把它和前面几次试验的频率联系起来。现实中，有的概率是可以准确计算出来的，如古典概型试验；有很多概率限于条件是无法准确计算的，只能根据大数定律，从已有的试验资料近似推断出随机变量的概率分布或某些数字特征，这就是所谓的数理统计学。这种推断是科学的，却并不能作为下注的依据，因为实际中你得到的是"频率"而不是"概率"！因此，赌场里的各种猜测、前次输赢的记录都是不起作用的。同样，我们在彩票销售点看到的那些令人眼花缭乱的"走势图"都是毫无意义的。

三、为什么会"长赌必输"

如上所述，赌博的结果只与概率相关而过程是与频率相关的。虽然根据大数定律，在试验次数无限增加时，频率将以概率的方式趋近于各自的概率，可是任何参赌的人都不可能赌无限多次。但和这些参赌的个体相比，只有赌场老板可以被认为参与了无数次赌博活动。所以，只有赌场老板是稳操胜券的！

事实上，任何赌场都有精巧设计的、概率略微偏向于赌场的赌规。由于这些偏向是很小的，所以往往不为赌客所在意。况且赌规是事先明示了的，并不属于作弊。我们以轮盘赌为例，了解一下赌场老板是如何稳赚不赔的。

比如轮盘赌。赌场内的轮盘有 38 格，其中"红"和"黑"各占 18 格，剩余的 2 格为绿色的"0"。红格为 1 ~ 36 中的单数，黑格则为 1 ~ 36 中的双数，而"双零格"是作为赌场利润的特权格。在赌轮盘的过程中，我们假设每格有均等的机会出现。设押赢和押输分别为事件 w 和 l，则单次博彩的"回报"为：

$$R = P(w) \times 1 + P(l) \times (-1) = -\frac{2}{38} \approx -0.052\,6$$

换言之，平均来说，每个赌客每下注 100 元，便输给赌场老板 5 元多。

再比如赌大小。掷三颗骰子，出现 4 ~ 10 点算"小"、出现 11 ~ 17 点算"大"，而 3 点（3 个 1 点）和 18 点（3 个 6 点）算所谓的"豹子"。以单豹子为例，比如押 3 个 1，赔率是 1 赔 150，看起来是够大的，但是我们计算其概率为 $\left(\frac{1}{6}\right)^3 = 0.46\%$，这表明，每押 100 元钱，你能收获的钱平均是 $100 \times 0.46\% \times 150 = 69$ 元，也就是说，你给赌场老板贡献了约 30 元。

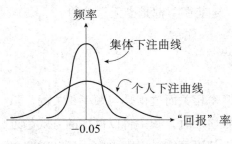

图 5-4 "回报"率的正态分布图

当然，这都是就单次赌博来说的，在实际赌博中，赌客的"回报"率不会每次都相同，但从图 5-4 所示的正态分布图可以看出，大量赌客进入会降低"回报"率的标准差。每晚沉迷于"大起大落"的刺激之中的赌客越多，赌场越能准确估计有多少利润进账。所以，一切都在赌场老板的掌控之中！

另外，即使所有规则都是绝对公平的，参赌者长远来看也至多只能"不输不赢"。可是置身于赌场这样的场合，总不会不吃不喝吧？由于一般人的心理都是看赌场里面的钱不值钱，所以老板还能够获得额外的暴利！

总之，赌客把钱输给了对手是表象，其实是输给了赌场，更确切地说，是败给了自己所缺乏的正确的知识。明白了这个道理，就能从对赌博的各种认识误区中清醒过来——只有不赌才不会输！

4　几个应用

对于日常生活中的许多疑难问题，我们用常识或者其他知识可能很难解决，但是如果用概率论的知识来思考，就会取得意想不到的结果。我们来看几个例子。

一、梅莱的破产

这是概率论历史上一个典型的案例。出身贵族的梅莱是 17 世纪中期的哲学家，不幸的是他同时又十分喜欢赌博（前面提到的赌金分配问题就是他向帕斯卡提出来的）。

有一天，梅莱在玩骰子的时候发现，如果将一颗骰子投 4 次，赌

6 点出现 1 次以上是有利的。他是这样考虑的：投 6 次骰子中有 1 次是 6 点，所以投 1 次骰子出现 6 点的概率应该是 $\frac{1}{6}$。于是，投 4 次骰子概率就是 $\frac{4}{6} > 0.5$，所以自己应该赢。于是，他带着他的"理论"与很多人进行这样的赌博，赢了一些钱财。这使梅莱更加相信其理论的正确性。

梅莱确实赢了，但他考虑问题的思路实际上是错误的。遗憾的是梅莱没有觉察到自己的错误，又开始设计新的赌博。这次他改用两颗骰子投 24 次，博其中至少投 1 次 12 点。按照他的考虑：投两个骰子出现 12 点是两个骰子都出现 6 点的期望概率，应该是 $\frac{1}{36}$。若投 24 次，期望概率就是 24 倍，和前面的道理相同，应该是 $\frac{24}{36} = \frac{2}{3} > 0.5$。可是，这次幸运女神没有光顾他，梅莱发现自己总是在输，但他因为前面的成功对自己的"理论"过于自信，坚持认为"应该总有赢的时候"，最后终于输光了自己所有的财产。

那么，梅莱到底错在哪里？为什么会破产？

由于每个骰子都有 6 个面，如果投 1 次骰子，必然出现 6 个面中的一个，而且每个面出现的可能性是相同的。那么投 1 次骰子，出现 6 点的概率应该是 $\frac{1}{6}$，这时梅莱的考虑是正确的。但是，投 4 次骰子至少有 1 次出现 6 点的概率又是多少呢？是不是如梅莱所想的四倍关系呢？答案是否定的。投 1 次骰子有两种可能结果：要么出现 6 点，要么不出现 6 点，因此是 1 次伯努利试验，投 4 次骰子则服从二项分布。我们先考虑它的对立事件，即投 4 次骰子，1 次也没有出现 6 点的概率为 $C_4^0 \left(\frac{1}{6}\right)^0 \left(\frac{5}{6}\right)^4 \approx 0.482\,25$，投 4 次骰子，至少出现一次 6 点的概率为 $1 - 0.482\,25 = 0.517\,75$。这个概率大于二分之一，所以梅莱在开始时赢了——他也应该赢。

考虑投 2 颗骰子的情形，这时总共出现 $6 \times 6 = 36$ 种可能，出现 12 点也就是要求 2 个骰子都出现 6 点，那么，投 2 个骰子出现 12 点

的概率为 $\frac{1}{36}$。直到这时梅莱还是正确的！但是后来他把投 24 次的概率计算成上述概率的 24 倍就完全错了！用我们刚才的分析方法，正确的概率是 $1-C_{24}^0\left(\frac{1}{36}\right)^0\left(\frac{35}{36}\right)^{24}=0.4914$。这个结果说明梅莱想要胜出的机会不到一半，然而梅莱并不知道他错了，反而固执地坚持错误，到最后只有破产了。

二、扑克牌的游戏规则

众所周知，把 52 张牌彻底洗过，从中抽取 5 张牌，则大家公认的决定胜负的游戏规则为：同花顺子→胜→四条→胜→富而好施→胜→同花→胜→顺子。现在的问题是：如此规定的依据何在？

毫无疑问，这其中又涉及了概率。虽然这 5 手牌都是难得一见的"紧缺货"，然而其出现的概率大有不同。

在 52 张牌中任意抽取 5 张，所有可能的抽法为 C_{52}^5 种，每一种抽法为一基本事件且每个事件发生的可能性相同。

（1）顺子：要求 5 张牌的点数成等差数列。就点数最小的一张牌而言，可以是 1 点（即 A）到 10 点，共有 10 种可能，所谓"顺子"，主要着眼于牌的点数，牌的花色可以不管，所以第 1 张牌可以取 4 种花色之一，而第 2，3，4，5 张牌仍然如此，故有 4^5 种可能。因此抽到顺子的概率是 $10\times\dfrac{4^5}{C_{52}^5}\approx 0.00394$。

（2）同花：要求 5 张牌是同一花色。先从 4 种花色中选一种花色，共有 4 种可能，然后在这种花色的 13 张牌中任意抽 5 张，共有 C_{13}^5 种可能。从而出现同花的概率是 $4\times\dfrac{C_{13}^5}{C_{52}^5}\approx 0.001981$。

（3）富而好施（full house）：是 5 张牌中有 3 张同点与 2 张同点的一组牌。在扑克牌中有 A，2，…，K，共有 13 种点，而且每个点都有黑桃、红心、方块、梅花（也称为"草头"）四种花色。我们可以先从 13 种点中选两种，共有 C_{13}^2 种可能，然后在其中一种点中抽 2 张，另一种点中抽 3 张，又有 $C_2^1 \cdot C_4^2 \cdot C_4^3$ 种可能，因此抽到富而好施共有 $C_{13}^2 \cdot C_2^1 \cdot C_4^2 \cdot C_4^3$ 种可能。从而出现富而好施的概率是 $\dfrac{C_{13}^2 \cdot C_2^1 \cdot C_4^2 \cdot C_4^3}{C_{52}^5} \approx 0.001\,440\,6$。

（4）四条：由于要求 4 张牌的点数相同，所以它们必然是 AAAA，2222……直到 KKKK 中的任意一组，共有 13 种可能，而剩下的一张牌则是 48（＝52－4）张牌中的任一张都可以，所以根据排列组合中的"乘法原理"，抽到四条的可能抽法有 13×48 种，从而出现四条的概率是 $\dfrac{13 \times 48}{C_{52}^5} \approx 0.000\,240\,1$。

（5）同花顺子：要求 5 张牌是同一种花色的顺子。同样，就点数最小的一张而言，共有 10 种可能，而第一张牌可以取 4 种花色之一，但是第 2，3，4，5 张牌则只能是和第一张牌同样的花色，故有 4 种可能，因此出现同花顺子的概率是 $\dfrac{40}{C_{52}^5} \approx 0.000\,015\,39$。

由这 5 手牌的概率可知：同花顺子的概率最小，随后依次是四条、富而好施、同花、顺子，从而得到了扑克牌决定胜负的游戏规则。

这里还有一点需要说明：A（Ace）这张牌，它既是 1 点，又算王牌，比老 K 更大，所以实际上可算作 14 点，但在一副牌中不能同时具有这两种身份。所以 A2345 与 AKQJ10 都可以看作"顺子"，然而 JQKA2 却是"非法"的组合，不能视为顺子。

三、巧合的生日

有一天，喜欢找一些刁钻问题的同学甲忽然问同学乙："你说 50 个人的班级中有两人同一天过生日的可能大吗？"

乙大约很了解"抽屉原则"，他想：366 个人才能保证有两个人的生日在同一天呀！50 个人太少了吧？所以立即回答："这种可能性很小！"

那么到底是不是这样的呢？我们还是用概率理论来回答。为计算方便，先求两个人生日不一致的概率。

假设每个人的生日在一年 365 天中的任一天是等可能的。第 2 个人和第 1 个人不一致的概率是 $\frac{364}{365}$，第 3 个人和第 2 个人以及第 1 个人都不一致的概率是 $\frac{363}{365}$。于是 3 个人中没有人生日相同的概率是 $\frac{364}{365} \times \frac{363}{365} \approx 0.991\,8$，于是 3 个人中有人生日相同的概率是 $1 - 0.991\,8 = 0.008\,2$。同样的计算可知，50 个人中没有人生日相同的概率是 $\frac{364}{365} \times \frac{363}{365} \times \cdots \times \frac{316}{365} \approx 0.029\,6$，所以 50 个人中有人生日相同的概率是 $1 - 0.029\,6 = 0.970\,4$。现在你知道乙的结论是错误的了吧？

同样的道理，我们可以得到 n 个人中没有两个人生日相同的概率是：

$$\frac{365}{365} \times \frac{364}{365} \times \frac{363}{365} \times \cdots \times \frac{(365 - n + 1)}{365} = \frac{A_{365}^n}{365^n}$$

所以，n 个人中至少有两个人生日相同的概率是 $P(n) = 1 - \dfrac{A_{365}^n}{365^n}$。

这一概率显然是 n 的函数。出乎意料的是：当 $n \geqslant 23$ 时，$P(n)$ 就已经超过了 0.5，你在事先能猜到这一点吗？至于 50 个人的班级，这个概率已经很大啦！计算机已经给我们计算出了下述结果（见表 5-1）：

表 5-1

n	5	10	20	23	30	40	50	64	100
$P(n)$	0.03	0.12	0.241 1	0.507	0.706	0.891	0.97	0.997	0.999 999 7

我们不妨作为游戏试验一下。

思考题

1. 简述确定性事件与不确定性事件的含义。

2. 概率与频率的区别与联系是什么？

3. 大数定律的含义是什么？

4. 从概率论的角度，说说为什么"久赌必输"。

第六讲　不一样的数学题

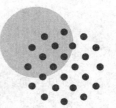

——数学模型

　　首先观察日常生活中一个普通的事实：把椅子往不平的地面上一放，通常只有三条腿着地，放不稳，然而只需稍微挪动几次，一般都可以使四条腿同时着地，便放稳了。问题是：这是碰巧还是必然？如果给你一道这样的"数学题"，你是不是觉得有点奇怪并且感到无从下手？其实这个问题一点也不奇怪，仅是数学建模中的一个小例子。

　　随着社会的发展，生物、医学、社会、经济等各学科、各行业都涌现现出了大量的实际课题，亟待人们去研究、去解决。这时，社会对数学的需求并不只是需要数学家和专门从事数学研究的人才，更需要的是在各部门中从事实际工作的人善于运用数学知识及数学的思维方法来解决他们每天面临的大量的实际问题，取得经济效益和社会效益。另外，我们所遇到的许多问题，都是数学和其他东西混杂在一起的，不是所谓"纯粹的"数学，其中的数学奥妙暗藏在深处，等着你去发现。也就是说，我们需要对复杂的实际问题进行分析，发现其中可以用数学语言描述的关系或规律，把这个实际问题化成一个数学问题。这个过程就是数学建模。

在这一讲中，我们将介绍一些关于数学建模的最基本的知识，同时通过一些比较通俗的案例来一起欣赏数学是如何用来解决各种各样的、有些甚至看起来并不像是数学的问题的，从而进一步体会到数学的力量。

数学模型

一、模型

在现实生活中，人们总是自觉或不自觉地用各种各样的模型来描述一些事物或现象。地图、地球仪、玩具火车、建筑模型、昆虫标本、恐龙化石、照片等都可以被看作模型，它们都从某一方面反映了真实现象的特征或属性。

容易理解，任何模型通常都是将原型的某一部分信息压缩、提炼而构造的替代物，并不是原型原封不动的复制品。因为原型有各个方面和各个层次的特征，而模型只要求反映与某种目的有关的方面和层次，即根据我们的目的，从真实现象中选一部分我们所关心的特征进行描述，其他方面的特征可以不涉及。如地球仪只反映了地球的大体形状，地表上水、陆地的比例，各个国家所处的地理位置等，对地球的构造及起源就不涉及。又如一个城市的交通图，它应该包含这个城市的主要公交路线，而其他方面的特征反映了多少就不是主要问题，如果这个交通图漏掉了几条主要的交通干线，它就不能作为这个城市交通路线的模型了。

应该注意，模型仅仅反映原型的某个侧面，该侧面由于目的不同会使同一个被反映的对象呈现巨大差异。如放在展厅的飞机模型应该在外形上逼真，但不一定能飞。而参加航模竞赛的飞机模型应该具有良好的飞行性能，在外观上不必苛求。至于飞机设计和试制过程中的计算机模拟，则只需在数量规律上真实反映飞机的动态特点，毫不涉及飞机实体。我们小时候叠的纸飞机也是一种简单的模型。所以模型所反映出来的基本特征通常由构造模型的目的决定。

二、数学模型的基本特点和属性

为了运用数学理论和知识解决生产和生活实践中的问题，我们往往还需要对现实世界的一个特定对象和特定目的，根据特有的内在规律，做出一些必要的假设，运用适当的数学工具，得到一个数学结构，我们往往称这个结构为数学模型。数学模型反映了事物的某一方面的数量特征，是问题的理想化和抽象化。从形式上来看，它可以是某个数学表达式（如函数、图形、代数方程、微分方程、积分方程、差分方程等），也可以是用数学来处理问题的一套程序或方法，甚至更广泛地，可以是用数学语言对问题的一种描述。由于数学模型的广泛性，我们不去一般性地讨论到底什么是数学模型，而是从数学模型的特点和属性方面来了解它。

首先，数学模型必须反映事物的数量特征。这是数学模型所必须具备的，也是它有别于其他模型（如物理模型、思维模型、直观模型）的最重要的标志。例如，考虑两个物体之间的相互作用时，对于它们之间的相互吸引这种属性，可以用数学公式

$$F=k\frac{m_1 m_2}{r^2}$$

来表示吸引力与其他因素之间的关系，这就是物质相互吸引的数学模型。它忽略了物体的形状、大小等其他因素，仅考虑两物体的质量和质心距离。这是一个非常简化的数学模型，所反映的数量关系在经典力学所处的地位和作用是不言而喻的。然而，虽然"两个点上的物体，质量越大时它们之间的引力越大"这样的叙述在某种程度上也是正确的，但是一般不能称为数学模型。现在，我们在生产、生活、经济等各项活动中的各种关系（如企业的资金流动，生物种群数量的演变，疾病和信息的传播等）都可用数量关系进行刻画，这就产生了各种各样的数学模型。但在社会生活和经济领域里曾经有过许多模型，

它们往往只通过定性分析来研究，进而揭示事物的内在规律，这样的模型就不是数学模型。

其次，当目的不同时，同一个被反映对象的数学模型往往也是不相同的。如一个线性弹簧，考察它的形变 X 与弹力 F 之间的关系，我们可以用数学公式（胡克定律）

$$F = -kX$$

来表示它们之间的规律，负号表示形变的方向与弹力方向相反。这个数学公式就是它的数学模型。但这一模型却是十分粗糙的：首先，该定律要求弹簧在弹性限度内；其次，人们发现弹簧即使每次在弹性限度内拉动，经过一段时间后，该弹簧也部分失去了原来的弹性，弹性系数 k 变小了。经过分析后发现，这里的弹簧除了具有上述指出的弹性以外，还存在塑性，因而其更精确的数学模型要用二阶偏微分方程来刻画，于是关于这个弹簧的偏微分方程就是更精确的数学模型。弹簧伸长到一定长度后会断裂，这时我们发现前面的二阶偏微分方程模型又不再适用，于是又产生了新的模型——突变学。

还有一点应该注意。数学模型往往只能在某种程度上反映客观现实，我们不要指望如此"强大、精确"的数学理论就能够"精确地"解决现实问题。数学模型的组建过程不仅要运用一般的数学方法，还要对复杂的现实进行总结、归纳、取舍和提炼。可以设想，在描述人口增长时，如果把年龄、性别、死亡、生育、择偶、婚配、疾病、卫生、饥荒、战争等因素都容纳进去，那么即使使用现代数学工具，也难以分析和研究，因此构建数学模型时必须对实际问题进行去粗取精、去伪存真的归纳。保留什么因素、忽略什么因素并没有一定的范式，这就需要建模者依据其对实际问题的理解、研究目的及所具有的数学背景来完成这个过程。又如火箭在作短程飞行时，要研究其运动轨迹，可以不考虑地球自转的影响；但在作洲际飞行时，就必须考虑地球自转的影响。

正是由于上述这些原因，数学模型的解答结果一般没有十全十美的，只要经得起实践检验，是比较合理和可行的，就可以先付诸实施。在条件允许的适当时候，可以根据实际情况，对已得到的解答进行继续研究和改进。这与纯粹的数学非常不同。当然，数学模型的解答结果必须接受实践的检验，如果不符合实际，还应设法找出原因，修改原来的模型，重新求解和检验。

三、数学模型的功能

数学模型主要有分析、预报、决策和控制等四大功能。

（1）分析功能：即通过数学模型定量研究现实世界的某种对象，或者精确描述某种特征。

（2）预报功能：即根据对象的固有属性利用数学模型预测当环境发生变化时的发展趋势或规律。

（3）决策功能：即根据对象所满足的规律作出使某个数量指标达到最优的决策。

（4）控制功能：即根据对象的特征和某些指标给出尽可能满意的控制方案。

四、数学模型的分类

数学模型可以按照不同的方式分类，下面介绍常用的几种。

（1）按照模型的应用领域（或所属学科）分类：如人口模型、交通模型、环境模型、生态模型、城镇规划模型、水资源模型、再生资源利用模型、污染模型等。范畴更大一些则形成许多边缘学科，如生物数学、医学数学、地质数学、数量经济学、数学社会学等。

（2）按照建立模型的数学方法（或所属数学分支）分类：如初等数学模型、几何模型、微分方程模型、图论模型、马氏链模型、规划论模型等。

（3）按照模型的表现特性又有几种分类法：

确定性模型和随机性模型：取决于是否考虑随机因素的影响。近年来随着数学的发展，又有所谓突变性模型和模糊性模型。

静态模型和动态模型：取决于是否考虑时间因素引起的变化。

线性模型和非线性模型：取决于模型的基本关系，如微分方程是不是线性的。

离散模型和连续模型：指模型中的变量（主要是时间变量）取为离散的还是连续的。

虽然从本质上讲大多数实际问题是随机的、动态的、非线性的，但是由于确定性、静态、线性模型容易处理，并且往往可以作为初步的近似来解决问题，所以我们常先考虑确定性、静态、线性模型。连续模型便于利用微积分方法求解，作理论分析，而离散模型便于在计算机上作数值计算，所以用哪种模型要视具体问题而定。在具体的建模过程中，将连续模型离散化或将离散变量视作连续的也是常采用的方法。

（4）按照建模目的分类：有描述模型、分析模型、预报模型、优化模型、决策模型、控制模型等。

（5）按照对模型结构的了解程度分类：有所谓白箱模型、灰箱模型、黑箱模型。这是把研究对象比喻成一个箱子里的机关，要通过建模来揭示它的奥秘。白箱主要包括用力学、热学、电学等一些机理相当清楚的学科描述的现象以及相应的工程技术问题，这方面的模型大多已经基本确定，还需深入研究的主要是优化设计和控制等问题了。灰箱主要指生态、气象、经济、交通等领域中机理尚不十分清楚的现象，在建立和改善模型方面都不同程度地有许多工作要做。至于黑箱则主要指生命科学和社会科学等领域中一些机理（数量关系方面）很不清楚的现象。有些工程技术问题虽然主要基于物理、化学原理，但由于因素众多、关系复杂和观测困难等原因也常作为灰箱或黑箱模型来处理。当然，白箱、灰箱、黑箱之间并没有明显的界限，而且随着科学技术的发展，箱子的"颜色"必然是逐渐由暗变亮的。

2 数学建模

一、建模方法

简单来说，建立一个系统的数学模型的方法大致有两种：一种是试验归纳的方法，即根据测试或计算的数据，按照一定的数学方法，归纳出系统的数学模型，如前面提到的胡克定律就是通过试验归纳方法获得的；另一种是理论分析的方法，即根据客观事物本身的性质，分析因果关系，在适当的假设下用数学工具描述其数量特征。

在生产过程中，为了分析和改进生产中出现的问题，虽然可采用比较简单的直接试验方法，但在很多情况下这种方法是行不通的，而要通过模拟计算的方法进行。如某设备正式投产后，往往不允许破坏正常生产过程进行试验，特别是试验中需施加任意输入或改变生产条件时，有可能会发生故障甚至出现危险。另外，直接试验往往需要花费较多的人力、财力和时间，从经济角度来看也是不合算的。所以在很多情况下，人们一般先进行一些数学处理，然后在计算机上进行模拟计算来代替试验。另外，在科研和一些大型问题的研究中，由于系统的状态复杂，根本无法进行试验或不能进行试验。如卫星回到地球的时候，在高度为 120 km 的大气层上空以 11 km/s 的速度极迅速地落到地面。若用风洞来试验，必须有极大的设备，实际上是不可能的。又如我国的人口和生态如果照现在的状况发展下去，到了 22 世纪，我国人口将超过 20 亿，长江将变为第二条黄河，等等。这样的问题就不能靠试验来研究，只能靠数学的推理和计算来研究，以采取相应的措施。所以我们在这里主要讨论用理论分析方法建立数学模型的问题。

二、建模的主要步骤

用理论分析方法建立数学模型的主要步骤有：

（1）模型的准备。在建模前要对实际问题的背景有深刻的了解，进行全面的、深入细致的观察，明确所要解决问题的目的和要求，并按要求收集必要的各种信息（如现象、数据等）。数据必须真实准确，并符合所要求的精确度。这是模型的准备过程。

（2）模型的假设。一般地，一个问题是复杂的，涉及的方面较多，不可能考虑到所有因素，这就要求我们在明确目的、掌握资料的基础上抓住主要矛盾，舍去一些次要因素，对问题进行适当的简化，提出几条合理的假设。不同的简化假设有可能得出不同的模型和结果。究竟简化、假设到什么程度，要根据实践经验和具体问题进行处理。

（3）模型的建立。在所作简化和假设的基础上，选择适当的数学工具来刻画、描述各种量之间的关系，用表格、图形、公式等来确定数学结构。我们要用数学模型解决实际问题，故可以用各种各样的数学理论和方法，必要时还要创造新的数学理论以适应实际问题。在保证精度的前提下应该尽量用简单的数学方法，以便推广使用。

（4）模型的分析、检验和修改。建立模型的目的是为了总结自然现象、寻找规律，以便指导人们认识世界和改造世界，建模并不是目的。所以模型建立后要对模型进行分析，即用解方程、推理、图解、计算机模拟、定理证明、稳定性讨论等数学的运算和证明得到数量结果，将此结果与实际问题进行比较，以验证模型的合理性。必要时进行修改，调整参数，或者改变数学方法等。一般地，一个数学模型要经过反复修改才能成功。

（5）模型的应用。用已建立的模型分析、解释已有的现象，并预测未来的发展趋势，以便给人们的决策提供参考。

归纳起来，建立模型的主要步骤可用如图 6-1 所示的框图来说明：

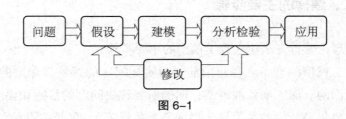

图 6-1

应当指出，并不是所有建模过程都要经过这些步骤，有的步骤之间的界限也不那么分明，建模时不应拘泥于形式上的按部就班，往往不同问题的侧重点也不相同。

三、数学建模与科学思维方法

所谓数学思维，是一种认识数学本身或应用数学知识解决实际问题的过程中的辩证思维，分为逻辑思维与非逻辑思维两大类。逻辑思维主要有形式逻辑、数理逻辑与辩证逻辑。形式逻辑的主要思维形式是概念、判断、推理，主要思维方法是分析与综合、抽象与概括、归纳、演绎、类比、科学假设等。非逻辑思维主要有想象、直觉与顿悟等，它不受逻辑规则条条框框的制约。两种思维方式若能很好地相互交叉渗透，形成一种放射性的非线性思维方式，则往往能获得突破性的创新。

逻辑思维是数学思维的核心。不论是数学运算还是定理的证明都是严密的逻辑推理过程。非逻辑思维则有助于人们从纷繁杂乱的矛盾中迅速捕捉关键因素和关键环节，在变幻莫测的环境中迅速确定总目标。具体的数学思维过程往往是逻辑思维和非逻辑思维交叉运用的综合过程。

建模活动本身是一项创造性的思维活动。它既具有一定的理论性，又具有较大的实践性；既要求严谨的逻辑思维，还要有灵活的非逻辑思维。这种训练能培养我们综合运用所给问题的条件，通过各种科学思维方法和数学手段，寻求解决问题的最佳方法和途径的能力。

1. 数学建模中的思维方法

建立数学模型是一种创造性的思维活动，没有统一模式和固定的方法。从思维的角度看，各种思维方法都被大量采用，在数学建模的过程中都有重要作用。比较重要的主要有：

（1）逻辑思维。

逻辑思维的要点，一是"严密性"，二是"完备性"。前者是指在因素分析或目标分析中，纵向各因素之间环环相扣；后者是指横向各因素要能够确保得到想要的结果。在建模中，主要用到的还是"分析法"（对条件由因导果）和"综合法"（对结论执果索因）。思维特点是由理性到理性。

（2）抽象思维。

数学建模是要研究问题，这就必须用到抽象思维。包括将问题进行重新表述，抽象出其数学实质；在抽象的层面（数学）上分析问题，解决问题；将具体问题、因素等上升为概念、定义、假设；将具体关系、结论上升为定理，等等。其思维特点是从特殊到一般、从感性到理性。

（3）形象思维。

数学建模问题常常有图形，理解问题、分析问题都需要形象思维。我们在研究问题时可以尽量将问题直观化，建模研究之初需要弄清问题的直观背景、建立直观形象，便于认识问题、分析问题，进而再到抽象的图像、模型。

（4）创新思维。

数学建模的一个显著特点是"非标准化"，即问题不标准、答案不唯一，这就要求建模者要有创新意识，力求研究角度新、思路新、理论新、方法运用新以及结果新。

数学建模中的创新思维主要表现为以下几种：

①发散思维。如要弄清问题必须回到实际，然后发散开来，找出

尽量多的相关因素。

②联想思维。如横向联想、方法联想、模型联想、关系联想，等等。

③反向思维。从不同角度研究问题，跳出定式、习惯、误区。

"猜想"可以认为是上述几种思维方式的一个常见的表现形式。在建模中，要充分发挥想象力，对问题大胆进行各种猜想，如直观想象、特征想象、关系猜想、结果猜想等。当然，猜想一定要经过严格的论证才是可靠的。

2. 数学思维能力培养

建立数学模型需要良好的科学思维能力、运算能力和动手能力，如抽象概括能力、抓住本质的洞察能力、联想及综合分析能力、数学语言的翻译能力、熟练使用计算机的能力、文献检索能力和使用当代科技成果的能力等。其中思维能力尤其重要，所以，可以把数学建模的过程作为培养我们数学思维能力的一个极好的途径。

（1）培养"翻译—转换"能力。即把经过一定抽象、简化的实际问题用数学语言表达出来，形成数学模型。运用数学建模解决实际问题，关键是把实际问题抽象为数学问题。必须首先通过观察分析，提炼出实际问题的数学模型，然后把数学模型纳入某知识系统进行处理，这要求我们不但有一定的抽象能力，而且要有相当好的观察、综合能力。

（2）培养"分析—推理"能力。即应用已学到的数学方法和思想进行综合应用和分析，利用严格的逻辑推理来得到我们所需要的结果。

（3）培养"联想—直觉"思维能力。要具有良好的联想能力，首先要有对事物的广泛的兴趣，平时多思考、多积累，这样遇到新问题的时候，就可以通过联想、类比来对原来的经验进行加工、改组或重构，触类旁通。

（4）培养"洞察—猜想"能力。即深入、清楚地了解事物的本质，快速抓住要害，一举解决问题。

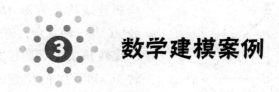

3 数学建模案例

一、椅子放置问题

先解决本讲开头提到的问题。这个看来似乎与数学无关的现象能用数学语言给予准确表述，并用数学工具来证实吗？我们试试看。

1. 模型假设

对椅子和地面应该作一些必要的假设：

（1）椅子四条腿一样长，椅脚与地面接触处视为一个点，这四个点在一个平面内且连线呈正方形。

（2）地面高度是连续变化的，沿任何方向都不会出现间断（没有像台阶那样的情况），即地面可视为数学上的连续曲面。

（3）对于椅脚的间距和椅腿的长度而言，地面是相对平坦的，使椅子在任何位置至少有三条腿同时着地。

假设（1）显然是合理的。至于四脚要呈正方形，只是为了处理起来简单一些。假设（2）相当于给出了椅子能放稳的基本条件，因为如果地面高度不连续，比如有台阶，则无法使四条腿同时着地。假设（3）是要求地面上在与椅脚间距和椅腿长度的尺寸大小相当的范围内，避免出现深沟或凸峰（即使是连续变化的），致使三条腿无法同时着地。

2. 建立模型

首先建立坐标系，并用变量表示椅子的位置。注意到椅脚连线呈正方形，以中心为对称点，正方形绕中心的旋转正好代表了椅子位置的改变，于是可以用旋转角度这一变量表示椅子的位置。在图6–2中

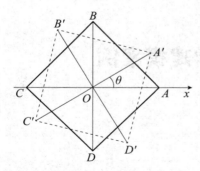

图6-2 用变量 θ 表示椅子的位置

椅脚连线为正方形 $ABCD$ ，对角线 AC 与 x 轴重合，椅子绕中心点 O 旋转角度 θ 后，正方形 $ABCD$ 转至 $A'B'C'D'$ 的位置，所以对角线 AC 与 x 轴的夹角 θ 表示椅子的位置。

如果用某个变量表示椅脚与地面的竖直距离，那么当这个距离为零时椅脚就着地了。椅子在不同位置时椅脚与地面的距离不同，所以这个距离是椅子位置变量 θ 的函数。虽然椅子有四条腿，因而有四个距离，但是由于正方形的中心对称性，只要设两个距离函数就可以了。记 A、C 两腿与地面距离之和为 $f(\theta)$ ，B、D 两腿与地面距离之和为 $g(\theta)$ ，且 $f(\theta)\geq 0$ ，$g(\theta)\geq 0$ 。由假设（2），f 和 g 都是 θ 的连续函数。由假设（3），椅子在任何位置至少有三条腿着地，所以对于任意的 θ ，$f(\theta)$ 和 $g(\theta)$ 中至少有一个为零。当 $\theta=0$ 时不妨设 $g(\theta)=0$ ，$f(\theta)>0$ 。这样，改变椅子的位置使四条腿同时着地，就归结为证明数学命题：已知 $f(\theta)$ 和 $g(\theta)$ 是 θ 的连续函数，对任意的 θ ，$f(\theta)g(\theta)=0$ ，且 $g(0)=0$ ，$f(0)>0$ ，则存在 θ_0 ，使 $f(\theta_0)=g(\theta_0)=0$ 。

可以看到，引入了变量 θ 与函数 $f(\theta)$ 和 $g(\theta)$ ，就把模型的假设条件和椅脚同时着地的结论用简单、精确的数学语言表述了出来，从而构成了这个实际问题的数学模型。

3. 模型求解

将椅子旋转 $\pi/2$ ，对角线 AC 与 BD 互换。由 $g(0)=0$ ，$f(0)>0$ 可知 $g(\pi/2)>0$ ，$f(\pi/2)=0$ 。令 $h(\theta)=f(\theta)-g(\theta)$ ，则 $h(0)>0$ ，$h(\pi/2)<0$ 。由 f 和 g 的连续性知 h 也是连续函数。根据连续函数的基本性质，必存在 θ_0（$0<\theta_0<\pi/2$），使 $h(\theta_0)=0$ ，因此也有 $f(\theta_0)=g(\theta_0)$ 。最后因为 $f(\theta_0)g(\theta_0)=0$ ，所以 $f(\theta_0)=g(\theta_0)=0$ 。

4. 问题结论

在"不太平坦"的地面上,只需适当地转动椅子,总能将它放稳。

这个实际问题非常直观和简单,建立该模型的巧妙之处在于用一元变量 θ 表示椅子的位置,用 θ 的两个函数 $f(\theta)$ 和 $g(\theta)$ 表示椅子四脚与地面的距离。

二、物价指数预测

物价指数是反映不同时期商品的价格水平、变动趋势和变动程度的相对数值。例如,月物价指数就可以理解为该月购买同等商品的相对花费数。表 6-1 中给出了某国家 2005 年 1 月—2007 年 4 月间每月的物价指数。

表 6-1

	1	2	3	4	5	6
2005	100.0	101.7	102.6	106.1	107.6	108.7
2006	119.9	121.9	124.3	129.1	134.5	137.1
2007	147.9	149.8	150.6	153.5		
	7	8	9	10	11	12
2005	109.7	109.8	111.0	113.2	115.2	116.9
2006	138.5	139.3	140.5	142.5	144.2	146.0

试根据这些数据的变化态势预测 2007 年 5、6、7 三个月的物价指数。

这里要求构建物价指数的动态数学模型。影响物价指数变动的因素非常多,它的动态机理也相当复杂,用机理描述该模型是非常困难的。表 6-1 给出了物价指数的大量信息,我们的工作是如何从中提取有用信息来构建它的数学模型,以便预测物价变化趋势。首先,在坐标系中绘出这些数据,可以得到它的直观印象(见图 6-3)。根据这个图形,我们采用线性回归的基本方法——最小二乘法来解决本问题,但是由于观点不同，可以用三种不同的方案来构建这个模型。

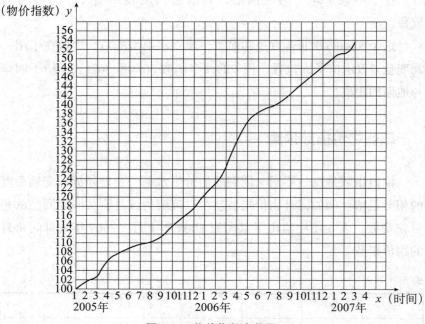

图 6-3　物价指数变化图

方案 1： 从物价指数变化图上我们可以看到，它基本上是呈直线向上增长的，因此可以设想物价指数可能是随着时间直线增加的。根据这个假设，物价指数可以用如下线性模型来描述：

$$y = a + bx$$

利用已知的 28 组数据可以求得模型中参数估计值 $a \approx 95.37$，$b \approx 2.097\,7$，利用该模型可以预测 2007 年 5、6、7 三个月的物价指数分别为 156.2，156.3，160.4。

方案 2： 从生活常识中我们可以知道，若干年前早期物价指数的高低对当前的物价指数的影响甚小。分析物价指数变化图可以知道，从 2006 年 9 月以后更加近似于一条直线。根据这一假定，利用最后 8 组数据来估计前面的参数，得到 $a \approx 103.066\,7$，$b \approx 1.788\,1$，利用该模型可以预测 2007 年 5、6、7 三个月的物价指数分别为 154.9，156.7，

156.5。

　　方案3：根据商品消费的规律，人们各月的消费情况基本上是循环往复的，因此物价指数在各年相同月份的变化规律呈现相似之处。仔细分析这三年1—4月的物价波动情况发现，2005年1—4月与2007年1—4月物价指数变化很类似，从而我们可以利用2005年4—7月的变化趋势预测2007年4—7月的变化趋势。根据这一假定，预测2007年5、6、7三个月的物价指数分别为154.7，155.9，157.1。

　　这是一个利用数学模型进行预测的成功例子。该问题实际物价指数分别为155.2，156.0，156.3。不难看出方案3更接近于实际，因为该方案更加充分地反映了客观对象的实际意义。这类问题更一般的研究涉及可信度检验，在回归分析中有详细讨论。

三、哥尼斯堡七桥问题

　　在波罗的海南岸，有一个古老的哥尼斯堡城（现在叫加里宁格勒），由7座桥连接的普瑞格尔河的两岸及河中的两个美丽的小岛组成了这座秀色怡人的城市，古往今来，吸引了无数游人驻足于此。如图6-4所示，A、D表示岛区，B表示河的南岸，C表示北岸，a，b，c，d，e，f，g分别表示7座桥。

　　18世纪，哥尼斯堡属于东普鲁士。当时哥尼斯堡市民生活富足安宁，城中的居民经常沿河过桥散步。于是他们提出了一个问题：能否一次走遍7座桥，而每座桥只许通过一次，最后仍回到起点？这就是著名的哥尼斯堡七桥问题。

　　这个问题看起来似乎不难，但人们始终没能找到答案，最后问题被提到了大数学家欧拉那里。欧拉以深邃的洞察力很快证明了这样的走法不存在。欧拉解决七桥问题采用了特殊的"几何"（后来人们称之为图）模型：既然岛与陆地无非是桥梁连接的，就不妨把4处地点抽象成4个点A、B、C、D，并把7座桥抽象成7条边a，b，c，d，e，f，g，这样欧拉得到了七桥的模拟图（见图6-5），并将问题抽象为一个数学问题：求经过图中每条边一次且仅一次的回路（后来人们称之为欧拉回路）。此模拟图就是七桥问题的数学模型。

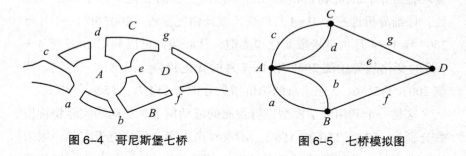

图 6-4　哥尼斯堡七桥　　　　　　　　　图 6-5　七桥模拟图

容易看到，"七桥问题"实际上转化成了"一笔画问题"。所谓图的一笔画，指的就是：从图的一点出发，笔不离纸，遍历每条边恰好一次，即每条边都只画一次，不准重复。

为求得此类问题的解，欧拉考察一笔画的结构特征：每个图都有起点和终点。除起点与终点外，一笔画中关联过渡点的边总是一进一出的，故点的度数为偶数（简称这样的点为偶点，类似地，度数为奇数的点简称奇点）。显然，首先图必须是连通的，一笔画问题才可能实现，并且，一般的一笔画能否实现的问题也很容易得到解决。欧拉在 1736 年交给彼得堡科学院的论文《哥尼斯堡 7 座桥》中给出了对于任意多的城区和任意多座桥的类似问题是否存在欧拉回路的判定规则：

（1）如果连接奇数个桥的陆地仅有一个或超过两个，则不存在欧拉回路；

（2）如果连接奇数个桥的陆地仅有两个，则可以从这两个地方之一出发，找到欧拉回路；

（3）如果每个陆地都连接偶数个桥，则无论从哪里出发，都能找到欧拉回路。

由模拟图及由上述分析可知，哥尼斯堡七桥问题无解！困扰居民许久的问题彻底解决了。欧拉通过图模型成功地解决了哥尼斯堡七桥这一难题，并为拓扑学以及现代图论的发展奠定了基础。今天，图论已广泛应用于计算机、运筹学、控制论、信息论等学科，成为对现实世界进行抽象的一个强有力的数学工具。

四、雨中行走问题

在用数学模型解决实际问题时，一个和我们原先所熟悉的"做应用题"很大的不同之处在于，要把得到的数学上的结果应用回原实际问题，用实际现象和数据与之做比较，检验模型的合理性和适用性。如果检验结果与实际不符合或者部分不符合，则问题通常出现在假设上，应当修改或补充假设，重新建模。有的模型要经过多次反复，不断完善，直到检验结果获得某种程度上的满意。请看下面的建模实例。

一个雨天，你有件急事需要从家中去学校，学校离家不远，仅一公里。事情紧急，你不准备花时间去翻找雨具，决定碰一下运气，冒雨去学校。假设刚刚出发雨就大了，但你也不打算再回去了。一路上，你将被大雨淋湿。一个似乎很简单的事实是你应该在雨中尽可能地快走，以减少淋雨的时间。但分析结果却告诉我们，全程尽力快跑并不一定是最好的策略。

对于这个实际问题，它的背景是简单的，人人皆知，无须进一步论述。我们的问题是要在给定的降雨条件下设计一个雨中行走的策略，使得你被雨水淋湿的程度最低。

分析这一问题的因素，主要有：

（1）降雨的大小；

（2）风（降雨）的方向；

（3）路程的远近和你跑得快慢。

为了尽可能简化问题的研究，我们假设：

（1）降雨的速度（即雨滴下落的速度）和降水强度保持不变；

（2）你以定常的速度跑完全程；

（3）风速始终保持不变；

（4）把人体看成一个长方体。

（5）不考虑降雨的角度的影响，也就是说，在你行走的过程中身体的前、后、左、右和上方都将淋到雨水。

在这些假设之下，我们可以给出模型涉及的参数和变量：

（1）雨中行走的距离 D（米）；

（2）雨中行走的时间 t（秒）；

（3）雨中行走的速度 v（米/秒）；

（4）你的身高 h（米），宽度 w（米）和厚度 d（米）；

（5）你身上被淋的雨水的总量 C（升）；

（6）降雨的大小可以用降水强度（单位时间内平面上降雨的厚度）I（厘米/时）来描述。

可以假定，D、h、w、d 以及利用上述数据计算得到的身体的表面积 $S = 2wh + 2dh + wd$（米²）都是不变的，也可以直接认为是常数。在雨中行走的速度为 v，从而在雨中行走的时间是 $t = D/v$（秒），这是可以控制的，是问题中的变量；降水强度的大小 I 在问题中是可以分析的，是问题的参数。

将涉及的各量的单位一致化，可得到在整个雨中行走期间身体被淋的雨水的总量是

$$C = t(I/3\,600)S \times 0.01 = (D/v) \times (I/3\,600)S \times 10 \text{（升）}$$

模型中的常数可以通过观测和日常的调查资料得到。比如，在我们的问题中假设：$D = 1000$ 米，$h = 1.50$ 米，$w = 0.50$ 米，$d = 0.20$ 米。由此可以得到：$S = 2.2$（米²）。我们假设降雨的强度是 $I = 2$ 厘米/小时。在雨中行走的速度 v 将是模型中的变量。模型表明，被淋在身上的雨水的总量与你在雨中行走的速度成反比。如果你在雨中以可能最快的速度 $v = 6$ 米/秒向前跑，你在雨中将行走 $t \approx 167$（秒）$= 2$ 分 47 秒。由此可以得到，你的身上被淋的雨水的总量有

$$C = 167 \times (2/3\,600) \times 2.2 \times 10 \text{（升）} \approx 2.041 \text{（升）}$$

仔细想想，这是一个荒唐的结果。你在雨中只跑了 2 分 47 秒，

身上却被淋了 2 升的雨水，这是不可思议的。因此，这表明，我们得到的这个模型用以描述雨中行走的人被雨水淋湿的状况是不符合实际情况的。

按照建模的程序，需要回到对问题所作的假设，推敲这些假设是否恰当。我们发现，不考虑降雨角度的影响这个假设使问题过于简化了。考虑到降雨角度的影响，这时降雨强度已经不能完全描述降雨的情况了。我们给出降雨的速度，即雨滴下落的速度 r（米/秒），以及降雨的角度 θ（雨滴下落的反方向与你前进的方向之间的夹角）。显然，前面提到的降雨强度将受降雨速度的影响，但它并不完全决定于降雨的速度，它还取决于雨滴下落的密度。我们用 p 来度量雨滴的密度，称为降雨强度系数，它表示在一定的时刻在单位体积的空间内由雨滴所占据的空间的比例数。于是有 $I = pr$。显然，$p \leqslant 1$，当 $p = 1$ 时意味着大雨倾盆，如河流向下倾泻一般。

在这个情形下估计你被雨水淋湿的程度，关键是考虑到你在雨中的行走方向之后雨滴相对的下落方向（见图 6-6）。因为雨水是迎面而来落下的，由经验可知，这时被淋湿的部位仅仅是你的顶部和前方，因此淋在你身上的雨水将分为两部分来计算。

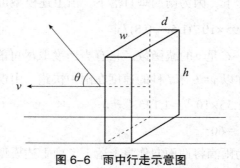

图 6-6 雨中行走示意图

首先考虑你的顶部被淋的雨水。顶部的面积是 wd，雨滴的垂直速度的分量是 $r \sin \theta$。不难得到，在时间 $t = D/v$ 内淋在你的顶部的雨水量是：

$$C_1 = (D/v)wdpr\sin\theta$$

再考虑你的前方表面淋雨的情况，前方的面积是 wh，雨速的分量是 $r\cos\theta + v$。类似地我们有，你的前方表面被淋到的雨水的量是：

$$C_2 = (D/v)wh[p(r\cos\theta + v)]$$

因此，你在整个行程中的淋雨量是

$$C = C_1 + C_2 = \frac{pwD}{v}[dr\sin\theta + h(r\cos\theta + v)]$$

仍然沿用前面得到的参数值，如果假设落雨的速度是 $r = 4$ 米/秒，由降雨强度 $I = 2$ 厘米/小时可以估算出它的强度系数 $p = 1.39 \times 10^{-6}$。把这些参数值代入上式可以得到

$$C = 6.95 \times 10^{-4}(0.8\sin\theta + 6\cos\theta + 1.5v)/v$$

这个模型里的有关变量是 v 和 θ，因为 θ 是落雨的方向，在模型研究过程中它的数值是可以改变的；而 v 是我们要选择的雨中行走的速度。于是我们的问题就变为给定 θ，如何选择 v，使得 C 最小。

下面分各种情况对模型进行讨论：

情形 1：$\theta = 90°$。

在这个情形下，因为雨滴垂直落下。由上述模型可得

$$C \approx 6.95 \times 10^{-4}(1.5v + 0.8)/v$$

模型表明，C 是 v 的减函数，只有当速度取尽可能大的值时 C 达到最小。假设你以 $v = 6$ 米/秒的速度在雨中快跑，由模型可以得出

$$C \approx 11.35 \times 10^{-4} = 1.135（升）$$

情形 2：$\theta = 60°$。

这时，因为雨滴将迎面向你身上落下。由上述模型可得

$$C = 6.95 \times 10^{-4}[1.5 + (0.4\sqrt{3} + 3)/v]$$

同样，在 $v = 6$ 米/秒时，可得

$$C \approx 14.7 \times 10^{-4} = 1.47（升）$$

情形 3：$90° < \theta < 180°$。

在这种情形下，雨滴将从后面向你身上落下。令 $\theta = 90° + \alpha$，则 $0° < \alpha < 90°$，从而

$$C = 6.95 \times 10^{-4}[1.5 + (0.8\cos\alpha - 6\sin\alpha)/v]$$

对于充分大的 α，这个表达式可能取负值。这当然是不合理的，因为雨水量是不可能为负值的。原因是这个情况超出了我们前面讨论的范围。因此必须回到开始的分析过程对这个情况进行详细的讨论。按照你在雨中行走的速度分成两种情况。

首先，考虑 $v \leq r\sin\alpha$ 的情形，也就是说，你的行走速度慢于雨滴的水平运动速度。这时雨滴将淋在你的背上。背上的淋雨量是 $pwDh(r\sin\alpha - v)/v$。于是全身的淋雨量应该是

$$C = pwD[dr\cos\alpha + h(r\sin\alpha - v)]/v$$

再次代入数据，得到

$$C = 6.95 \times 10^{-4}[(0.8\cos\alpha + 6\sin\alpha)/v - 1.5]$$

它也是速度的减函数。当你以速度 $v = r\sin\alpha = 4\sin\alpha$ 在雨中行走时，淋雨量的表达式可以化简为

$$C = 6.95 \times 10^{-4}(0.8\cos\alpha)/(4\sin\alpha)$$

它表明仅仅头顶部位被雨水淋湿了。

如果雨是以 120° 的角度落下，也就是说，雨滴以 $\alpha = 30°$ 角从后面落在你的背上。你应该以 $4\sin30° = 2$（米／秒）的速度在雨中行走。这时，你身上的淋雨量是

$$C = 6.95 \times 10^{-4}(0.8 \times 0.866)/2 = 0.24（升）$$

实际上，这意味着你刚好跟着雨滴向前走，所以身体前后都没有淋到雨。如果你的速度低于 2 米／秒，则由于雨水落在背上，从而使得淋雨量增加。

在 $v > r\sin\alpha$ 的情形下，你在雨中的奔跑速度比较快，要快于雨滴的水平运动速度 2 米／秒，这时你将不断地追赶雨滴，雨水将淋在你的胸前。淋雨量是 $pwhD(v - r\sin\alpha)/v$，于是全身的淋雨量是

$$C = pwD[rd\cos\alpha + h(v - r\sin\alpha)]/v$$

当 v =6米/秒且 α =30°时，有

$$C = 6.95 \times 10^{-4}(0.8 \times 0.866 + 6)/6 \approx 0.775（升）$$

综合上面的分析，从这个模型中我们得到的结论是：

（1）如果雨是垂直的或者是迎着你前进的方向落下，这时的策略就很简单，应该以最大的速度向前跑；

（2）如果雨是从你的背后落下，这时你应该控制在雨中行走的速度，让它刚好等于落雨速度的水平分量。

这些结果似乎是合理的并且与我们所期望的一致。第二个更详细的模型对前面的模型的改进之处在于建模时考虑了落雨的方向并且更全面地考虑了各种可能发生的情况。所有的雨水量的结果都比第一个模型得到的2升要小，同时所得结果的数量级也是我们所希望的。真正使用实际的数值结果来验证这个模型可能有一些困难，当然如果你不怕全身淋湿，就可以尝试在雨中行走来验证我们的模型。不过即使如此，如何在雨中控制你的行走速度也并非易事。

至此，我们简要介绍了有关数学模型的最基本的概念和知识，也在一些简单的建模实例中学习了如何综合运用我们的数学知识解决实际问题。我们看到，数学建模除了能够为我们在生产和生活中遇到的实际问题提供行之有效的解决方案之外，从思维及其训练角度来看，数学模型的建立过程还能很好地培养我们的数学思想以及运用数学知识、方法创造性地解决实际问题的能力。有鉴于此，数学建模的学习和训练也日益受到广大教育工作者的重视。我们选取本讲内容的着眼点和目的也正在此。

 思考题

1. 思考并讨论数学建模与做普通数学题有哪些不同之处。

2. 一般来说，数学模型包括哪些基本要素？数学建模有哪些基本步骤？

3. 在七桥问题中，如果允许你再架一座桥，能否不重复地一次走遍这八座桥？这座桥应该架在哪里？请你试一试。

4. 任意拿出黑白两种颜色的棋子共8个，排成如图6-7所示的一个圆圈。然后在两颗颜色相同的棋子中间放一颗黑色棋子，在两颗颜色不同的棋子中间放一颗白色棋子，放完后撤掉原来所放的棋子。重复以上过程，这样放下一圈后就拿走前一次的一圈棋子，问这样重复进行下去，各棋子的颜色会怎样变化？

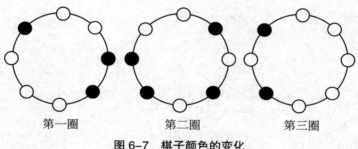

第一圈　　　　　　第二圈　　　　　　第三圈

图6-7　棋子颜色的变化

第七讲　几何也能不枯燥

——新奇的几何世界

"宇宙是一直对我们的目光开放着的，但是我们如果不首先学懂它的语言，并学会解释用来写成它的那些符号，就不能了解它。它是用数学语言写成的，它的符号是几何图形，离开这些图形，人类就不可能了解该语言的一个单词；没有这些图形，人们就是在黑暗的迷宫里游荡。"这是文艺复兴时期意大利物理学家伽利略对几何的评价。提起几何，大多数人想到的可能是高中时我们学习的点、面、线、三角形、四边形、圆、立体、面积、体积等，还有那一大堆要记住的定理，以及烦人的推理。其实几何也并不都是这样枯燥无味的。在这一讲里，我们来见识一些令你意想不到的奇妙的几何现象。

生命的曲线——螺线

曲线以其活泼变化的外形惹人喜爱，而螺线更被数学家们誉为"生命之线"。它具有曲率半径由小到大的有趣渐变，反复盘绕是最有韵律的形式之一。在欧洲巴洛克建筑风格时期，螺线就备受青睐，事实上，它的装饰风格的巨大活力也为那些艺术增添了无限的光彩。

一、数学家的墓碑

数学创作是美妙的杰作，如同画家的颜色和诗人的词汇一样，应当具有内在的和谐一致。对于数学成果来说，美是它的试金石，世界上不存在畸形、丑陋的数学。因此，数学家们十分珍惜自己的劳动成果，尤其是他们一生中的得意之作。数学家们生前曾为数学而献身，在他们死后的墓碑上仍系着与数学的不解之缘。阿基米德墓碑上刻着"球内切与圆柱"的图形，以纪念他发现"球的体积和表面积均为其外切圆柱的体积和表面积的三分之二"的著名定理。高斯在完成了正十七边形的作图后，坚定了终生从事数学研究的决心，并提出"我死后，请后人在我的墓地建立一座正十七边形的墓碑"。后来，在高斯的故乡布伦什维克留下了一座正十七边形的纪念碑。16世纪德国数学家鲁道夫花了毕生精力，将圆周率算到小数点后23位，后人称为"鲁道夫数"，并将这个数刻在了鲁道夫的墓碑上以示铭记。数学家雅各布·伯努利出生于瑞士巴塞尔的数学世家，其祖孙四代中出现了几十位著名数学家。伯努利深入研究了对数螺线，发现其有很多美妙的性质，如它的渐伸线和渐屈线都是对数螺线，从极点到切线的垂足轨迹也是对数螺线,以极点为光源经对数螺线反射后得到的直线族的包络线(即与这些直线都相切的曲线)仍是对数螺线,等等。他生前在数学上有许多杰出的工作,可他对对数螺旋线情有独钟,以致他死后,墓碑上就刻着一条对数螺线。同时,碑文上还写着"虽然改变了,我还是和原来一样(或译为我将按着原来的样子变化后复活)"!这是一句刻画对数螺线性质和他对螺旋线无限热爱的双关语,也成为数学史上的一段佳话。

二、螺线

螺线,也称为螺旋线,顾名思义是一种貌似螺壳的曲线。这个名词源于希腊文,它的原意是"旋卷"或"缠卷"。平面螺旋就是以一个固定点开始向外逐圈旋绕而形成的曲线。

螺线是一种迷人的曲线,它的性质可以从与圆的比较中感受一二。圆是一条封闭的曲线,它的周长是有限的,其上每一点到圆心都等距离,每一点的切线都与这一点和圆心的连线相互垂直。而螺线是一条开放的曲线,它可以不断地绕下去,其长是无限的,其上的点到它的始点的距离是两两不同的,每一点处的切线与这一点和始点的连线不垂直,而是形成一个钝角,不同点处所形成的角也未必相等。如果这些角都相等,则称这样的螺线为等角螺线或对数螺线(见图7-1)。螺线还有一些有趣的性质,例如,无论把螺线放大或缩小多少倍,其形状均不改变(正像把一个角放大或缩小多少倍,角的度数不会改变一样)。这大概就是伯努利墓碑上那句耐人寻味的话语的含义吧。你还可以做一个有趣的试验,把一张

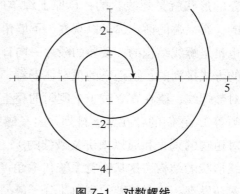

图7-1 对数螺线

画有螺线的纸绕螺线始点旋转，随着旋转方向的不同（顺时针或逆时针），可以看到螺线似乎在长大或缩小。

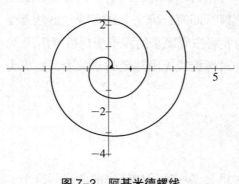

图 7-2　阿基米德螺线

2 000 多年以前，古希腊数学家阿基米德就在他的《论螺线》一书中对螺线进行了深入的研究，得到了阿基米德螺线（见图 7-2），并且用它解决了三大几何作图难题中的三等分角和化圆为方问题。在极坐标系下，阿基米德螺线有极为简洁的解析式：$\rho = a\theta$。

著名数学家笛卡儿于 1683 年首先描述了对数螺线，并且列出了在极坐标下螺线的解析式：$\rho = e^{a\theta}$。

三、螺线与生命现象

英国科学家柯克在研究了螺线与某些生命现象的关系后，曾感慨地说："螺线——生命的曲线。"这句话的道理在哪里？我们来看看下面这些生物。蜗牛或一些螺类的小动物对我们来说并不陌生，它们外壳的形状就是螺线状的；草原上绵羊的弯曲的角也是呈螺旋状生长的；有兴趣的话，你可以观察一下墙角上蜘蛛的网，你会发现这些网也是呈螺线结构的；菠萝的鳞片、向日葵花盘上的种子也是按照螺线的方式排列的；从松塔的顶端往下看，一条条弯曲的线条非常近似于对数螺线；绕在直立枝干上爬附的蔓生植物（如牵牛花、菜豆类、藤类等），它们的叶在茎上排列，也呈螺线状（据研究，这种排列方式对植物的采光和通风来讲是最佳的）；人与动物的内耳耳轮也有着螺线形状的结构（这从听觉系统传输角度来讲是最优的形状）；生物学家还发现：生命基础的蛋白质分子链的排列也是螺线形……试想，从这些生命现象中总结一句"螺线是生命的曲线"不算过分吧！

　　生活中有一些特殊的运动所产生的轨迹也是螺线。一只蚂蚁以不变的速率在一个均匀旋转的唱片中心沿半径向外爬行，结果蚂蚁本身就描绘出一条螺线；可爱的松鼠绕着树干朝上爬是很有趣的，其实松鼠所走的路线也是螺线；蝙蝠从高处往下飞，也是按空间螺线——锥形螺线的路径飞行的；星体的运行轨迹有的也是螺线。日本国家天文台的中井直政博士在对银河系中部的气体密度进行了为期 3 年的观察研究后认为，银河系是呈螺旋状的，即星体从圆心呈螺旋状向外扩。

　　螺线现已被广泛应用于各个方面，如机械上的螺杆、螺帽、螺钉和日常用品的螺丝扣等。枪膛中的膛线也是螺线，被称为"世界七大奇观"之一的意大利比萨斜塔的楼梯也是一条有 294 个台阶的螺线。美国加州设计师还向车前草借鉴了螺旋式排列叶子的采光原理，设计了一幢 13 层的螺旋状排列的大楼，结果证明，这样的构造使得每个房间都能得到充足的阳光。

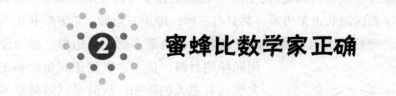

② 蜜蜂比数学家正确

一、奇妙的蜂房

　　蜜蜂是大家所熟悉的小动物，它们整天忙忙碌碌，采花酿蜜，造福人类，是勤劳的象征。为了储藏蜂蜜和养育后代，一群蜜蜂可以在一昼夜间盖起成千上万间精致的蜂房。蜜蜂真可谓卓越的建筑师！你也许不曾留意过蜂房，令人惊奇的是，每一间蜂房都是一个六角形柱状体，它的一端有一个平整的六角形开口，另一端则是闭合的六边形棱锥的底。千百间蜂房紧密地排列在一起。每一间蜂房的墙壁同时又是另外六间蜂房的墙壁，密密层层，紧紧连成一片，而在这一片蜂房的底面上又筑起了另一片蜂房，向相反一面开口。这样，两片蜂房共用一个底。蜂房的不寻常的结构吸引了许多人的注意，历史上不少科学家曾研究过蜂房，蜂房奇特的结构至今仍使许多人感兴趣。

二、蜂房构造的研究

有关蜂房构造的最早的数学文献是希腊亚历山大时期帕普斯（Pappus）所作的《数学汇编》，在卷 5 中研究了一个十分有趣的问题：蜜蜂的智慧。对于蜂房的构造，有一段很精辟的描写："诚然上帝以至善尽美的睿智和数学思考赋予人类，但也分惠于视似愚蠢的动物……至今令人叹为观止的是蜜蜂……蜂房是储藏蜂蜜的仓库，它是许许多多相同的六棱柱形一个挨着一个构成的，中间没有一点空隙，这种优美设计的最大优点就是避免杂物的掺入，弄脏了这些纯洁的产品。蜜蜂希望有匀称规则的图案，也就是需要等边等角的图形。铺满整个平面区域的正多边形一共只有三种，即正三角形、正方形和正六边形。蜜蜂凭着自己本能的智慧选择了角最多的正六边形，因为使用同样的材料，正六边形比正三角形和正方形具有更大的面积，从而可以储藏更多蜂蜜。人类所知胜于蜜蜂，我们知道在周长相等的正多边形中，边数越多，面积越大……"蜂房的奇妙结构不仅仅是表面为正六边形。通过进一步观察，科学家们发现，蜂巢的底是尖的。它是由三个大小完全相同（全等）的菱形蜡板彼此毗邻相接拼成的（如图 7-3 所示）。

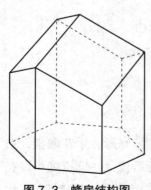

图 7-3　蜂房结构图

　　蜂房为什么会呈现这种形状？蜂房这一奇特的空间构造形式引起了许多科学家们的关注。法国自然科学家马拉尔蒂（G. F. Maraldi）曾对蜂房进行考察，并在 1712 年著文《蜜蜂的观察与研究》。文中指出：蜂房的底由三块全等的菱形板块组成，每个菱形的锐角都等于 70°32′，钝角则都是 109°28′。不久之后，法国物理学家雷奥米尔（de Réaumur）设想蜂房之所以采取这种结构并非偶然，是出于节约建材（蜂蜡）的需要。他特地提出下述问题请教巴黎科学院院士德国数学家柯尼格（J. S. Koenig）：怎样选择三个全等的菱形为顶盖来封闭一个正六棱柱，使这个立体含有相同的容积，而表面积最小？柯尼格很重视这个问题，经过认真思考后，在《法国科学院学报》上发表简报，报道了他的结果。不过计算的结果却是菱形的两角大小为109°26′ 和 70°34′，与马拉尔蒂测量的角度只有两分之差。一个是实地测量出来的，一个是数学家计算出来的，两者相差两分，究竟谁对谁错一时成了不解之谜。人们认为蜜蜂解决这样复杂的极值问题只有两分的误差，是完全允许的。柯尼格甚至说蜜蜂解决了超出古典几何范围而属于牛顿、莱布尼茨微积分的问题。但他的计算始终没有发表，只是在法国《科学院论文集》（1739 年）上刊登了一个简介，至今人们都不知道他用的是什么方法。

　　事情并没有完结，麦克劳林（C. Maclaurin）是 18 世纪英国最具有影响力的数学家之一，他在数学分析各种课题中屡建殊勋，对蜂房的极值问题也做出过系统研究。他于 1743 年在爱丁堡研究蜂房的结构，并著文《论存放蜜的蜂房的底》，得到了更惊人的结果。他用初等几何方法，算出最省材料的菱形钝角是 109°28′，锐角是 70°32′，和马拉尔蒂测量的结果不差分毫。前面两分的误差并不是因为蜜蜂建造蜂房不准确，而是柯尼格算错了。于是，"蜜蜂正确而数学家错误"的说法便不胫而走，使蜂房问题增加了传奇色彩。后来人们才发现也不是柯尼格的错，原来是他所使用的对数表有一个印刷错误。（对数表的错误也是偶然被发现的——有一艘船由于应用柯尼格使用过的对数表来确定经纬度而不幸沉没。）

三、蜂房包含的数学问题

从上面的论述我们很容易看出来，蜂房结构包含着如何选择蜂巢的底部图形并让它们以怎样的角度相拼接，才能使得立体的体积达到最大的数学问题。对于这个问题，我们前面已经讲述了诸学者的研究及其结论。现在我们再来看看蜂房结构所包含的另外两个数学问题。

第一个问题是：如果用正 n 边形铺满一个平面，使得每两个正 n 边形之间都没有空隙，有几种方式？

这个问题很容易解决：如果用正 n 边形铺满平面而无空隙，由于正 n 边形的每个内角为 $\dfrac{(n-2)\times 180°}{n}$，于是 k 个 n 边形的公共顶点处拼成一个圆角（即 $360°$）表明

$$\frac{(n-2)\times 180°}{n}\times k = 360°$$

解得 $n = \dfrac{2k}{k-2}$，利用整数的知识可以得到，这样的正 n 边形只有正三角形、正方形和正六边形这三种图形。

第二个问题是：在周长相等的条件下，正三角形、正方形和正六边形这三种图形，哪种图形的面积最大？

蜜蜂选择的是正六边形，它们为什么会选择正六边形，而不选择正三角形和正方形呢？下面我们从纯数学的角度来讨论这个问题。

设现有周长均为 a 的正三角形、正方形和正六边形各一个，我们分别来计算这三种正多边形的面积。对于周长为 a 的正三角形，其边长为 $\dfrac{a}{3}$，高为 $\dfrac{a}{3}\sin 60° = \dfrac{\sqrt{3}}{6}a$，从而得到它的面积为 $\dfrac{1}{2}\cdot\dfrac{a}{3}\cdot\dfrac{a\sqrt{3}}{6} = \dfrac{\sqrt{3}a^2}{36}$。对于周长为 a 的正方形，其边长为 $\dfrac{a}{4}$，从而可以得到它的面积为 $\dfrac{a^2}{16}$。对于周长为 a 的正六边形，其边长为 $\dfrac{a}{6}$，因为正六边形可以看作由六个正三角形组成的，而且该正三角形的边长即正六边形的边长为 $\dfrac{a}{6}$，从而可以得到正六边形的面积为正三角形的面

积的 6 倍，即 $\dfrac{\sqrt{3}a^2}{24}$。比较三者的面积 $\dfrac{\sqrt{3}a^2}{36}$、$\dfrac{a^2}{16}$ 和 $\dfrac{\sqrt{3}a^2}{24}$，可以知道周长相等的情况下，三种图形中正六边形的面积最大。由此可知，表面积和高一定的情况下，正六棱柱的体积也是最大的。由此我们也就明白了蜜蜂用正棱柱构筑蜂房时，为了使蜂房卫生就不能留空隙，只能用正三棱柱、正四棱柱和正六棱柱。而为了在材料（蜂蜡）一定的情况下使蜂房的容积最大，只能选用正六棱柱。小小的蜜蜂怎么会知道这么深刻的道理，这真是不可思议，大自然就是这么奇妙！

四、蜂房的影响

小小的蜜蜂在人类有史以前所解决的问题竟要 18 世纪的数学家用高等数学才能解决，"小小蜜蜂""科学院院士""高等数学""对数表印错了"这些关键词放在一起，是多么有趣！这诚如伟大的生物学家达尔文所说：蜂房的精巧构造十分符合需要，如果一个人看到蜂巢而没有倍加赞扬，那他一定是糊涂虫。一直以来，蜜蜂的蜂房结构的精确性和优美性吸引了数学、物理学、生物学、行为学甚至是遗传学的众多学者的关注，蜜蜂在节省材料方面使最优秀的建筑师也会却步。蜜蜂怎么会造出这样的角度来？帕普斯认为，蜂蜜造出六角形的蜂房是出于一种"几何的深谋远虑"。其实这只是动物的本能。长期以来，人们都认为是蜜蜂有意识地建造完美的六角形蜂房，称蜜蜂是"天才的建筑师"，但至今无法解释蜜蜂是如何测量出如此精确的角度和宽度的。现在，人类模仿蜂房的构造，在建筑、航空、航天等许多尖端科学邻域都有应用。这也是仿生学的一个新课题。人们从蜂巢工艺的启示中设计出许多质轻、耐用、隔音、隔热的"蜂窝结构"，广泛应用于飞机、火箭和建筑工程。

神奇的莫比乌斯带

一、一个小故事

有一个小偷偷了一位很老实的农民的东西，并被当场捕获，有人将小偷送到县衙，县官发现小偷正是自己的儿子，于是在一张纸条的正面写上：小偷应当放掉，而在纸的反面写上：农民应当关押。县官将纸条交给执事官去办理。聪明的执事官将纸条扭了个弯，用手指将两端捏在一起。然后向大家宣布：根据县太爷的命令放掉农民，关押小偷。县官听了大怒，责问执事官。执事官就将纸条捏在手上拿给县官看，从"应当"二字读起，确实没错。仔细观看字迹，也没有涂改，县官不知其中奥秘，又看到确实是自己的字迹，只好自认倒霉。县官清楚是执事官在纸条上做了手脚，怀恨在心，伺机报复。一日，又拿了一张纸条，要执事官仅用一笔将正反两面涂黑，否则就要将其拘役。执事官不慌不忙地把纸条扭了一下，粘住两端，提起毛笔在纸环上一划，又拆开两端，只见纸条正反面均涂上黑色。县官的诡计又落空了。

当然现实生活中可能不会发生这样的故事，但是这个故事却很好地反映出一个很有名的几何体的特点，这个几何体就是 1858 年由德国数学家莫比乌斯（A. F. Möbius）发现的具有魔术般神奇性质的单面纸带（后人称之为"莫比乌斯带"）：将一个长纸条的一头扭转 180°后再将两头粘起来。普通纸带具有两个面（即双侧曲面，见图 7-4），一个正面，一个反面，两个面可以涂成不同的颜色；而这样粘起来的纸带只有一个面（即单侧曲面，见图 7-5），只能不间断地涂上一种颜色；而且一只蚂蚁可以爬遍整个曲面而不必跨过它的边缘！

图 7-4 双侧曲面

图 7-5 莫比乌斯带（单侧曲面）

二、莫比乌斯带的特性

如果在裁好的一张纸条正中间画一条线，粘成"莫比乌斯带"，再沿线剪开，把这个圈一分为二，照理应得到两个圈儿。事实上，你会惊奇地发现，纸带不仅没有一分为二，反而剪出一个两倍长的纸圈。我们可以把上述纸圈再一次沿中线剪开，这次可真的一分为二了！得到的是两条互相套着的纸圈，而原先的两条边界则分别包含于两条纸圈之中，只是每条纸圈本身并不打结罢了。如果在纸条上划两条线，再粘成莫比乌斯带，用剪刀沿线剪开，剪刀绕两圈后竟然又回到原出发点。猜一猜，剪开后的结果是什么，是一个大圈，还是三个圈？它究竟是什么呢？你自己动手做这个试验就知道了。事实上，它变成了缠绕在一起的两个圈，而且一个是大圈，一个是小圈。

关于莫比乌斯带的单侧性，可用如下方法直观地了解。如果给莫比乌斯带着色，笔始终沿曲面移动且不越过它的边界，最后可把莫比乌斯带两面均涂上颜色，即区分不出哪是正面，哪是反面。对圆柱面则不同，在一侧着色不通过边界不可能对另一侧也着色。单侧性又称不可定向性。以曲面上除边缘外的每一点为圆心各画一个小圆，对每个小圆周指定一个方向，称为相伴该曲面圆心点的指向。若能使相邻两点相伴的指向相同，则称曲面是可定向的，否则称为不可定向的。莫比乌斯带是不可定向的。

数学上，可以写出莫比乌斯带的参数方程：

$$x(u,\ v)=\left(1+\frac{v}{2}\cos\frac{u}{2}\right)\cos u$$

$$y(u,\ v)=\left(1+\frac{v}{2}\cos\frac{u}{2}\right)\sin u$$

$$z(u,\ v)=\frac{v}{2}\sin\frac{u}{2}$$

其中 $0\leqslant u<2\pi$，$-1\leqslant v\leqslant 1$。这个方程组表示一个边长为 1、半径为 1 的莫比乌斯带，参数 u 在 v 从一个边移动到另一个边时环绕整个带子。

三、莫比乌斯带的应用和发展

莫比乌斯带的概念被广泛地应用于建筑、艺术、工业生产。比如，它为很多艺术家提供了灵感，荷兰版画家埃舍尔就在他的木刻作品里利用了这个结构，最著名的就是 1963 年的《红蚁》（见图 7-6），图画表现了一些蚂蚁在莫比乌斯带上前行。莫比乌斯带也经常出现在科幻小说中，比如亚瑟·克拉克的《黑暗之墙》。科幻小说常常想象我们的宇宙就是一个莫比乌斯带。由多尔奇创作的短篇小

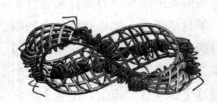

图 7-6 埃舍尔《红蚁》

说《一个叫莫比乌斯的地铁站》为波士顿地铁站创造了一个新的行驶线路，整个线路按照莫比乌斯带方式扭曲，走入这个线路的火车都消失不见了。另外一部小说《星际迷航：下一代》中也用到了莫比乌斯带空间的概念。

运用莫比乌斯带原理，我们可以建造立交桥和道路，避免车辆和行人的拥堵。莫比乌斯带在生活和生产中也有一些更常见的用途。例如，传送机械动力的皮带就可以做成莫比乌斯带状，这样皮带就不会只磨损一面了。如果把录音机的磁带做成莫比乌斯带状，磁带就只有一个面，就不存在正反两面的问题了，也就不存在翻磁带的问题了。

同样的道理，打印机中的色带做成莫比乌斯带结构，就可以延长其使用寿命。

　　虽然莫比乌斯带很神奇，但美中不足的是它具有一条非常明显的边界。1882 年，另一位德国数学家克莱因（F. Klein）找到了一种自我封闭而没有明显边界的模型，后来以他的名字命名为"克莱因瓶"（见图 7-7）。

图 7-7　克莱因瓶

　　仔细观察该图，我们会发现，这是一个像球面那样封闭（也就是说没有边）的曲面，但是它却只有一个面。在图 7-7 中我们看到，克莱因瓶的确就像一个瓶子。它的瓶颈被拉长，然后似乎穿过了瓶壁，最后瓶颈和瓶底圈连在了一起。如果瓶颈不穿过瓶壁而从另一边和瓶底圈相连，我们就会得到一个轮胎面。我们可以说一个球有两个面——外表面和内表面，如果一只蚂蚁在一个球的外表面上爬行，那么如果它不在球面上咬一个洞，就无法爬进内表面。轮胎面也是一样，有内外表面之分。但是克莱因瓶却不同，我们很容易想象，一只爬在"瓶外"的蚂蚁，可以轻松地通过瓶颈爬到"瓶内"去。事实上克莱因瓶并无内外之分！克莱因瓶与莫比乌斯带是如此相似，以至它们可以相互制造：如果我们把两条莫比乌斯带沿着它们唯一的边粘起来，就得到了一个克莱因瓶，不过我们必须在四维空间中才有可能完成这个粘合，否则就不得不把纸撕破一点。同样地，如果把一个克莱因瓶适当地剪开，就能得到两条莫比乌斯带。

四、莫比乌斯带和拓扑学

　　莫比乌斯带是一件数学珍品，它催生了全新的数学分支——拓扑学。拓扑学是一门研究几何图形在连续改变形状时的一些特征和规律的科学（"莫比乌斯带"被称为拓扑学中最有趣的单侧曲面问题之一），但拓扑学不是研究大家最熟悉的普通的几何学性质，而是研究图形的一类特殊性质，即所谓的"拓扑性质"。尽管拓扑性质是图形的一种很基本的性质，但它却具有很强的几何直观性，而且很难用简单通俗的语言来准确地进行描述。我们将在下一节给出拓扑学的稍微详细的介绍。

4 橡皮几何——拓扑学

　　德国数学家黎曼（G. F. B. Riemann）是黎曼几何和黎曼积分的创始人，复变函数论的创始人之一。早在哥根廷大学学习期间，黎曼就发现人们对莫比乌斯带等新的几何图形及思想有浓厚的兴趣。他当时在做复变函数论的研究，意识到这类新的几何学是理解复变量解析函数最深刻性质的关键，由此他引进黎曼曲面，推动了拓扑等价问题的研究。拓扑学是一门年轻而富有生命力的学科，是十分重要的基础性的数学分支，它与微分几何、动力系统等学科有着十分密切的联系，它的许多概念、理论和方法在数学的其他分支中有着广泛的应用，甚至在物理学、经济学等部门也有许多应用。因此，20世纪以来拓扑学是数学中发展最迅猛、研究成果最丰富的领域之一。

一、拓扑是什么？

19 世纪的几何学的若干发展结晶成为几何学的一个新的分支，在过去的很长一段时间里，人们把这门新的学科叫作位置分析（analysis situs），现在把它叫作拓扑（topology）。暂且粗浅地讲，拓扑学所研究的是几何图形的一些性质，它们在图形被弯曲、拉大、缩小或任意变形下保持不变，只要在变形过程中既不使原来不同的点熔化为同一个点，又不产生新的点。换句话说，这种变换的条件是：在原来图形的点与变换了的图形的点之间存在一一对应，并且邻近的点变换之后还是邻近的点（这个性质叫作连续性）。因而，要求的条件便是，这个变换和它的逆变换都是连续的。拓扑学中将这样的变换称为同胚（homeomorphism）或拓扑变换。拓扑有一个通行的形象的"外号"——橡皮几何学（rubber-sheet geometry），因为如果图形都是用橡皮做成的，就能把许多图形变形为同胚的图形。例如，一个橡皮圈能变形为一个圆圈或一个方圈，它们是同胚的；但是一个橡皮圈和阿拉伯数字 8 是不同胚的，因为如果不把圈上的两个点熔化成一个点，圈就不会变成数字 8。

按照 20 世纪所理解的，拓扑分成两个有些独立的部分：点集拓扑和代数拓扑。前者把几何图形看作点的集合，又常把这整个集合看作一个空间。后者把几何图形看作由较小的构件组成，正如墙壁是用砖砌成的一样。对于点集拓扑的概念和代数拓扑的概念，我们将在下面作进一步的论述。

拓扑有很多不同的起源，与数学的大多数分支一样，先有了许多成果，之后才认识到它们归属于一个新科目或被一个新科目所概括。就拓扑而言，克莱因在他的"埃尔兰根纲领"（第 38 章第 5 节）里就至少勾画出了这一崭新而重要的研究领域的可能性。

二、点集拓扑

从康托尔开创点集理论，到约当、波雷尔、勒贝格对它进行扩展，点集拓扑都并未涉及变换和拓扑性质。但是，拓扑所感兴趣的是把点集作为一个空间来看待。点集原本只是互不相关的一堆点，而空间则通过某种捆扎的概念使点与点之间发生关系，这是空间不同于点集的关键。例如，欧几里得空间中距离这一概念就表明点与点之间有多远，尤其是使我们能定义一个点集的极限点。其实这种捆扎的概念不一定是欧几里得的距离函数，也可以是其他距离函数。法国数学家弗雷歇（M. Fréchet）推广了距离的概念，并引进了度量空间这类空间。欧几里得平面就是一个度量空间。对于度量空间，说到一个点的邻域时，指的是离这个点的距离不超过给定距离的点的集合。事实上，对于一个给定的点集，甚至不必引进度量，还能用一些其他方式来确定某些子集作为邻域。这样的空间叫作具有邻域拓扑的空间。这是度量空间的一个推广。德国数学家豪斯多夫（F. Hausdorff）把拓扑空间定义为一个集合，连带着与它的每个元素 x 相关的一族子集 U_x。这些子集叫作邻域，它们必须满足以下条件：

● 每个点 x 至少有一个邻域 U_x，每个 U_x 含有这个点 x。

● x 的任意两个邻域的交还含有 x 的一个邻域。

● 如果 y 是 U_x 的一个点，则存在一个 U_y，使得 $U_y \subseteq U_x$。

● 如果 $x \neq y$，则存在 U_x 和 U_y，使得 $U_x \cap U_y = \varnothing$。

点集拓扑的基础是若干基本概念。除了邻域，还有极限点、开集、闭集、闭包、连通等。点集拓扑的基本任务是发现在连续变换和同胚下保持不变的性质。

三、代数拓扑

拓扑学的另一个偏重于用代数方法来研究的分支叫作代数拓扑学。它使用抽象代数的工具（如群、空间等）来研究拓扑学。

　　一个赋以拓扑的集合叫作拓扑空间，它可以看作最简单的欧几里得空间的一种推广。给定任意一个集，在它的每一个点赋予一种确定的邻域结构便构成一个拓扑空间。拓扑空间是一种抽象空间，这种抽象空间最早由法国数学家弗雷歇于 1906 年和匈牙利数学家里斯 (F. Riesz）于 1907 年首先引进。弗雷歇用收敛序列、里斯用聚点分别定义了他们的拓扑空间。但里斯的定义过于一般化且比较复杂，弗雷歇的定义又过于狭窄。豪斯多夫于 1914 年给出了第一个令人满意的拓扑空间的定义。豪斯多夫把拓扑空间定义为一个集合，并使用了"邻域"概念，根据这一概念建立了抽象空间的完整理论，后人称他建立的这种拓扑空间为豪斯多夫空间。

　　近几十年来拓扑空间理论仍在继续发展，不断取得新的成果。

　　其实，早在 17 世纪，莱布尼茨就在他的《几何特性》里试图阐述几何图形的基本几何性质，采用特别的符号来表示它们，并对它们进行运算以产生新的性质，他把他的研究称为位置分析或位置几何学。1679 年，他在给荷兰数学家、物理学家惠更斯的一封信里说明，他不满意坐标几何研究几何图形的方法，因为这种方法除了不直接和不美观之外，关心的只是量，而"我相信我们还缺少一门分析的学问，它是真正几何的和线性的，它能直接地表示位置（situs），如同代数表示量一样。"莱布尼茨对于他所拟建立的东西给出了某些例子。虽然他的着眼点在于那些几何算法，认为它们会给出纯几何问题的解，但他的例子仍然含有度量性质。或许因为他对于所寻求的那种几何并不明确，他的想法和符号并没有引起惠更斯的热忱。但是，从莱布尼茨所表达的思想来看，他已经接触到了拓扑理论的雏形。

眼见未必为实

古往今来，不可能的图形（即自相矛盾的图形）一直激发着艺术家、数学家们的智慧，早期的不可能图形大概是由艺术家们的错误的透视画法造成的，也有的是画家（或数学家）故意设计的。

一、不可能图形

（1）不可能的三角形（三节棍）。

图7-8　不可能的三角形

在 1958 年美国的《心理学杂志》上，罗杰·彭罗斯发表了他的一个不可解的三节棍，如图 7-8 所示。他称之为立体的矩形构造：三个直角同时显示出垂直，但它是不可能存在于空间的，因为在这里三个直角似乎成了一个"三角形"，但三角形是平面图形而非立体图形，三个内角之和为 180°，而非 270°。

（2）不可能的柱子。

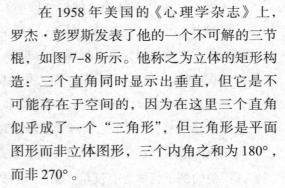

仔细观察图形（见图 7-9），我们会发现：如果从图形的下侧看起，这个图形是由两根方柱构成的，但是从图形的上侧看下来，该图形则是由三根圆柱子构成的，三根圆柱子和两根方柱子怎么会完美地连接成一个整体呢？事实上，这说明该图为

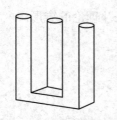

图7-9　不可能的柱子

一个不可能的图形。

（3）不可能的架子。

仔细观察右面这个图形（见图 7-10），从左边看起，你会发现，中间那部分是突出来的，但是如果你从右边看过来，会惊奇地发现，中间那部分却

图 7-10 不可能的架子

是凹下去的。这两种不同形状的图形怎么会这么好地衔接为一个整体呢？从而我们可以得出结论：这个架子是不可能存在的（我们也可以从架子上那些球的位置得到这个结论）。

我们再来看看这几幅比较经典的自相矛盾的不可能存在的图形（见图 7-11 至图 7-13），究竟会有怎样的奥秘呢？它们为什么是不可能图形呢？相信大家看完之后都会有自己的体会。

图 7-11 不可能的方柱

图 7-12 不可能的圆环

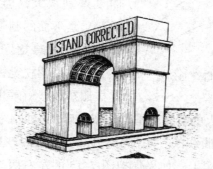

图 7-13 不可能的城门

二、欺骗眼睛的图形

通过我们的观察，发现上面这些图形是不可能存在的，而且经过理性的分析，也会得到和眼睛看到的同样的结论。但是还有这么一些图形，它们会欺骗我们的眼睛，让我们产生一些错觉。这些图形也具有自己的独特魅力，让世人不由地惊叹图形的奇妙。

（1）谢泼德桌面：两个桌子型号一样吗？

虽然图 7-14 中的图形是平面的，但它表示的却是一个三维物体。乍一看，我们会发现图中的两个桌面是形状各异的（至少在尺寸上存在差异）。事实上，经过测量，我们会发现这两个桌面的形状和大小完全相同。桌子的边缘给你的感观提示影响你对桌子形状作出正

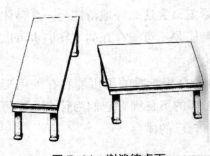

图 7-14　谢泼德桌面

确的三维解释。这个奇妙的幻觉图形清楚地表明，你的大脑并不按照它所看到的现象进行逐字解释。斯坦福大学的心理学家罗杰·谢泼德创作了这幅让人容易产生错觉的图形。

（2）托兰斯肯弯曲幻觉：三段圆弧弯曲程度一样吗？

图 7-15 中的三个圆弧看起来弯曲度差别很大，但实际它们完全一样，只是下面的圆弧比上面的圆弧短一些，让人感觉好像上面的更弯一些。这也说明视觉神经末梢最开始只是按照短线段解释世界，当线段的相

图 7-15　托兰斯肯弯曲幻觉

关位置在一个更大的空间范围延伸概括后，弯曲才被感知到。所以如果给定的是一条曲线的一小部分，你的视觉系统往往不能正确地察觉它是曲线。事实上，如果你把图 7-15 的左右两端都遮起来，使得

三段圆弧都剩下长度相同的部分，这时你就会发现这三段圆弧是平行的。

（3）伯根道夫环形幻觉：圆圈缺口部分的两端能完整地接上吗？

仔细观察图7-16，图形的左右两部分是两个端点没有连在一起的圆弧，乍一看，也许我们会断然得到这么一个结论：即使把左右两个圆弧的端点用圆弧连在一起，它们也不会成为一个完整的圆圈，因为左边圆弧的弯曲部分显得比右边的小一点，即左边圆弧的曲率比右边圆弧的曲率小，从而应该不是同一个圆的不同部分。事实上，这两部分是一个完好的圆的两部分。

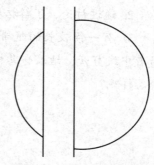

图7-16　伯根道夫环形幻觉

（4）埃冰斯幻觉：两个圆一样大吗？

观察下面这个由若干个圆构成的图形（见图7-17），也许仅凭肉眼的观察你会得出结论：左右两个图形内部的圆大小不一样。事实上，这两个内部圆的大小完全一样。当一个圆被几个较大的圆包围时，它看起来要比那个被一些圆点包围的圆小一些。埃冰斯创造了这个容易让我们的眼睛受骗的图形。

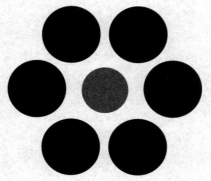

图7-17　埃冰斯幻觉

思考题

1. 为什么蜂房由正六棱柱组成，并且以三个全等的菱形为顶盖？

2. 通过讨论，了解拓扑学与欧几里得几何学的不同之处。

3. 有一条较长的纸带，将其扭转 $360°$ 后再将两端粘合在一起，沿着中线剪开，结果会怎样呢？如果沿着其边的 1/3 处剪开，结果又会怎样呢？

第八讲　人类智力大PK

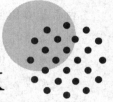

——三大古典几何难题

　　数学难题对于数学家来说，就如同尚未被征服的高峰对于登山者一样，有着经久不衰的魅力，现在我们耳熟能详的费马大定理、哥德巴赫猜想便是最好的例子。如果回到遥远的公元前5世纪的古希腊时代，我们会发现，希腊人所提出的三大作图难题也是如此。这三大问题从提出到彻底被证明为不可能的，经过了2 300多年的漫长之旅。

　　古希腊人非常重视直尺—圆规作图，以训练人的逻辑思维能力，发展其智力。因此，他们严格地限制了直尺和圆规这两种作图工具的使用：

　　• 作图时，只能有限次使用直尺和圆规；

　　• 不能利用直尺上的刻度和其他记号；

　　• 不能把直尺和圆规合并使用，也不能把几个直尺或圆规合并使用。

　　在这些限制下，即便是一些看似比较简单的几何作图也无法完成。其中最著名的是被称为"三大几何难题"的三个古希腊作图问题，即三等分任意角问题、立方倍体问题和化圆为方问题。当时很多有名的希腊数学家都曾着力研究过这三大难题，但是由于尺规作图的限制都未能如愿。两千多年来，多少人为之绞尽脑汁，均以失败告终。直到 19 世纪，人们才逐渐证明了这三个问题是不可能用"尺规作图"来实现的，这才结束了历史上两千多年的数学难题公案。（我们现在不必再去搞什么"三大几何难题"，避免再步前人失败的后尘。）值得一提的是，如果允许借助其他工具或曲线，这"三大难题"都可以顺利解决，也就不成为"难题"了。本讲将详细地介绍三大几何难题的历史，证明它们是不可解决的，并介绍数学家们在试图解决这些问题的过程中派生出来的一些优美的几何问题。

三大几何难题的传说

一、三等分任意角问题

"给定一个角，仅用圆规和直尺将此角三等分。"这是历史最为久远、流传最为广泛、耗费人力和精力最多的一道几何作图题。关于这个问题，有一个美丽的传说。

公元前 4 世纪，托勒密一世定都亚历山大城。亚历山大城郊有一片圆形的别墅区，圆心处是一位美丽的公主的居室。别墅中间有一条东西向的河流将别墅区划分为两半，河流上建有一座小桥，别墅区的南北围墙各修建一个大门。这片别墅建造得非常特别，两大门与小桥恰好在一条直线上，而且从北门到小桥的距离与从北门到公主的居室的距离相等。过了几年，公主的妹妹小公主长大了，国王也要为小公主修建一片别墅。小公主提出她的别墅要修建得和姐姐的一样，有河、有桥、有南门和北门，国王答应了。小公主的别墅很快就动工了，但是，当建好南门，确定北门和小桥的位置时却犯了难，如何才能保证北门、小桥、南门在一条直线上，并且北门到居室和小桥的距离相等？要确定北门和小桥的位置，关键是算出夹角∠NSH。记 a 为南门 S 与居室 H 的连线 SH 与河流之间的夹角，如图 8-1 所示，则通过简单的几何知识可以算出，该问题相当于求作一个角，让它

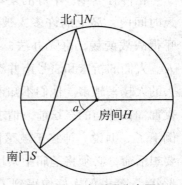

图 8-1 公主别墅分布图

等于已知角 $\pi - 2a$ 的三分之一，也就是三等分一个角的问题。工匠们试图用尺规作图法定出桥的位置，却始终未能成功。这个问题流传下来，就是著名的"三等分任意角"问题。

二等分任意一个角，用尺规是很容易解决的，有人就此也认为：三等分角的问题只是由二等分到三等分的一个小小的变化，应该没有什么困难。是的，古希腊每一位接触到这个问题的人都认为它简单，不假思索地拿起了直尺和圆规，但时间一天天过去了，人们始终也没有解决这个问题。这个问题也吸引了许多数学家和数学爱好者，从初学几何的少年到天才的数学家，从古希腊的阿基米德到 17 世纪的笛卡儿、牛顿等，都曾为这个问题绞尽脑汁，但没有人能够成功。无数次的失败使人们逐渐怀疑这个问题能否用直尺和圆规解决。直到 1837 年法国数学家旺策尔（P. L. Wantzel）从理论上证明了三等份任意角是无法用尺规完成的，才使人们走出了这座迷宫。

二、立方倍体问题

"作一个立方体，使其体积为给定立方体的两倍。"

希腊人在用尺规作出了一个正方形，其面积两倍于另一正方形的面积之后，试图解决如何用尺规作一立方体，其体积两倍于另一立方体的体积的问题。关于此问题的起源也有下面的一则传说。

相传有一年，平静的爱琴海的第罗斯岛上降临了一场大瘟疫，几天时间内，岛上的许多人被瘟疫夺去了生命，惨不忍睹，幸存的人吓得战战兢兢，毫无办法，纷纷躲进圣庙，祈求神灵保佑自己和家人。人们的祈求和哀号声并没有感动上苍，相反，瘟疫仍在蔓延，死去的人越来越多。他们不知道是什么事情触怒了神灵。心诚的人们日夜匍匐在神庙的祭坛前，请求神灵的宽容和饶恕，许多人在神坛前就倒下了。据说，神终于被感化了，并叫巫师传达了旨意："第罗斯人要想活命，必须将圣庙中祭坛的体积加大一倍，并且不能改变祭坛的形状。"活着的人好像得到了救命的灵丹妙药，马上就量好祭坛（正方体）的边长，连夜请工匠把边长加大一倍的新祭坛造好，送进了圣庙。人们好像完成了一项光荣的使命，等待神的宽恕。然而，时间一天天过去了，瘟疫更加疯狂肆虐，人们再次陷入极度的痛苦之中。在神坛前，人们说道："尊敬的神啊，请您饶恕我们第罗斯人吧，我们已经按照您的旨意办了，将神坛加大了一倍。"后来，巫师再次传达了神的旨意，巫师冷冷地说："你们没有满足神的要求，你们没有将祭坛加大一倍，而是加大了7倍，神灵将继续严惩你们……"人们终于明白了其中的道理，他们的确将祭坛加大为原来的8倍。但是如何将祭坛加大一倍呢？第罗斯人经过长时间的思考，无法解决，只好派人到首都雅典去请教当时最著名的学者柏拉图。柏拉图经过长时间的思考也无法解决，他搪塞说："由于第罗斯人不敬几何学，神灵非常不满，才降临了这场灾难。"

悲惨的故事可能是人们虚构的，但是其中提到的数学问题却在历史上赫赫有名。实际上，立方倍体问题的产生比传说要早。柏拉图以前的巧辩学派已致力于对它的研究，他们苦苦探求，却和第罗斯人一样一无所成。第一个给黑暗的困境带来希望的曙光的是数学家希波克拉底（K. Hippocrates，约公元前5世纪）。他原来是个商人，因商途遭劫，身无分文，于是来到当时的商业中心、美丽繁华的雅典谋生。在雅典期间，他与哲人为伍，渐渐掌握了几何。当时三大难题是数学家们研究的焦点，希波克拉底自然也被它们吸引住了。他发现若在 a,b 两线段之间找到两个比例中项 $x、y$，使得 $a:x=x:y=y:b$，就有 $a^3:x^3=a:b$。当 $b=2a$ 时即可得 $x^3=2a^3$。于是希波克拉底将倍立方问题转化为在两已知线段之间求两个比例中项，使其成连比例问题。

第一个在理论上取得巨大成功的是柏拉图的朋友、毕达哥拉斯学派的数学家、哲学家和政治家阿契塔斯（Archytas）。阿契塔斯的作图不是在平面上完成的，而是在三维空间中完成的，因而是倍立方问题的所有理论解法中最引人注目的。

三、化圆为方问题

"给定一个圆，作一个与其面积相同的正方形。"

化圆为方是三大几何作图难题中最具魅力的问题。它产生得很早，在公元前 5 世纪后半叶的雅典已广为流传，妇孺皆知了。公元 2 世纪的数学史家普鲁塔克（Plutarch）记述了一个关于这个问题的古老的传说。

公元前 5 世纪，古希腊数学家、哲学家安纳萨格拉斯（Anaxagoras）在研究天体过程中发现，太阳是个大火球，而不是所谓的阿波罗神。由于这一发现有悖宗教教意，安纳萨格拉斯被控犯下"亵渎神灵罪"而被投入监狱，并判处死刑。在监狱里，安纳萨格拉斯对自己的遭遇愤愤不平，夜不能眠。圆圆的月光透过正方形的铁窗照进牢房，安纳萨格拉斯对圆月和方窗产生了兴趣。他不断地变换观察的方位，一会儿看见圆比正方形大，一会儿看见正方形比圆大。最后他说："算了，就算两个图形的面积一样大好了。"于是，安纳萨格拉斯把"求作一个正方形，使它的面积等于一个已知圆的面积"作为一个尺规作图问题来研究。开始他认为这个问题很简单，不料，他花费了在监狱的所有时间都未能解决。后来，由于当时希腊的统治者裴里克里斯（Pericles）是他的学生，安纳萨格拉斯获释出狱。该问题公开后，许多数学家对此都很感兴趣，但没有一个人成功解出。这就是后来被称作"化圆为方"的问题。

安纳萨格拉斯的同代人希波克拉底在屡经尺规作图的失败后，不无遗憾地意识到：光靠直尺和圆规是不能解决化圆为方问题的。然而，他似乎并不甘心，虽未能实现化圆为方，却获得了化弓月形或弓月形与圆之和为方的结果（即月牙定理），我们将在本讲的第 3 节中讨论这个问题。

在化圆为方的历史上，苏格拉底的同代人、雅典巧辩学派的辩士安蒂丰（Antiphon）是第二个值得关注的人。安蒂丰从圆内接正三角形出发，在各边上作等腰三角形，得圆内接正六边形。在正六边形各边上重复同样的作法，得圆内接正十二边形。继续这个过程，安蒂丰说在某个时候我们将得到一个圆内接正多边形，其边长细微到与圆周重合。由于任一正多边形都可化方，因此我们就能化圆为方。安蒂丰不过是透过"无穷"的迷雾看到一座空中楼阁而已，他当然没能真正实现化圆为方。不过，他的通过不断倍增圆内接正多边形边数来穷竭圆面积的思想，对后来的希腊数学产生了深刻的影响。它是欧多克斯穷竭法的基础，阿基米德的圆周率求法正体现了它的实际应用价值。

❷　难题的"解决"

一、三等分任意角

（1）三等分任意角是尺规作图不能问题。

欧几里得在《几何原本》中轻松地写出了任意角平分的作图过程，这就很自然地引起人们猜想：任意角是否可以用尺规三等分？古希腊学者以及后来的数学家们纷纷投入对这一问题的研究中，并得到了这一问题的一些不同的解法。但是这些解法都超越了猜想的限制——仅用没有刻度的直尺和圆规来求解。直到19世纪旺策尔证明了只用尺规不能对任意角进行三等分，对这一问题的讨论才画上了句号。那么究竟为什么任意角不能用尺规三等分呢？下面我们给出简单的证明。

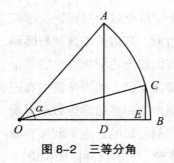

图 8-2 三等分角

设任意角 $\angle AOB = \alpha$，问题是要作出 $\dfrac{\alpha}{3} = \dfrac{1}{3}\angle AOB = \angle COB$（如图 8-2 所示）。

以 O 为圆心作单位圆，过 A 作 AD 垂直 OB 于 D 点，过 C 作 CE 垂直 OB 于 E 点，则可以记：$OD = a = \cos\alpha$，$OE = x = \cos\dfrac{\alpha}{3}$。显然如果能用尺规作出长度 x，E 点就可以找到，从而 C 点也可以找到，问题就迎刃而解了。从三角关系（三倍角公式）$\cos\alpha = 4\left(\cos\dfrac{\alpha}{3}\right)^3 - 3\cos\dfrac{\alpha}{3}$ 可以看出，该问题可以转化成三次方程 $4x^3 - 3x - a = 0$，这就是三等分任意角的代数方程。如果这个方程的根可以用尺规作图作出来，则根据刚才的讨论，角 $\dfrac{\alpha}{3}$ 就可以作出来，然而这个方程的根根本不能用直尺和圆规作出来，即使对于一些特殊情况也无法解决。当 $\alpha = 60°$，$\cos\alpha = \dfrac{1}{2}$ 时，上式变为：$4x^3 - 3x - \dfrac{1}{2} = 0$，亦即：$8x^3 - 6x - 1 = 0$。经变换 $y = 2x$ 可得：

$$y^3 - 3y - 1 = 0 \qquad\qquad ①$$

下面我们首先用反证法来证明该方程没有有理根。

假设有理数 $\dfrac{p}{q}$（其中 p, q 互素）为方程①的根，代入可得

$$\left(\dfrac{p}{q}\right)^3 - 3\left(\dfrac{p}{q}\right) - 1 = 0$$

化简即得

$$p^3 = q^2(3p + q)$$

我们可以断定 $q = 1$，否则 q 的素因子就为 q 和 p 的公因子，这与 q 和 p 互素矛盾。由 $q = 1$ 得 $p^3 - 3p - 1 = 0$，进而有

$$p(p^2 - 3) = 1$$

从而 $p = \pm 1$，但 ± 1 不是方程的根，这就表明方程 $y^3 - 3y - 1 = 0$ 没有有理根，即只有无理数根，并且，这些无理根不会是二次的。

另外，从解析几何可知，直线和圆分别是一次方程和二次方程的轨迹。尺规作图就是求直线与直线、直线与圆、圆与圆的交点问题，从代数上看来不过是解一次方程或二次方程组的问题，这些方程（组）的解可以由方程的系数（已知量）经过有限次的加、减、乘、除和开平方求得。因此，一个几何量能否用直尺圆规作出的问题，等价于它能否由已知量经过加、减、乘、除、开平方（指正数开平方，并且取正值）运算求得。而我们知道方程①的无理根不符合此要求，从而是不能用尺规作出的。对特殊情况 $\alpha = 60°$ 尚且是尺规不能解出来的，其一般情况更不可能通过尺规作图解决。

（2）用尺规以外的工具可以三等分任意角。

阿基米德螺线法：阿基米德设计的螺线用解析几何极坐标可表示为

$$\rho = \alpha\theta \quad (\theta \geqslant 0) \qquad ②$$

方程的图像易于作出（如图 8-3 所示），其中 O 为极点，OA 为极轴。图中只作出了方程②所代表的曲线的一段。

利用阿基米德螺线三等分任意角的作法是：图中 $\angle AOB$ 为一任意角，角的一边 OA 与极轴重合，另一边 OB 交螺线于 B，三等分线段 OB 于 P_1、P_2。以 O 为圆心，分别

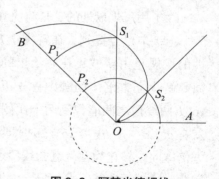

图 8-3 阿基米德螺线

以 OP_1、OP_2 为半径作圆弧，交螺线于 S_1、S_2。根据螺线方程②知：$\angle AOS_2 = \angle S_1OS_2 = \dfrac{1}{3}\angle AOB$，从而解决了 $\angle AOB$ 的三等分问题。值得一提的是，阿基米德在完成用螺线三等分任意角后，制定了

一个三等分任意角的等分器，这就大大方便了人们进行几何作图。

二、立方倍体

（1）立方倍体是尺规作图不能解决的问题。

对于立方倍体问题，经过许多科学家几千年的探索，很多种解法得以发现，但遗憾的是这些解法都不是只用直尺和圆规这两种工具完成的。只用直尺和圆规这两种工具的解法一直没有找到，当然这是不会找到的，因为立方倍体问题根本就不可能仅用直尺和圆规来完成。这是笛卡儿 17 世纪发明解析几何之后两个世纪（19 世纪）才得到的结论，这时离立方倍体问题最初的提出已足有两千多年的时间了。为什么立方倍体是尺规作图不能解决的问题呢？我们现在来证明一下。

假设原立方体边长为 a，所求体积加倍后立体的边长为 x，则根据题意有：$x^3 = 2a^3$，即 $\left(\dfrac{x}{a}\right)^3 = 2$。令 $z = \dfrac{x}{a}$，则有：$z^3 = 2$，即 $z = \sqrt[3]{2}$，而 $\sqrt[3]{2}$ 是一个开立方的无理数，是不能仅用直尺和圆规作出来的量，从而可以断定该问题用尺规作图不能成功。

（2）用尺规以外的工具解决立方倍体问题。

上一节已经提到，在解决立方倍体这一问题的过程中，最具突破性的发展是由希波克拉底给出的。他对该问题进行了化简，这一化简是解决立方倍体问题中首先迈出的最关键的一步。他发现，若在 a、b 两线段之间能找到两个比例中项 x、y，使得 $a:x = x:y = y:b$，就有 $a^3:x^3 = a:b$。当 $b = 2a$ 时即可得 $x^3 = 2a^3$。于是希波克拉底将立方倍体问题转化为在两已知线段之间求两个比例中项，使其成连比例问题。这表明以 x 为边长的立方体的体积为以 a 为边长的立方体的体积的 2 倍。从而，对该问题，我们只要找到 a 和 $2a$ 的比例中项就可以了。我们接下来看看在这个基础上对立方倍体问题的两种非尺规解法。

圆和双曲线法：法国数学家圣樊尚（de. S. Vincent）于 1647 年提

出了如下做法：在图 8-4 中，过长方形定点引一条双曲线，使其渐近线是长方形的两边（即 $x=0$，$y=0$）。双曲线和长方形外接圆的一交点 P 与两渐近线的距离是长方形边长 a、b 的比例中项。事实上，双曲线 $xy=ab$ 与外接于长方形的圆

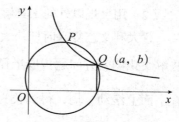

图 8-4 圆和双曲线法

$x^2+y^2-ax-by=0$ 的交点，除点 $Q(a, b)$ 外，还有点 $P(a^{\frac{2}{3}}b^{\frac{1}{3}},\ a^{\frac{1}{3}}b^{\frac{2}{3}})$。当 $b=2a$ 时，P 点的横坐标就是问题的解：$x=\sqrt[3]{2a}$。

圆和抛物线法：解析几何的创始人笛卡儿也研究过立方倍体问题。考虑到圆 $x^2+y^2-ax-by=0$ 与抛物线 $x^2=ay$ 的交点是 a、b 的比例中项。显然这就是 $x^2=ay$ 与 $y^2=ax$ 的另外一个组合形式，而后者是：$a:x=x:y=y:b$。取 $b=2a$，即得 $x=\sqrt[3]{2a}$，问题得到解决。

三、化圆为方

（1）化圆为方是尺规作图不可能解决的问题。

如果把圆的半径记为 R，则问题是说：求 x，使得 $x^2=\pi R^2$，即求 $x=\sqrt{\pi}R$。如果要求以直尺（无刻度）和圆规解决，就转化为用尺规能否对 π 开平方的问题。1882 年德国数学家林德曼（F. Lindemann）证明了 π 是超越数，因此问题的答案是否定的，人们随即知道了用尺规作图去解决"化圆为方"问题（见图 8-5）的不可能性。

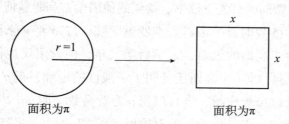

图 8-5 化圆为方

（2）用尺规以外的工具解决化圆为方。

意大利文艺复兴时期伟大的艺术家兼学者达·芬奇曾用圆柱侧面法解决化圆为方问题：取半径为 R、高为 $\frac{1}{2}R$ 的圆柱，把圆柱的侧面在平面上滚动一周，得到长为 $2\pi R$、高为 $\frac{1}{2}R$ 的长方形。取其长、高为两项，求其比例中项，那么所求的与圆等面积的正方形的边长为

$$x = \sqrt{2\pi R \cdot \frac{R}{2}}$$ （见图 8-6）。

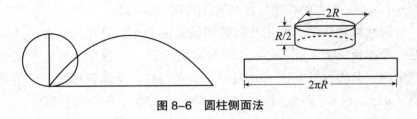

图 8-6　圆柱侧面法

与上述三大作图问题类似的还有著名的正多边形尺规作图的问题。

人们知道正三角形、正五边形都比较容易尺规作图，但是正七边形就很难作出。哪些正多边形是可以尺规作图的？对此最先取得重大突破的是"数学王子"高斯。他出生于德国不伦瑞克一个贫苦的家庭。他的祖父是农民，父亲是打短工的，母亲是泥瓦匠的女儿，都没受过学校教育。由于家境贫寒，冬天傍晚，为节约燃料和灯油，父亲总是吃过晚饭就要求孩子们睡觉。高斯爬上小阁楼偷偷点亮自制的小油灯，在微弱的灯光下读书。幼年的他因勤奋和聪慧博得了一位公爵的喜爱，15 岁时被公爵送进卡罗琳学院，1795 年又来到哥廷根大学学习。由于高斯的勤奋，入学后第二年，他就用尺规作图法作出了正 17 边形。1801 年高斯还证明了一般性的定理：正 p 边形（p 是奇素数）可以尺规作图，当且仅当 p 为费马数，即 $p = 2^{2^n} + 1$。由此我们可以断定，正三角形、正五边形、正 17 边形、正 257 边形、正 65 537 边形（即 $n = 0$，1，2，3，4 时的费马数）都能作出，而正七

边形、正 11 边形、正 13 边形等都不能作出。

有趣的是，到现在为止，还没有发现当 $n \geqslant 5$ 时的费马数，所以上述是仅有的已经作出的正多（素数）边形。

四、数学中的"不可能"与"未解决"

前面我们看到，流传了两千多年的三大几何作图难题都已经在 19 世纪被证明是"不可能"的。但直到现在，还有许多数学爱好者陷入对这些问题的研究中。尤其是"三等分角"问题，时常有人声称找到了解决办法。一个主要的原因是他们把数学中的"不可能"与"未解决"视为一回事。

在日常生活中，许多情况下我们说的"不可能"，是指在现有条件下或能力下是无法解决的、是不可能的，它会随着历史的发展由不可能变为可能。这里的"不可能"等于"未解决"。比如，在没有发明电话之前，一个人在深圳讲话，在北京的人们不可能听到；在没有飞机之前，要在 3 小时内从深圳到达北京也是不可能做到的。如今这些都已成为可能。但是，数学中所说的"不可能"与"未解决"具有完全不同的含义。所谓"不可能"是指，经过科学论证被证实在给定条件下永远是不可能的，它不会因时间的推移、社会的发展而发生改变。而"未解决"则表示目前尚不清楚答案，有待进一步研究。打一个形象的比喻："到木星上去"是一个未解决的问题，你可以去研究解决的办法；但"步行到木星上去"则是一个不可能的事情，如果有人再去一门心思研究这个问题，就会成为笑话。三大几何作图难题是已经解决了的，结论为"不可能"。其前提是尺规作图。如果不限于尺规，它就会成为可能，目前已知的方法就不止一种。对于"三等分角"问题除了尺规要求外，还有一点常被人忽略，那就是三等分的是"任意角"，对于某些具体的角度，比如 90°，它就是可能的。

由三大作图难题引发的几何名题

在几何学两千多年的发展历史中，有许多几何名题像一颗颗闪耀璀璨的明星，光耀照人，对它们新的解法的寻求推动着几何学乃至整个数学的发展。它们是先哲智力的结晶，发人深思、耐人寻味；它们像一颗颗光彩夺目的明珠，供人欣赏且长久不衰。虽然历史上的"三大几何作图难题"困扰了人们两千多年才得到解决，但由此产生的一些新思路、新方法和由此派生出来的美妙的几何名题，其意义恐怕已超过了"三大作图难题"的解决本身。我们从众多几何名题中挑出几件精品，加以介绍并领略其中的极妙意境。

一、希波克拉底定理（月牙定理）

人们在解决"化圆为方"的作图难题的过程中，发现有一些除圆以外的奇妙的曲边图形的面积会和某个多边形的面积相等。这种发现最早应归功于古希腊的几何学家希波克拉底。他首先发现了如下结论：以直角三角形两直角边为直径向外做两个半圆，以斜边为直径向内做一个半圆，则三个半圆所围成的两个月牙形（希波克拉底月牙）的面积之和等于该直角三角形的面积。这就是几何学上有名的希波克拉底定理。下面给出这个定理的证明。

设 $\triangle ABC$ 为直角三角形，a、b 为两直角边的边长，c 为斜边边长。由勾股定理 $a^2 + b^2 = c^2$，我们很容易得到：$\dfrac{1}{2}\pi\left(\dfrac{a}{2}\right)^2 + \dfrac{1}{2}\pi\left(\dfrac{b}{2}\right)^2 =$

$\dfrac{1}{2}\pi\left(\dfrac{c}{2}\right)^2$，即直角边上两个半圆面积之和等于斜边上半圆面积之和。

再从上面的等式中，两边同时减去图中不带阴影的两个月牙形面积 S_1、S_2，其中 S_1、S_2 之和为等式两边的公共部分，从而可以得出结论：三角形直角边上的两个月牙形面积之和等于该直角三角形的面积（见图 8–7）。

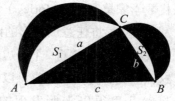

图 8–7 月牙定理

希波克拉底对几何学的贡献很大，他的《几何纲要》是几何学的第一本教科书，据说包括了欧几里得《几何原本》前四卷的内容。希波克拉底曾致力于"化圆为方"和"立方倍体"问题的研究。而他的"月牙定理"的发现曾给数学家们以很大的鼓舞，都认为"化圆为方"问题也不难解决了，包括希波克拉底也这样认为。他曾先将一般直角三角形改为等腰直角三角形，并指出：正方形边上的两个月牙形面积之和等于该正方形面积之和的一半。这显然是对的。但他未加证明，而是"想当然"地将圆内接正方形的结论"推广"到圆内接正六边形，即有"正六边形三边上的月牙形面积之和等于正六边形面积的一半"。这显然是错误的，而他在此错误的基础上却引出了更错误的结论：圆可以化为方。月牙定理结论的优美令人称奇不已，显示了很强的割补技巧，终于使人相信一个曲边图形的面积竟然可以用一个直边图形的面积代替。这就大大开启了我们的心灵之窗。

应该承认希波克拉底解决问题的方法是极具智慧的，但是他在处理所谓的"化圆为方"的问题时，却犯了对命题未加证明就"想当然"作出结论的毛病，从而得出了错误的结论。这一著名实例对学习数学的青年人是很有借鉴意义的。

二、莫利定理

也许是由于"三大几何作图难题"让人绞尽脑汁也难以获解，因而人们长期以来也不敢涉及角的三等分线问题。自欧几里得之后的几千年内未发现有关角的三等分方面的结果。然而到了 1904 年，几何代数学家莫利（F. Morley）却发现了一个惊人的结论，即所谓的"莫利定理"：将任意三角形的内角三等分，则与每条边相邻的两条三等分线的交点构成了一个等边三角形，如图 8-8 所示。该定理的结论是这么漂亮、优美，简直难以置信。这一惊人的结果被一些数学家誉为自欧几里得以来所发现的最为优美的定理，是初等几何的一颗明珠。

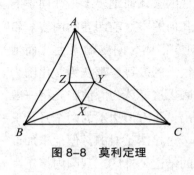

图 8-8　莫利定理

莫利是一位英国数学家，他的最后 50 年是在美国度过的，但是他一直未放弃英国国籍。1904 年，莫利给英国剑桥的一位朋友的信中提到过这个定理，20 年后才在日本发表，其间这个定理再次被发现并作为问题征解。在送交的众多答案中，纳拉尼恩加给出的证法最为简洁，且是纯几何法。这里不再赘述。

莫利定理可进行引申和推广，得到许多优美的结论。如把任意三角形的内角三等分线改为外角三等分线，则与每边相邻的三等分线的交点构成了一个等边三角形。

如果把三角形的内角和外角的三等分线结合起来，就会有更加有趣的结果。1939 年法国数学家勒贝格在他的一篇论文中指出：在三角形的所有三等分线中，可以找出 27 个点，它们都是等边三角形的顶点。

三、蝴蝶定理

几何上的一些重要定理，有的是以发现者的名字命名（如莫利定理），有的是以其主要性质命名（如勾股定理），有的是以几何形状命名。蝴蝶定理（见图8-9）就是以几何形状命名的一例。

蝴蝶定理：过圆的弦 AB 的中点 M 引任意两条弦 CD，EF，连接 ED，CF 分别交 AB 于 P，Q 两点，则 M 为 PQ 的中点。

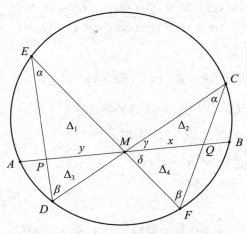

图8-9　蝴蝶定理

蝴蝶定理最先是作为一个征求证明的问题刊载于1815年英国的一份通俗杂志《男士日记》上。由于其几何图形形状像一只翩翩起舞的蝴蝶，便以"蝴蝶定理"命名。自从1815年通俗杂志《男士日记》作为征解刊登了该题，百余年来出现过许多优美奇特的解法。其中最早的首推霍纳（W. G. Horner）在1815年给出的证法，但他的证明非常烦琐。蝴蝶定理的初等证明一般被认为是由一位中学教师斯特温（Steven）在1973年首先提出的，他给出的是面积证法，其中应用了三角形面积公式：$S = \dfrac{1}{2}ab\sin C$（其中 a、b 为三角形的两边长，C 为 a、b 两边的夹角）。

下面是斯特温的证明。

令 $MQ = x$，$PM = y$，$AM = BM = a$，$\angle E = \angle C = \alpha$，$\angle D = \angle E = \beta$，$\angle CMQ = \angle DMP = \gamma$，$\angle FMQ = \angle EMP = \delta$。

用 Δ_1，Δ_2，Δ_3，Δ_4 分别代表 $\triangle EPM$，$\triangle CQM$，$\triangle DPM$，$\triangle FQM$

的面积，则

$$\frac{\Delta_1}{\Delta_2} \cdot \frac{\Delta_2}{\Delta_3} \cdot \frac{\Delta_3}{\Delta_4} \cdot \frac{\Delta_4}{\Delta_1} = \frac{EP \cdot EM \sin\alpha}{CM \cdot CQ \sin\alpha} \cdot \frac{MC \cdot MQ \sin\gamma}{PM \cdot DM \sin\gamma} \cdot$$

$$\frac{PD \cdot DM \sin\beta}{FM \cdot QF \sin\beta} \cdot \frac{FM \cdot QM \sin\delta}{EM \cdot PM \sin\delta} = \frac{EP \cdot PD \cdot MQ^2}{CQ \cdot FQ \cdot MP^2} = 1$$

由相交弦定理

$$EP \cdot DP = AP \cdot PB = (a-y)(a+y) = a^2 - y^2$$

$$CQ \cdot FQ = BQ \cdot QA = (a-x)(a+x) = a^2 - x^2$$

由 $EP \cdot PD \cdot MQ^2 = CQ \cdot FQ \cdot MP^2$，得

$$(a^2 - y^2)x^2 = (a^2 - x^2)y^2$$

$$a^2 x^2 - x^2 y^2 = a^2 y^2 - x^2 y^2$$

得 $a^2 x^2 = a^2 y^2$。

由于 a，x，y 皆为正数，故得 $x=y$，即 $MQ=MP$。

有人评论斯特温的证明通俗到了初中生都能在 5 分钟内看懂的程度，对于这样一个著名的问题，该证明真是漂亮无比！1985 年，在河南省《数学教师》创刊号上，杜锡录以《平面几何中的名题及其妙解》为题，载文向国内介绍蝴蝶定理，从此蝴蝶定理在神州大地传开，并引起了许多数学爱好者的兴趣，提供了许多优美的证法。

蝴蝶定理由于其美丽的图形引起了世人的广泛兴趣。因此，对它的证明可算是形式多样，五彩缤纷。有面积法、三角证法、计算法、综合法、不等式法、极限法等。1988 年中国科技大学的单墫博士给出了一个漂亮的解析证法。而且，将蝴蝶定理中的圆换成任意圆锥曲线（椭圆、双曲线、抛物线），命题仍然是成立的。

在几何学中，有许多形状优美的几何名题因篇幅的原因不能一一介绍。从上面介绍的这些几何名题我们可以感受到，不仅仅文学、音乐、美术、戏剧、电影能给我们美感，在数学中，这些优美的图形和它们的证明过程同样可以给我们一种愉悦、惊叹、振奋和陶醉，这其实就是一种审美的感受。大家有兴趣的话，不妨去仔细回味这些定理

的内容，探索各种证法与推广，一定能使你在精神上得到巨大的享受。我们不得不感慨：每一道几何名题都是一件精美的艺术品。

 思考题

1. 如何用尺规作图（直尺没有刻度）来二等分任意角？

2. 如何用尺规作图（直尺没有刻度）作出一个正方形，其面积为一已知正方形面积的两倍？

3. 叙述三大几何作图难题，并简单证明这三个问题用尺（没有刻度）规作图是不可能解决的。

第九讲　迂回包抄
——攻克现代数学三大难题

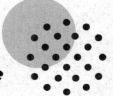

　　"矛盾不断出现，又不断被解决，这就是事物发展的辩证规律"[1]。前面讲到，三大古典数学难题历经一千多年，终于被人类征服了。但正如恩格斯所言，"高等数学的主要基础之一是……矛盾""但是连初等数学也充满着矛盾"。[2]数学中不断出现的尚未解决的新问题也是这里所说的矛盾。正是这些层出不穷的新问题给了数学源源不断的新生命。在近现代数学里，产生了无数数学难题，我们从中选择几个公认的影响最大的，看看现代数学是如何在与这些难题的较量中发展的。同时，这些例子都充分体现了使用"迂回包抄"是解决数学大难题的好办法，也是科学进步和发展的一个有效途径。

① 毛泽东文集．第 7 卷．北京：人民出版社，1999：216.
② 马克思恩格斯全集．中文 1 版．第 20 卷．北京：人民出版社，1971：133.

① 费马大定理

一、"大定理"的诞生

所谓的"费马大定理"（Fermat's Last Theorem），起源于三百多年前。它耗尽人类众多最杰出大脑的精力，也让千千万万业余者痴迷。终于在 1994 年被安德鲁·怀尔斯（A. Wiles）（见图 9-1）攻克。

费马（见图 9-2）出生于 1601 年，虽然他的本行是专业律师，但是仍然堪称 17 世纪最卓越的数学家之一。他对数论和微积分作出了一流的贡献，也是解析几何的发明者之一，并且与帕斯卡一起建立了概率论的基础。他一生很少发表数学论文，他的研究成果是在他死后由他的儿子整理出版的。为了表彰他的数学造诣，世人冠之以数学界"业余王子"的称号。

图 9-1 怀尔斯

图 9-2 费马

1637 年的一天，费马在阅读《算术》（古希腊数学家丢番图的一本名著）中关于不定方程（也称为丢番图方程）问题的时候，在书的页边上写下这样的字句："当 $n > 2$ 的时候，$a^n + b^n = c^n$ 是不可能的（这里 a，b，c，n 都是正整数）。我对此已有绝妙的证明，但此页边太窄写不下。" 当 $n = 2$ 时，这就是我们所熟知的勾股定理：$a^2 + b^2 = c^2$，也就是一个直角三角形的斜边的平方等于它的两直角边的平方和。这个方程式当然有整数解（其实有很多），例如：$a = 3$，$b = 4$，$c = 5$；$a = 6$，$b = 8$，$c = 10$；$a = 5$，$b = 12$，$c = 13$；等等。费马声称当 $n > 2$ 时，就找不到满足

$$x^n + y^n = z^n \qquad \text{①}$$

的正整数解，例如：方程式 $x^3 + y^3 = z^3$ 就没有正整数解。这个结论就是"费马大定理"。这个结果看似非常简单，但当人们试图解决它的时候，却发现其难度简直超乎想象，所以一般公认，费马本人当时不可能真的得到了正确的证明，费马大定理应该叫作"费马大猜想"。

二、三百多年的艰难前行

费马留下的这个貌似简单的问题，三百多年来吸引了无数数学家尝试要去解决它，但大多徒劳无功。即使经过几代像欧拉这样的数学天才的不懈努力，在漫长的 200 年时间里，也只解决了 $n = 3$，4，5，7 等几种个别情形。这个世纪难题也就成了数学界的心头大患，几乎所有数学家都想解之而后快。

19 世纪时法国的法兰西斯数学院曾经在 1815 年和 1860 年两度悬赏金质奖章和 300 法郎给任何解决这一难题的人，可惜没有人能够领到奖赏。德国的数学家沃尔夫斯克尔（F. P. Wolfskehl）据说在年轻时曾打算自杀，在最后时刻是费马大定理的魅力挽救了他。于是，他在 1908 年提供 10 万马克（相当于 160 多万美元）给能够证明费马大定理的人，有效期为 100 年。但问题实在太难了，很长一段时间内，也没有人能够拿到这笔丰厚的奖金。

20 世纪计算机出现后，许多数学家利用电脑演算，得到当 n 为很

大时定理都是成立的。例如 1983 年电脑专家斯洛文斯基借助电脑证明了，当 $n = 2^{86\,243} - 1$ 时费马大定理是正确的。要知道，$2^{86\,243} - 1$ 是一个天文数字，大约为 25 960 位数，即便如此，这对最终证明定理也仍然无济于事。数学家们最终要的是对"所有"大于 2 的整数，结果都成立。

第一个在一般情形的研究中得到重要结果的是法国女数学家索菲·热尔曼（S. Germain）。由于当时女性在数学界受到歧视，所以她不得不用了一个男性假名字：勒布朗（Leblane），她用这个名字与高斯、勒让德等当时的大数学家通信，讨论数学问题。

由于 $n = 4$ 的情形早就有人证明，所以容易得知：要证明费马大定理，只需证明当 n 是奇素数时，定理成立即可，即要证明

$$x^p + y^p = z^p , \quad p \text{ 为奇素数} \qquad \qquad ②$$

热尔曼首先把素数分为两类：（ i ）p 不整除 x, y, z 其中任何一个；（ ii ）$p \mid xyz$，她证明了（1832 年），如果 p 和 $2p+1$ 都是奇素数（这样的数被称为热尔曼素数），则式②对第（ i ）类的 p 无解。此后，她又把这个结论推广到了一定范围内的非热尔曼素数。

虽然热尔曼的结果离费马大猜想的最后解决还有很大的差距，但其意义仍然不可小觑。首先，这是人们第一次在此问题上取得一般成果，而不是个别情形的验证；其次，她的分类解决的思想给后来者很大的启发。

真正巨大的突破是在 1847 年，德国数学家库默尔（E. E. Kummer）引进"理想数"的概念，把素数放进更大的"分圆数域"（由有理整数和单位虚根构成）环境中研究费马大定理。他也按照热尔曼的思想，按某种判据把素数分为正则的和非正则的两类，并证明了对正则素数 p，费马大定理成立，而对某些非正则素数（例如 100 以内的），他也给出了证明。由于非正则素数相对很少，库默尔几乎就证明了猜想！更有意义的是，库默尔扩展了整数的概念，由此发展出"代数数论"这一现代重要学科。

1983 年，德国的法尔廷斯（G. Faltings）取得又一个重大突破。

他证明了：对任一固定的 n，最多只有有限多个 x，y，z 满足方程①。这个结果相比库默尔的结论有了实质的进步，并在世界数学界引起了巨大震动，法尔廷斯因此获得数学界最高奖菲尔兹奖。

三、最后的冲刺

历史的新转机发生在 1955 年，日本青年数学家谷山丰（Taniyama Yutaka）在东京的一个国际学术讨论会上提出了一个猜想，这个猜想经过另一个日本数学家志村五郎（Goro Shimura）的归纳整理，成为著名的"谷山 – 志村猜想"：有理数域上的每一条椭圆曲线都是模曲线。

1985 年，德国数学家弗莱（G. Frey）认为费马大定理与"谷山 – 志村猜想"两个看起来毫不相干的领域之间有着深刻的联系：如果"谷山 – 志村猜想"是正确的，那么费马大定理也就是正确的。第二年夏天，瑞波特（K. Ribet）证明了弗莱的论断，于是，费马大猜想是包含在"谷山 – 志村猜想"之中的，证明费马大定理的工作就归结为证明"谷山 – 志村猜想"！

这个消息让童年就痴迷于费马大定理的英国数学家怀尔斯坚信他能够解决这个问题！从 1986 年到 1993 年的 7 年里，他把自己关进书房，与外界基本隔绝，经过艰苦卓绝的研究，终于在 1993 年 6 月 23 日在剑桥大学牛顿数学研究所作了题为《模形式、椭圆曲线与伽罗瓦表示》的"世纪演讲"。在长达两个半小时的报告的最后，他宣布："我证明了费马大定理！"这个消息立刻震惊了世界。遗憾的是，数月后人们逐渐发现此证明存在漏洞，这一时又成为世界的焦点。要知道这个证明体系是千万个深奥数学推理连接成的千回百转的逻辑网络，任何一个环节的漏洞都可能导致前功尽弃！但怀尔斯坚信他有能力最终解决问题。怀尔斯与他的学生花了 14 个月的时间闭门苦战，终于对原先的证明加以修正，于 1994 年 9 月 19 日交出了完整无瑕的解答。他的历史性长文《模椭圆曲线和费马大定理》于 1995 年 5 月发表在美国《数学年刊》第 142 卷。实际上，这一期的杂志只有这一篇文章，共五章，130 页。1997 年 6 月 27 日，怀尔斯在德国哥根廷大学领取了沃尔夫斯克尔 10 万马克的悬赏大奖。虽然当年的 10 万马克到怀尔斯领取时贬值到只值约 5 万美元，但解决世纪难题的崇高声誉已让怀尔斯名垂青史。除了这个悬赏大奖，他还先后获得了沃尔夫奖（1996 年）、美国国家科学家奖（1996 年）、菲尔兹特别奖（1998 年）等数学界的最高奖赏。

2 四色问题

一、问题的起源

四色问题又称四色猜想，其内容是："任何一张地图只用四种颜色就能使具有共同边界的国家着上不同的颜色。"用数学语言表示，即"将平面任意地细分为不重叠的区域，每一个区域总可以用 1、2、3、4 这四个数字之一来标记，而不会使相邻的两个区域得到相同的数字。"这里的相邻区域是指有一整段边界是公共的。如果两个区域只相遇于一点或有限多点，就不叫相邻的。因为用相同的颜色给它们着色不会引起混淆（见图 9-3）。

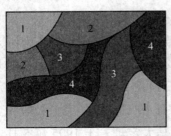

图 9-3

四色猜想源于 1852 年。当时，毕业于伦敦大学的格思里（F. Guthrie）来到一家科研单位搞地图着色工作时，发现每幅地图似乎都可以用四种颜色着色，使得有共同边界的国家都被着上不同的颜色。这个现象是不是一般规律？能不能从数学上加以严格证明？他和在大学读书的弟弟两人决心试一试，可是很长时间都没有进展。

当年 10 月，他们就这个问题的证明请教数学家德·摩根（A. De Morgan），摩根思考了一段时间也没能找到解决这个问题的途径，于是写信向自己的好友、著名数学家哈密尔顿请教。哈密尔顿接到信后即着手对四色问题进行论证。但直到 1865 年哈密尔顿去世，问题也没能得到解决。

二、肯普的思路

1872 年，英国当时最著名的数学家凯莱（A. Cayley）正式向伦敦数学学会提出了这个问题，于是四色猜想引起了世界数学界的关注，世界上许多一流的数学家都纷纷投身其中。1878—1880 年，肯普（A. B. Kempe）和泰特（P. G. Tait）两人分别提交了证明四色猜想的论文，宣布证明了四色定理，大家认为四色猜想得到了解决。

肯普的思路是这样的：首先，他把地图划分为正规的和非正规的。如果没有一个国家包围其他国家，或没有三个以上的国家相遇于一点，这种地图就称为"正规"地图（见图 9-4），否则称为"非正规"地图（见图 9-5）。一张地图往往是正规地图和非正规地图联系、混杂在一起的，但非正规地图所需颜色种数一般不超过正规地图所需的颜色。要证明四色猜想成立，只要证明不存在一张正规五色地图就足够了。其次，肯普采用归谬法来证明猜想。大意是：如果有一张正规的五色地图，就会存在一张国数最少的"极小正规五色地图"，如果极小正规五色地图中有一个国家的邻国数少于六个，就会存在一张国数较少的正规地图仍为五色的，这样一来就不会有极小五色地图的国数，也就不存在正规五色地图了。这样肯普就认为他已经证明了

"四色猜想"。

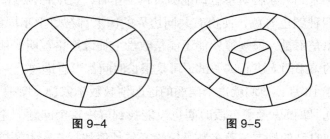

图 9-4 　　　　　　　　　图 9-5

　　虽然肯普的证明后来被发现是错的，但他阐明了两个重要概念。第一个概念是"构形"。他证明了在每一张正规地图中至少有一国具有两个、三个、四个或五个邻国，不存在每个国家都有六个或更多个邻国的正规地图，也就是说，由两个、三个、四个或五个邻国组成的一组"构形"是不可避免的，每张地图至少含有这四种构形中的一个（见图 9-6）。

　　肯普提出的另一个概念是"可约性"。他证明了只要五色地图中有一国具有四个邻国，就会有国数更少的五色地图。自从肯普引入"构形""可约"概念后，人们逐步发展了检查构形以决定是否可约的一些标准方法。但要证明大的构形可约，需要检查大量细节，这是相当复杂的。

　　11 年后，即 1890 年，在牛津大学就读的年仅 29 岁的赫伍德通过精确的计算，指出了肯普在证明上的漏洞。他指出：肯普论证"没有极小五色地图能有一国具有五个邻国"的理由有破绽。不久，泰特的证明也被人们否定了。不过人们发现他们实际上证明了一个较弱的命题——五色定理。也就是说，对地图着色，用五种颜色就够了。后来，越来越多的数学家继续对此绞尽脑汁，但始终一无所获。于是，人们开始认识到，这个貌似简单的问题，其实是一个可与费马大猜想相媲美的难题。

　　进入 20 世纪以后，数学家们对四色猜想的证明基本上都是按照肯普的框架在进行。1913 年，美国著名数学家、哈佛大学的伯克霍夫

（G. D. Birkhoff）利用肯普的想法，结合自己新的设想，证明了某些大的构形可约。后来美国数学家富兰克林（P. Franklin）于 1939 年证明了 22 国以下的地图符合四色猜想。此后不断有人沿用富兰克林的办法，缓慢增加国家数目，有人曾证明了最多 50 国的四色猜想（见图9-7）。

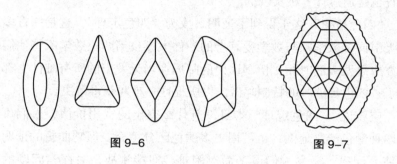

图 9-6　　　　　　　　　　　图 9-7

三、问题的最后解决及其带来的思考

从 20 世纪 40 年代就开始研究四色猜想的海克，发现四色猜想可通过寻找可约图形的不可避免组来证明。他和他的学生丢雷编写了一个计算程序，他们用这个程序产生的数据来验证构形的可约性。

海克把每个国家的首都标出来，然后把相邻国家的首都用一条越过边界的铁路连接起来，除首都（称为顶点）及铁路（称为弧或边）外，擦掉其他所有线，剩下的称为原图的对偶图。到了 20 世纪 60 年代后期，海克引进了一个类似于在电网络中移动电荷的方法来求构形的不可避免组。在海克的研究中第一次采用尚不成熟的"放电法"，这成了以后关于不可避免组的研究乃至四色定理证明的中心要素。

电子计算机的问世使得演算速度迅速提高，这也大大加快了对四色猜想证明的进程。美国伊利诺伊州立大学的阿佩尔（K. Appel）与哈肯（W. Haken）两位数学家利用三台高速的电子计算机，对"四色猜想"进行证明。他们运用"不可避免性"理论，对一万个图进行检验，从中分出近 2 000 张特别的图，通过这些图就能证明"四色问题"是对的。他们对每一张地图都使用了 20 万种可能的方法着色，计算机经过 1 200 小时的计算，作了约 200 亿个逻辑判定，终于在 1976 年 6 月证明了这个数学名题。如果这一过程要人工计算的话，需要用几十万年的时间！伊利诺伊数学杂志的审稿人对阿佩尔与哈肯的证明的审查也是通过计算机实现的。

"四色猜想"终于得到了证明，成为"四色定理"，这是一百多年来吸引许多数学家与数学爱好者的一件大事！当两位数学家将他们的研究成果发表的时候，伊利诺伊的邮局在当天发出的所有邮件上都加盖了"四色足够"的特制邮戳，以庆祝这一难题获得解决。

应该说，"四色定理"本身没有什么突出的实用价值，人们可以用四种颜色绘制地图，也可用更多颜色区分填充。但它曲折的证明历程使人深思，激发人们敢于面对困难，迎接挑战，去探索问题的真谛。阿佩尔与哈肯的工作（即四色猜想的计算机证明）的贡献主要也不在于证明定理本身，而在于用计算机解决了人们多年来无法解决的理论问题。它表明，靠人与机器合作，有可能完成连最著名的数学家至今也束手无策的工作，带来人类认识能力的一个飞跃，极大地推动以计算机为基础的人工智能的发展。

在"四色问题"的研究过程中，不少新的数学理论随之产生，也发展了很多数学计算技巧。如将地图的着色问题化为图论问题，丰富了图论的内容。"四色问题"在更有效地设计航空班机日程表、计算机的编码程序方面都起到了推动作用。

至此四色问题似乎已经得到解决，但人们并不满足于取得的成就。问题主要集中在：

（1）阿佩尔与哈肯的机器证明能不能简化？

（2）可否不用计算机而给出逻辑上的证明？

这些问题特别是后者仍吸引着有志者继续进行探索。因为按照数学的传统看法，阿佩尔与哈肯的机器证明严格来说不算"证明"，顶多是"验证"，所以直到现在，仍有不少数学家和数学爱好者在寻找更简洁的逻辑证明方法。例如，我国四川省中学教师李中平多年来坚持研究四色问题，并于 2007 年 3 月写出《四色问题揭谜》一书。李中平运用自己的理论和数学方法能计算出任何一幅地图作色的实际结果，这些研究对于科学普及、科技制作活动都很有帮助。

❸ 哥德巴赫猜想

在数学历史上，曾有许多和素数有关的猜想。这些猜想有些已经得到解决，有些至今仍然在挑战着人类的智慧。其中最著名的一个恐怕就是"哥德巴赫猜想"了。

一、何谓"哥德巴赫猜想"

哥德巴赫（C. Goldbach）（见图 9-8）出生于普鲁士柯尼斯堡（今加里宁格勒），曾在英国牛津大学学习。他原来学的是法学，曾担任中学数学教师。由于他在欧洲各国访问期间结识了伯努利家族，所以对数学研究产生了兴趣并做了很多有意义的研究工作。1725 年哥德巴赫到了俄国，同年被选为彼得堡科学院院士，1725—1740 年担任彼得堡科学院会议秘书。

图 9-8　哥德巴赫

在 1742 年 6 月 7 日给欧拉的一封信中，哥德巴赫提出了一个命题。他写道："我的问题是这样的：随便取某一个奇数，比如 77，可以把它写成三个素数之和：77＝53＋17＋7；再任取一个奇数，比如 461，461＝449＋7＋5，也是三个素数之和，461 还可以写成 257＋199＋5，仍然是三个素数之和。这样，我发现：任何大于 7 的奇数都是三个素数之和。但这怎样证明呢？虽然做过的每一次试验都得到了上述结果，但是不可能把所有奇数都拿来检验，需要的是一般的证明，而不是个别的检验。"

欧拉在同年 6 月 30 日给他的回信中说，他相信这个猜想是正确的，但是他也给不出严格的证明。同时欧拉又提出了另一个命题：任何一个大于 6 的偶数都是两个素数之和，但是这个命题他也没能给予证明。不难看出，哥德巴赫的命题是欧拉命题的推论。事实上，任何一个大于 7 的奇数都可以写成如下形式：$2N+1=3+2(N-1)$。若欧拉的命题成立，则偶数 $2(N-1)$ 可以写成两个素数之和，于是奇数 $2N+1$ 可以写成三个素数之和，从而，对于大于 7 的奇数，哥德巴赫的命题成立。但是哥德巴赫的命题成立并不能保证欧拉的命题成立。因而欧拉的命题比哥德巴赫的命题要求更高。

显然，两个命题中只需证明欧拉的命题就够了。由于问题是源于哥德巴赫，所以通常把这两个命题统称为"哥德巴赫猜想"。不过在通俗的介绍中，哥德巴赫猜想更多的是指"欧拉猜想"。

二、迂回包抄

欧拉是当时欧洲最伟大的数学家，原因如下：

（1）他对哥德巴赫猜想的信心；

（2）像他这样首屈一指的数学家都不能证明这个命题；

（3）这个问题的叙述又是如此简单！

这个猜想便引起了整个欧洲乃至世界数学界的关注。数学家们开始对一个个偶数进行验算，例如：6＝3＋3，8＝3＋5，10＝5＋5＝3＋7，

$12=5+7$，$14=7+7=3+11$，$16=5+11$，$18=5+13$，…，有人一直算到 3.3 亿，都表明猜想是正确的。但是对于一般的情形仍然不能给出证明。直到 19 世纪末，哥德巴赫猜想的一般证明也没有任何进展。哥德巴赫猜想由此成为数学皇冠上一颗可望而不可即的"明珠"。

事情的转机归因于 1900 年 20 世纪伟大的数学家希尔伯特在世界数学家大会上作了一篇影响深远的报告，提出了 20 世纪有挑战性的 23 个数学问题。哥德巴赫猜想是第 8 个问题的一个子问题。此后，20 世纪的数学家们在世界范围内"联手"进攻"哥德巴赫猜想"堡垒，终于取得了辉煌的成果。

1937 年，苏联数学家维诺格拉多夫（I. M. Vinogradov）利用他独创的"三角和"方法证明了三素数定理，即存在正数 C，使得每个大于 C 的奇数是 3 个奇素数之和。不过，维诺格拉多夫的"C"要求很大很大，与哥德巴赫猜想的要求仍相距甚远。

直接证明哥德巴赫猜想难度太大，于是聪明的数学家们采取了迂回战术。先考虑把偶数表示为两奇数之和，而每一个奇数又是有限个素数之积，这样的奇数称为"殆素数"（例如，$15=3\times5$ 有 2 个素因子，$27=3\times3\times3$ 有 3 个素因子，它们都是殆素数）。这样，得到了如下命题表述："每一个大偶数可以表示为两个殆素数之和，其中一个殆素数的质因子个数不超过 a，另一个殆素数的质因子个数不超过 b"。

如果我们把上述命题简称为"$a+b$"，那么哥德巴赫猜想就是"$1+1$"。

1920 年，挪威数学家布朗用一种古老的筛法证明了"$9+9$"，这是一个划时代的开端。它划定了进攻"哥德巴赫猜想"的"大包围圈"，并使得数学家找到了解决问题的途径。从这个"$9+9$"开始，人们一步步"缩小包围圈"：

1924 年，德国的拉特马赫证明了"$7+7$"；

1932 年，英国的埃斯特曼证明了"$6+6$"；

1937 年，意大利的蕾西先后证明了"$5+7$"，"$4+9$"，"$3+15$"和"$2+366$"；

1938 年，苏联的布赫夕太勃证明了"5+5"；

1940 年，苏联的布赫夕太勃证明了"4+4"；

1948 年，匈牙利的瑞尼证明了"1+c"，其中 c 是一很大的自然数；

1956 年，中国的王元证明了"3+4"；

1957 年，中国的王元先后证明了"3+3"和"2+3"；

1962 年，中国的潘承洞和苏联的巴尔巴恩证明了"1+5"，中国的王元证明了"1+4"；

1965 年，苏联的布赫夕太勃、小维诺格拉多夫以及意大利的朋比利证明了"1+3"；

1966 年，我国数学家陈景润宣布证明了"1+2"，1973 年，陈景润的论文正式发表，在世界上引起轰动。这是迄今为止最好的结果，被世界数学界称为"陈氏定理"。

顺便说明，我国最早从事哥德巴赫猜想研究的数学家是华罗庚。1936—1938 年，他赴英国剑桥大学留学，在数论泰斗哈代（G. H.

图 9-9　陈景润

Hardy）的指导下从事数论研究，并开始研究哥德巴赫猜想，取得了很好的成果，他证明了对于"几乎所有"的偶数，猜想都是正确的。1950 年，华罗庚从美国回国，在中科院数学研究所组织数论研究讨论班，选择哥德巴赫猜想作为讨论的主题，并指导他的一些学生研究这一问题。王元、潘承洞和陈景润（见图 9-9）等都是这个数论讨论班的学生。

另外，值得注意的是，目前所有关于"$a+b$"命题的证明中都有一个"大偶数"的条件，而这个"大"到底是多大，没有明确的标准，所以以用这种方法得出的结论本质上是有别于哥德巴赫猜想的。

三、遥望"明珠"

1. 明珠有多亮

在我国，最著名的数学难题恐怕就是哥德巴赫猜想了。原因是多方面的，但最大的原因可能在于这个问题的通俗性。但我们站在科学的角度到底应该怎样正确看待哥德巴赫猜想？为了回答这个问题，我们可以首先思考一下：为什么从陈景润之后到今天，哥德巴赫猜想的证明没有实质进展？现在一般认为，主要原因有两个：

（1）猜想的难度实在太大。

哥德巴赫猜想的内容十分简洁，但它的证明却异乎寻常地困难。这一点从猜想诞生的那天直至今天的曲折历程可以得到证实，数学大师的断言也是如此。例如，1921年，英国数论学家哈代就在一次数学家大会的演讲中，宣称猜想的困难程度"是可以与数学中任何未解决的问题相比拟的"。虽然经过前述若干代人的艰苦努力，到陈景润为止，该猜想取得了极大的进展，但如果没有新的数学思想和数学方法的出现，解决这个问题恐怕是希望渺茫的。

20世纪的数学家们研究哥德巴赫猜想所采用的主要方法有筛法、圆法、密率法和三角和法等数学方法。按照剑桥大学教授、菲尔兹奖得主贝克尔以及中科院数学与系统科学研究所研究员巩馥洲的看法，"陈景润先生生前已将现有方法用到了极致"，使用现有方法"在解决这类数学难题时，可能一二百年内都难有进展"。我国当代著名的数学家、在猜想证明过程中做出过重大贡献的王元和潘承洞也认为："现在看不出沿着人们所设想的途径有可能解决这一猜想""对哥德巴赫猜想的进一步研究，必须有一个全新的思路。"

（2）现代"主流"数学界对哥德巴赫猜想的兴趣不大。

美国马萨诸塞州著名的克雷数学研究所（CMI）于2000年5月对七个数学难题的每一个悬赏100万美元。这七个"千年大奖问题"是：NP完全问题、霍奇猜想、庞加莱猜想、黎曼假设、杨-米尔斯理论、纳维-斯托克斯方程、BSD猜想，但并未将哥德巴赫猜想包括在内。这是为什么？我们前面说到哥德巴赫猜想是包含在希尔伯特在世界数学家大会上提出的 23 个挑战性问题中的。事实上，它是第 8 个问题的一个子问题，第 8 问题还包含黎曼猜想（也称为黎曼假设）和孪生素数猜想。现代数学界普遍认为，虽然从难度讲这些猜想不相上下，但最有价值的是黎曼假设。若黎曼假设能够成立，很多与之相关的问题就都有了答案，而哥德巴赫猜想和孪生素数猜想相对来说比较孤立，同其他数学学科的联系不太密切。若单纯地解决了这两个问题，对其他问题的解决意义不是很大。所以现代数学家倾向于在解决其他更有价值的问题的同时，发现一些新的理论或新的工具，"顺便"解决哥德巴赫猜想。所以，哥德巴赫猜想就被相对"搁置"起来了。

如此著名的问题为什么会遭到"冷遇"？看看下面的例子，就会明白数学家的道理。

1696 年，瑞士数学家伯努利兄弟向数学界提出挑战，提出了最速降线的问题。牛顿用非凡的微积分技巧解出了最速降线方程，约翰·伯努利用光学的办法也巧妙地得出了结果，而雅可比·伯努利用比较麻烦的办法解决了这个问题。如果孤立地看，牛顿和约翰的方法技巧更高、更漂亮，雅可比的方法最复杂，但是在他的方法上发展出了解决这类问题的普遍办法——变分法。现在来看，雅可比的方法确实是最有意义和价值的。

下面我们简单介绍一下黎曼假设。

黎曼在 1858 年写了一篇关于素数分布的论文，其中提出了有名的黎曼假设：

黎曼 ζ 函数

$$\zeta(s) = \prod_{p \in P}(1 - \frac{1}{p^s})^{-1}，其中 P 为全体素数的集合$$

的所有非平凡零点都位于复平面上 $\mathrm{Re}(s) = \frac{1}{2}$ 的直线上。所谓的"非平凡零点"，是指除了像 $s = -2n$ 这样的"平凡零点"之外的零点。

黎曼假设涉及复变函数论和解析数论，这些学科中的很多问题都依赖于黎曼假设。在代数数论中的广义黎曼假设更是影响深远。若能证明黎曼假设，则可带动许多相关问题的研究，例如，阿丁猜想、维尔猜想、朗兰计划、雷彻与斯温尔顿－戴尔猜想、量子混沌与假设的黎曼流、Zeta 函数以及 L 函数等问题。

应该说明，我们上面表述的数学界的观点并没有否认哥德巴赫猜想的价值。作为一个基础性的数学问题，我们不能要求马上就找到它的应用，也不需要过于强调它在整个科学体系中的位置。事实证明，很多重要的数学定理并不是当时就发现了它的巨大作用的。所以，我们不能贬低像哥德巴赫猜想这样的纯基础问题的重要性。另外，在目前还没有找到有效办法之前，对某些难度极大的问题暂时搁置一段时间，也不失为明智之举。也许等数学发展到一定阶段，新的数学思想和处理方法、工具产生了，这类问题的解决也就水到渠成了。

2. "民间数学家"的热情

很长一段时间以来，每当我国各类数学大会开幕前夕，一些"民间数学家"纷纷致信大会组委会或者中科院数学所，声称自己"已完全证明了"哥德巴赫猜想，引起社会的关注。也不断有人拿着猜想的"证明结果"轮流拜访多位数学家，还不时传出"农民成功证明哥德巴赫猜想""拖拉机手摘得'皇冠上的明珠'"等"爆炸性新闻"。中科院研究员李福安说，他在 20 年间曾"收到 200 多封信，他们的选题主要集中在哥德巴赫猜想上"。其实不止在我国，国外也有这种现象。比如在柏林国际数学家大会期间，就有人在会场张贴论文，宣称自己证明了"1+1"。

民间数学家解决哥德巴赫猜想大多是用初等数学来解决问题。例如，我国有名的"民间数学家"蒋春暄就声称费马大定理、黎曼假设和哥德巴赫猜想三个难题都被他用初等方法解决，并且解决得特别"轻松"。比如他在 2001 年于《争鸣与探讨》上发表的《黎曼假设的否定》就只有半页纸，且用到的只是中学数学中的简单公式 $a^2 - b^2 = (a+b)(a-b)$（见图 9-10）。据他本人说，哥德巴赫猜想的证明也只用了 10 行文字，显然这是不符合常理的。

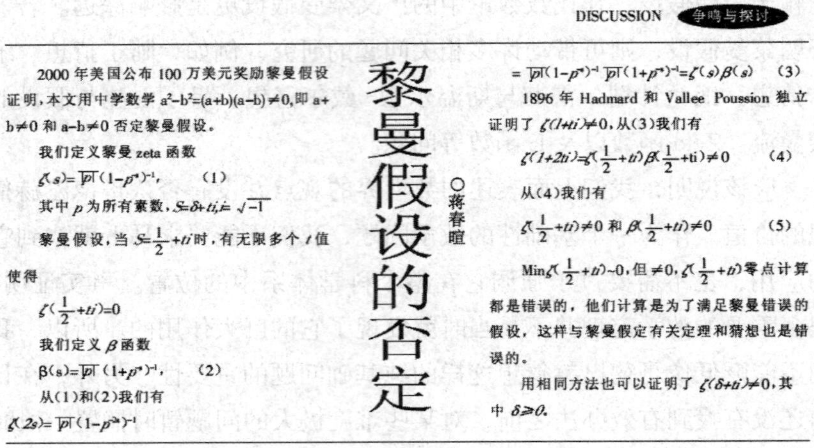

DISCUSSION 争鸣与探讨

黎曼假设的否定

○蒋春暄

2000 年美国公布 100 万美元奖励黎曼假设证明，本文用中学数学 $a^2-b^2=(a+b)(a-b)\neq 0$，即 $a+b\neq 0$ 和 $a-b\neq 0$ 否定黎曼假设。

我们定义黎曼 zeta 函数

$$\zeta(s)=\prod_p(1-p^{-s})^{-1}, \qquad (1)$$

其中 p 为所有素数，$S=\delta+ti$，$i=\sqrt{-1}$

黎曼假设，当 $S=\frac{1}{2}+ti$ 时，有无限多个 t 值使得

$$\zeta(\frac{1}{2}+ti)=0$$

我们定义 β 函数

$$\beta(s)=\prod_p(1+p^{-s})^{-1}, \qquad (2)$$

从(1)和(2)我们有

$$\zeta(2s)=\prod_p(1-p^{-2s})^{-1}$$

$$=\prod_p(1-p^{-s})^{-1}\prod_p(1+p^{-s})^{-1}=\zeta(s)\beta(s) \qquad (3)$$

1896 年 Hadmard 和 Vallee Poussion 独立证明了 $\zeta(1+ti)\neq 0$，从(3)我们有

$$\zeta(1+2ti)=\zeta(\frac{1}{2}+ti)\beta(\frac{1}{2}+ti)\neq 0 \qquad (4)$$

从(4)我们有

$$\zeta(\frac{1}{2}+ti)\neq 0 \text{ 和 } \beta(\frac{1}{2}+ti)\neq 0 \qquad (5)$$

$\text{Min}\,\zeta(\frac{1}{2}+ti)\sim 0$，但 $\neq 0$，$\zeta(\frac{1}{2}+ti)$ 零点计算都是错误的，他们计算是为了满足黎曼错误的假设，这样与黎曼假定有关定理和猜想也是错误的。

用相同方法也可以证明了 $\zeta(\delta+ti)\neq 0$，其中 $\delta\geq 0$。

图 9-10　蒋春暄的“证明”

为什么民间数学家们如此醉心于哥德巴赫猜想，而不关心黎曼猜想之类的更有意义的问题呢？一个重要的原因就是，黎曼猜想对于没有系统学习过数学的人来说，想读明白是什么意思都很困难。而哥德巴赫猜想对于小学生来说都能读懂。任何人只要知道了奇数和偶数、合数和素数的概念，就可以对偶数进行验算，验算中就会发现，他所能验算到的偶数都符合这个猜想，这样他就觉得他也可以试着解决这个问题。而且这个看起来简单的问题一直都没有人能攻克它，于是激起了人们的征服欲。

然而，从数学自身的科学性以及实践的情况来看，仅仅懂得初等数学是无法解决哥德巴赫猜想这样的难题的。李福安研究员评论那些寄给他的“证明”时说：“从来稿中可以看出，不少作者既缺乏基本的数学素养，又不去阅读别人的数学论文，结果都是错的。”

要知道，如果从古希腊算起，科学发展到今天，已历时两千多年，现代数学发展也经过了三四百年。知识之山是由一代代科学家的心血累积起来的，现今教科书上的一页纸可能曾经就耗费了几代科学家的毕生精力。一个人在今天独立地发现比如杠杆原理、毕达哥拉斯定理等早期科学原理并不是没有可能。学生在学习的时候，根据所学

的内容举一反三，有所心得、有所创造都是可能的。但是，如果一个人企图完全依靠自己的能力，重新发现某一领域已有的知识，重建一座科学之山，或者超越整个山体，直接达到山的顶峰，都是绝无可能的。

为此，许多数学家对数学爱好者提出忠告：如果真想在哥德巴赫猜想的证明上作出成绩，最好先系统掌握相应的数学知识，以免走不必要的弯路。就如吴文俊等数学家说的："像哥德巴赫猜想这样的难题，应该让'专门家'去搞，不应该成为一场'群众运动'。""民间人士热爱科学的热情应该保护，但我们不提倡民间人士去攻世界数学难题。他们可以用这种热情去做更合适的事情。"

3. 到底还有多远

由于陈景润证明了"1+2"，人类距离哥德巴赫猜想的最后结果"1+1"似乎仅有一步之遥了。但这最后一步还有多长？这个问题其实很难回答。

一方面，由于前面提到的两个原因，哥德巴赫猜想的最终解决也许还要历经一个漫长的探索过程。

也许是希尔伯特那份关于23个问题的报告的原因，目前关于素数的研究大多集中在哥德巴赫猜想、孪生素数猜想和黎曼猜想。这些猜想经过数学家几百年的努力没有一个得到真正解决。它们的一个共同点是素数的分布问题，但素数分布到底是有规律的还是无规律的，人们一时也难以弄清。而且，黎曼猜想和其他两个猜想之间到底谁是因、谁是果，目前也难以确定。如果哥德巴赫猜想与孪生素数猜想是因，那么，黎曼猜想一定要依赖前者的首先证明；反过来，如果黎曼猜想是因，那么，哥德巴赫猜想必须依赖黎曼猜想的首先证明。在两者不知因果的情况下，我们更加无法预期这些问题哪一天会得到最终解决。

另一方面，由于科学发现有时候具有偶然性，如果在研究其他数学问题的时候，有新的思想和新的方法出现，或者有一天数学家发现了某个领域的问题可以和哥德巴赫猜想联系起来，这类大难题说不定短期内就会得到解决。回想一下，费马大定理的解决不就是依赖弗莱把它与"谷山－志村猜想"联系起来了吗？椭圆曲线、模曲线属于代数几何领域，费马大定理是数论的问题，这是两个看起来毫不相干的领域，但是它们深藏的内在联系一旦被天才的数学家发现，立即就会产生惊人的效果。

其实，一下子解决不了哥德巴赫猜想，说不定还是好事呢！想想当年希尔伯特曾经宣称自己解决了费马大定理，但却不公布自己的方法。别人问他为什么，他回答说："这是一只下金蛋的鸡，我为什么要杀掉它？"的确，在解决费马大定理的历程中，产生和发展了很多新兴的数学学科和有用的数学工具，如库默尔的研究导致了代数数论的产生，"谷山－志村猜想"及其研究使得椭圆曲线、模形式等得到了更好的发展。

所以，我们不妨期待着哥德巴赫猜想（以及与之有关的黎曼猜想等）都成为"下金蛋的鸡"，让它们能够催生出更多新思想、新方法，孵化出更多新学科、新理论。

 思考题

1. 简述现代三大数学难题及其解决思路。

2. 四色定理的计算机证明和传统逻辑推理证明有什么不同之处？说说你的看法。

3. 为什么说民间数学家用初等方法是难以解决像哥德巴赫猜想、黎曼猜想之类的数学难题的？

第十讲　反向思维的
成功典范
——伽罗瓦理论和非欧几何

　　"山重水复疑无路，柳暗花明又一村"这两句耳熟能详的诗句，常常用来形容人们在困境中忽然找到了出路或解决问题的方法。它告诉我们在山重水复之时要坚持下去，不要退缩。试想陆游当年要是原路返回，何来那"柳暗花明"？可是细想一下，这里还应该有一层意思，就是说当我们在科学上遇到似乎不可解决的问题，特别是经过长时间的努力仍然"疑无路"时，应该转换思维方式，另辟蹊径，从不同的侧面甚至反方向来尝试，往往可以取得更好的效果。19世纪的两大数学成就就说明了这一点。

代数方程的根式解

19 世纪之前，代数学的主要内容之一是求解代数方程和代数方程组。

早在古代数学的发展中，数学家们就发现了一次、二次代数方程的求根公式。比如熟知的一元二次方程 $ax^2 + bx + c = 0 (a \neq 0)$ 的求根公式为

$$x = \frac{-b \pm \sqrt{b^2 - 4ac}}{2a}$$

为方便起见，我们称可以给出一个利用系数的有限次四则运算和开方运算表示其根的代数方程为"可根式求解的"，否则，就称方程为"不可根式求解的"。

16 世纪意大利的一些数学家得到了一元三次、四次代数方程的根式求解法，此后数学家们就开始向五次和五次以上的高次代数方程进军，力图用同样的方法求解高次代数方程。虽然很可惜，这些努力都没有成功，但是在这个过程中，天才的数学家们很好地利用了反向思维，不仅解决了代数方程的根式求解问题，还开创了一个新的数学分支——抽象代数学。

一、一元三次与四次方程的求根公式

在 16 世纪的意大利流行一种风气：数学家获得数学发现后一般都是秘而不宣，以此向同伴提出挑战，让他们解决同样的问题。想必这是一项很吸引人又很"拉风"的竞赛，三次方程的解法就是在这样

的情况下被发现的。

早在 1510 年左右，波伦亚大学的教授费罗（S. del Ferro）就发现了缺少二次项的三次方程 $x^3 + px = q$（p，q 均为正数）的解法，并在逝世之前透露给他的学生菲奥尔（A. M. Fior）。

1530 年，冯塔那（N. Fontana）得到了另一类缺少一次项的三次方程 $x^3 + px^2 = q$（p，q 为正数）的解法。冯塔那出生于意大利北部，他聪明又勤奋，靠自学掌握了拉丁文、希腊文和数学，但因口吃的毛病得了个外号"塔尔塔利亚"（Tartaglia，意为"口吃者"），后来他以"塔尔塔利亚"出名，其本名"冯塔那"却很少被提起。

菲奥尔不相信冯塔那会解三次方程，就向他提出挑战，要求公开竞赛。冯塔那接受挑战后潜心钻研，终于在比赛前得到了 $x^3 + px = q$ 类型方程的解法，从而在比赛时解出了菲奥尔提出的全部 30 个问题。反之，冯塔那提出的问题多数是对方不会解的 $x^3 + px^2 = q$ 类型的方程，因而冯塔那大获全胜。受此鼓舞，冯塔那继续研究三次方程的解法，到 1541 年已发现更一般的三次方程的解法。他准备写一本包含这些解法的代数书传于后世，但这一设想被卡尔达诺打乱了。

卡尔达诺（G. Cardano），意大利文艺复兴时期百科全书式的学者，在数学、医学、物理学、哲学、星占学等方面都有很多成就，人称"怪杰"。他的名字的英文拼法为 Jerome Cardan，所以也常常被译为卡当。

卡尔达诺当时也在研究方程问题，当他得知冯塔那与菲奥尔竞赛获胜后，便托人打听冯塔那的方法。当时已经很有名气的卡尔达诺恳求冯塔那传授解三次方程的办法，但是遭到了拒绝。卡尔达诺又邀请冯塔那到米兰做客，在米兰他再三当面恳求冯塔那，并以基督教徒的身份起誓至死保守秘密，绝不向他人泄露。冯塔那受了感动，才把他关于方程 $x^3 + px = q$ 和 $x^3 + px^2 = q$ 的解法写成一首晦涩的诗告诉了卡尔达诺。

卡尔达诺和他的学生费拉里（Ferrari）详细研究了冯塔那的解法，

并以此为线索，得出一般三次方程 $x^3 + ax^2 + bx + c = 0$ 的解法。他将这些解法收在他的数学名著《大术》（*Ars Magna*，1545）中并出版。在《大术》第十一章中，卡尔达诺申明："费罗约在 30 年前发现了这一法则并传授给菲奥尔，后者曾与也宣称发现该法则的冯塔那竞赛。冯塔那在我的恳求下将方法告诉了我，但没有证明。在这种帮助下，我克服了很大困难找到了证明，现陈述如下……"。虽然卡尔达诺用这样的方法写明了解法的来源，但他的失信行为仍然激怒了冯塔那。此后冯塔那与卡尔达诺和费拉里就卡尔达诺是否"背信弃义"和争夺三次方程解法的"知识产权"进行了多次论战，但结果不了了之。由于《大术》的巨大影响，三次方程的解法还是冠以"卡当公式"或"卡尔达诺公式"的名字流传开来。

下面我们来看看三次方程的求根公式的推导。

可以假设方程形如

$$x^3 + px + q = 0 \qquad\qquad ①$$

因为对一般的一元三次方程

$$ax^3 + bx^2 + cx + d = 0 \, (a \neq 0)$$

两端除以 a，并令 $x = y - \dfrac{b}{3a}$，代入，则可化为方程①的形式。

假设方程①的根可以写成 $x = u + v$ 的形式，这里 u 和 v 是待定的参数。代入方程整理，有

$$(u + v)(3uv + p) + u^3 + v^3 + q = 0 \qquad\qquad ②$$

如果 u 和 v 满足

$$uv = -\frac{p}{3}, \quad u^3 + v^3 = -q \qquad\qquad ③$$

则方程②成立，且由一元二次方程的韦达定理，u^3 和 v^3 是方程

$$y^2 + qy - \frac{p^3}{27} = 0 \qquad\qquad ④$$

的两个根。解之，得

$$y = -\frac{q}{2} \pm \sqrt{\frac{q^2}{4} + \frac{p^3}{27}} \qquad ⑤$$

不妨记

$$A = -\frac{q}{2} - \sqrt{\frac{q^2}{4} + \frac{p^3}{27}}$$

$$B = -\frac{q}{2} + \sqrt{\frac{q^2}{4} + \frac{p^3}{27}}$$

则 $A = u^3$，$B = v^3$，亦即

$$u = \sqrt[3]{A};\ \sqrt[3]{A}\omega;\ \sqrt[3]{A}\omega^2$$

$$v = \sqrt[3]{B};\ \sqrt[3]{B}\omega;\ \sqrt[3]{B}\omega^2$$

其中，$\omega = \dfrac{-1 + \sqrt{3}i}{2}(i^2 = -1)$。用所得的 u 和 v 配对（考虑到 $uv = -\dfrac{p}{3}$，所以 u 和 v 实际上只有三组），就可以得到方程①的一个根为

$$x_1 = \sqrt[3]{-\frac{q}{2} + \sqrt{\left(\frac{q}{2}\right)^2 + \left(\frac{p}{3}\right)^3}} + \sqrt[3]{-\frac{q}{2} - \sqrt{\left(\frac{q}{2}\right)^2 + \left(\frac{p}{3}\right)^3}} \qquad ⑥$$

另外两个根是

$$x_2 = \omega \cdot \sqrt[3]{-\frac{q}{2} + \sqrt{\left(\frac{q}{2}\right)^2 + \left(\frac{p}{3}\right)^3}} + \omega^2 \cdot \sqrt[3]{-\frac{q}{2} - \sqrt{\left(\frac{q}{2}\right)^2 + \left(\frac{p}{3}\right)^3}} \qquad ⑦$$

$$x_3 = \omega^2 \cdot \sqrt[3]{-\frac{q}{2} + \sqrt{\left(\frac{q}{2}\right)^2 + \left(\frac{p}{3}\right)^3}} + \omega \cdot \sqrt[3]{-\frac{q}{2} - \sqrt{\left(\frac{q}{2}\right)^2 + \left(\frac{p}{3}\right)^3}} \qquad ⑧$$

这就是著名的卡尔达诺公式，其中 $\Delta = \dfrac{q^2}{4} + \dfrac{p^3}{27}$ 称为三次方程的判别式。

由多项式理论容易知道：

当 $\Delta \geq 0$ 时，方程①有一个实根和两个共轭复根；

当 $\Delta < 0$ 时，方程①有三个实根。

例 1　解方程 $x^3 + 6x - 20 = 0$。

解 将 $p = 6$，$q = -20$ 代入卡尔达诺公式，可得

$$x_1 = \sqrt[3]{10 + \sqrt{108}} + \sqrt[3]{10 - \sqrt{108}} = 2，\quad x_2 = -1 + 3\mathrm{i}，\quad x_3 = -1 - 3\mathrm{i}$$

一元四次方程的求根公式是由费拉里得到的，他巧妙地利用了配方的办法。

不妨设四次方程形如

$$x^4 + bx^3 + cx^2 + dx + e = 0 \tag{⑨}$$

将方程⑨左端的后三项移到方程的右端，并在两端同时加上 $\left(\dfrac{b}{2}x\right)^2$，配方得到

$$\left(x^2 + \frac{b}{2}x\right)^2 = \left(\frac{b^2}{4} - c\right)x^2 - dx - e \tag{⑩}$$

再在方程⑩两边加上 $\left(x^2 + \dfrac{b}{2}x\right)y + \dfrac{y^2}{4}$（其中 y 是一个与 x 无关的待定量），可得

$$\left(x^2 + \frac{b}{2}x + \frac{y}{2}\right)^2 = \left(\frac{b^2}{4} - c + y\right)x^2 + \left(\frac{b}{2}y - d\right)x + \left(\frac{y^2}{4} - e\right) \tag{⑪}$$

上式左端已经是一个完全平方式，而右端是一个关于 x 的二次三项式。适当选择 y，不难使这个二次三项式也能写成完全平方式。事实上，只要 y 能满足下面的等式

$$\left(\frac{b}{2}y - d\right)^2 - 4\left(\frac{b^2}{4} - c + y\right)\left(\frac{y^2}{4} - e\right) = 0 \tag{⑫}$$

即可。把这样的一个 y 代入方程⑪，两边开方可以得到两个一元二次方程。解这两个二次方程，就可以得出原方程的四个根。

方程⑫式是一个关于 y 的三次方程。这样，费拉里把解四次方程的问题归结为解一个三次方程和两个二次方程的问题。利用二次方程和三次方程的求根公式，四次方程的根可以用方程的系数表示。不过，由于这个求根公式过于复杂，所以人们很少把它直接写出来。

二、四次以上的方程没有求根公式

四次方程的求解公式问世后，数学家们的目光自然地转移到五次或更高次方程的求根公式上。为此，数学家们持续努力了三个世纪之久。几乎 17 世纪和 18 世纪的所有数学家，包括著名数学家欧拉和拉格朗日，都研究过这个问题，但都没有成功。例如，在 1770 年左右，拉格朗日鉴于三次、四次方程的解法既复杂，又有某些巧合与偶然性，详细分析了方程的根式解法，提出了方程根的置换理论是解决问题的关键所在，找到了通过辅助方程式求得一至四次方程的求根公式的统一方法（现在称为拉格朗日预解式方法，上面的方程④和方程⑫就分别是三次和四次方程的预解式）。他的方法对于求解低次方程卓有成效，但对一般的五次方程却宣告失败，致使他对高次方程的求解问题产生了怀疑。拉格朗日曾经说，这个问题好像是在向人类的智慧挑战。

既然许多人的尝试都失败了，是否像欧氏几何中的第五公设不可证明一样，根本不存在四次以上高次方程的根式解法呢？

1801 年，高斯在他的《算术研究》一书中指出，某些高次代数方程不能够用根式法求解。但是，他没有进行严格的证明。

最先对这个问题作出实质性贡献的是年轻的挪威人阿贝尔（N. H. Abel）（见图 10-1）。

阿贝尔出生在一个贫苦乡村牧师的家庭里，幼年丧父。由于家里生活非常困难，阿贝尔不能按部就班地求学深造。但他自幼聪明好学，数学成绩出众，因家境贫寒，常常依靠周围的人和亲友的帮助，这使他在求学时期就结交了许多朋友。

图 10-1　阿贝尔

中学还没有毕业，阿贝尔就向当时公认的数学难题——五次方程的根式解法展开了进攻。但毕竟他还太小，掌握的数学知识太少，他的努力失败了。这也说明单凭朝气和闯劲是解决不了严谨的科学问题的。

1820年，阿贝尔在亲友的帮助和支持下，考入大学。当时，这所大学没有数学系，而阿贝尔的特长在数学方面，于是他在完成学校规定的课程外，把全部时间和精力都用来研究数学。

在大学期间，阿贝尔继续研究五次方程的求解问题。他善于学习前人的经验，特别对一些数学大师的著作深有研究，欧拉、拉格朗日、柯西、高斯等人的著作和文章都对阿贝尔很有启发。通过不断的探索和研究，终于在1824年，22岁的阿贝尔证明了五次以上的一般方程不存在根式解。在此基础上，阿贝尔写成了论文《论代数方程，证明一般五次方程的不可解性》，从而解决了几百年一直没有解决的问题。这一结果在1799年曾被意大利数学家鲁菲尼（P. Ruffini）得到过，不过他的证明并不充分完整，所以现在数学上把此结果称为"阿贝尔-鲁菲尼定理"。

在阿贝尔短暂的一生中，他在数学的许多方面都取得了很有创见的成就。除了证明五次方程不可能用一般公式求解这一震动数学界的成果外，他还彻底证明了二项式定理、创立了椭圆函数论，等等。

图10-2　伽罗瓦

与阿贝尔同时代的同样年轻的法国数学家伽罗瓦（E. Galois）（见图10-2）更是在这个问题上取得了巨大成就。

伽罗瓦使用的是不同于阿贝尔的方法，他继承和发展了前人及同时代人的研究成果，融会贯通各流派的数学思想，并且凭着他对近代数学概念特性的一种直觉，超越了他们。他系统地研究了方程根的置换的性质，用一种深刻的现代化的方法——群论方法，把全部问题转化成或者归结为置换群及其子群结构的分析。尽管在伽罗瓦之前有人提出过"群"的概念，但使"群"成为数学的一种深刻的现代化方法的是伽罗瓦。

伽罗瓦理论从最广泛的意义来说，是在其自同构群基础上处理数学对象的一种理论。例如，域、环、拓扑空间等等都可以有伽罗瓦理论。狭义来说，伽罗瓦理论是关于域的。用这种理论能够推出阿贝尔曾经得到过的五次及五次以上一般的代数方程不可根式解的结论，而且找到了一个方程存在根式解时其系数所需满足的必要和充分条件，这是一种比阿贝尔走得远得多的代数理论。

在中学时，伽罗瓦就对数学最感兴趣。很快，课本上的数学内容已不能满足他了。数学老师为有这样的学生而高兴，亲自为他找来拉格朗日、高斯、柯西等数学名家的著作，伽罗瓦如获至宝，津津有味地读起来。伽罗瓦很快就坠入数学王国的深河而不能自拔，在数学领域中表现出来的深刻的理解力令人吃惊。

1828 年，年仅 17 岁的伽罗瓦在老师的鼓励和指导下，写出了第一篇学术论文——《关于五次方程的代数解法问题》，并把它提交给法国科学院。

这篇思想极其深刻的论文标志着伽罗瓦数学研究的真正开始，该论文以及其后的论文《关于用根式解方程的可解性条件》等形成了著名的伽罗瓦理论，并引领了整个现代代数学的发展。由于伽罗瓦理论过于艰深，我们只能作最扼要的叙述。为了方便，我们还要介绍几个代数的基本概念（尽管从纯数学的角度看起来可能显得不太严格，但这并不妨碍我们对它们的理解）：

（1）一个有限集合的元素间的一一对应称为这个集合的一个置换。

（2）如果一个非空集合 G，对它的一个运算（通常称为乘法）封闭且满足结合律以及单位元逆元存在性的公理，就称 G 为一个群。

（3）如果一个群的元素是置换，则称这个群为置换群。

（4）如果一个集合 F 含两个以上的元素，且其中有两个满足交换律的运算（通常称为加法和乘法），F 对加法是群，对乘法（除零元外）也是一个群，且两个运算具有分配律，就称 F 为一个域。

（5）域 F 的一个扩张 E 是任一包含 F 作为子域的域。F 的任一扩张都可看作 F 上的一个线性空间。如果该空间有有限维数 t，则称扩张是有限的，称 t 为扩张的次数。

在代数方程可解性的研究中，伽罗瓦首先注意到每个方程都可以与一个置换群，即它的根之间的某些置换组成的群联系起来。他将每个方程对应于一个域，即方程的系数基域 F 添加方程的所有根形成的扩域 E（我们称之为方程的伽罗瓦域），这个域又对应一个群，即扩张 E 的保持 F 中元素不变的所有自同构组成的群（我们称之为方程的伽罗瓦群，记为 Gal(E/F)），Gal(E/F) 中元素的个数等于 E 在 F 上的次数。伽罗瓦的主要思想是：对给定方程的系数域以及经过有限次扩张的域序列给出了对应的子群序列。伽罗瓦基本定理就描述了中间域与伽罗瓦群的子群之间的对应关系。这样，他就把代数方程可解性问题转化为对与方程相关的置换群及其子群性质的分析，这是伽罗瓦工作的重大突破。伽罗瓦理论还告诉我们，利用这种域和群的对应关系，可由群的性质描述域的性质，或由域的性质描述群的性质。因此，伽罗瓦的理论是域与群这两种代数结构综合的结果。

具体说来，假设方程 $x^n + a_1 x^{n-1} + \cdots + a_n = 0$ 的系数生成的域为 F，E 是将方程的根添加到 F 上所生成的伽罗瓦扩域。Gal(E/F) 的每一子群 H 对应 E 中的一个子域 K，它由 F 中那些在 H 的元素作用下保持不变的元素组成。反之，每个 E 的包含 F 的子域 K 也对应于 Gal(E/F) 的一个子群 H，它由所有使 K 的元素保持不变的自同构组成，且 Gal(E/K)=H。伽罗瓦基本定理指出，这个对应是互逆的，因此，它使伽罗瓦群的所有子群及 E 的包含 F 的所有子域之间有一个一一对应。于是，对 E 的每一子域升链

$$F \subseteq K_1 \subseteq \cdots \subseteq E$$

⑬

都对应 $\mathrm{Gal}(E/F)$ 的一个子群降链

$$\mathrm{Gal}(E/F) \supseteq \mathrm{Gal}(E/K_1) \supseteq \cdots \supseteq \{1\} \qquad ⑭$$

这样，刻画 E 的所有子域就转化为刻画有限群 $\mathrm{Gal}(E/F)$ 的所有子群，问题就变得简单多了。重要的是在这个对应中，具有某些"好"性质的子群对应的子域也具有某些"好"性质，反之亦然。方程是否可用根式求解（即可将方程约简为一个由形如 $y^p - d = 0$ 的二项方程组成的链）的问题就转化为数域 F 是否可以经过有限次添加形如 $\sqrt[p]{d}$ 的根式而扩张为 E，亦即是否存在 $\mathrm{Gal}(E/F)$ 的有限多个所谓正规子群组成的序列，使得它们前后子群构成的所谓商群都是素数阶的循环群（这样的群称为可解群）。应用这个可解性条件，我们就可以通过计算方程的伽罗瓦群来判断它是否可解。在一般情形下，一个代数方程的伽罗瓦群由根的全部置换组成，也就是 n 次对称群，因为当 $n \leqslant 4$ 时，对称群是可解的，所以四次及四次以下的方程存在根式解，而当 $n \geqslant 5$ 时，对称群是不可解的，所以一般来说五次或更高次方程不存在根式解。这样，伽罗瓦完美地解决了高次方程的根式解问题。

伽罗瓦理论还可以用来极其简洁而又完美地回答古代著名的几个尺规作图问题。用解析几何方法可以证明：尺规作图问题可解，归结为有理数域上一个相应的方程是二次根式可解的。于是，如果方程的次数不是 2 的幂，这种作图就是不可能的。

（1）立方倍体问题对应的方程是 $x^3 - 2 = 0$，所以它不是可以尺规作图的。

（2）三等分角问题对应的方程是 $4x^3 - 3x - a = 0$，所以它也不可以尺规作图。

（3）设 p 是一素数，作正 p 边形的问题实际上是要作出方程 $x^{p-1} + x^{p-2} + \cdots + 1 = 0$ 的根。它的分裂域由其任一根生成，因此次数为 $p-1$。这样，正 p 边形的尺规作图当且仅当 $p = 2^{2^n} + 1$ 才是可能的

（例如，$p=5$，$p=17$ 就可作出，而 $p=7$ 或 $p=13$ 就不可作出）。形如 $p=2^{2^n}+1$ 的整数就是大名鼎鼎的费马数。

伽罗瓦的一生是极其短暂的，然而却为数学做出了巨大贡献。伽罗瓦的主要成就是，建立了两种数学结构（群与域）的关联并应用它们解决了代数方程根式求解的条件。从此，代数学的中心问题不再是解方程，而渐渐转向对代数结构本身的研究。伽罗瓦为群论的建立、发展和应用奠定了基础，他和阿贝尔都是近世代数的创始人。在整整一个世纪中，伽罗瓦的思想对代数发展产生了决定性的影响。伽罗瓦理论被扩充并推广到很多方向。

伽罗瓦在数学观、认识论方面也有不少独立的见解。例如，他认为科学是人类精神的产物，与其说是用来认识和发现真理，不如说是用来研究和探索真理。科学作为人类的事业，始于任何一个抓住它的不足并重新整理它的人。伽罗瓦指出："科学通过一系列结合而取得进展，在这些结合中，机会起着不小的作用，科学的生命是无缘由的、没有计划的（盲目的），就像交错生长的矿物一样。"在数学中，正像在所有科学中一样，每个时代都会以某种方式提出当时存在的若干问题，其中有一些迫切的问题，它们把最聪慧的学者吸引在一起，这既不以任何个人的思想和意识为转移，也不受任何协议的支配。伽罗瓦向往科学家之间的真诚合作，认为科学家不应比其他人孤独，他们也属于特定时代，迟早要协同合作的。

由于伽罗瓦的创造性的成绩，有人说：如果要在数学史上列举 20 位贡献最大的数学家，伽罗瓦必为其中之一！遗憾的是，创立了如此伟大理论的伽罗瓦，年仅 21 岁就死于一场涉及恋爱纠纷的决斗。

非欧几何学

一、第五公设的疑问

前面我们曾经提到，欧几里得创建了数学史上第一个逻辑系统——欧氏几何。从公元前 3 世纪到 1800 年的两千多年中，大部分人坚信，欧氏公理体系下的欧氏几何是现实空间唯一、绝对正确的反映。在这个体系中，作为其基石的五个公理以及五个公设中的前 4 个都是容易被认同的。但是，第五公设却没有那么简单明了，它更像一条定理：

> 第五公设：如果一直线和两直线相交，且在某一侧的两个内角之和小于两直角和，那么，把这两直线延长，它们一定在该侧相交。

在《几何原本》的 400 多个命题中只有一个命题——三角形的内角和等于两直角和——在证明中用到了这一结果，因此它似乎没有作为公设的必要。于是，《几何原本》一问世，人们很快就产生了这样的想法：用其他 9 个公理或公设证明它！人们为此努力了两千多年，花费了无数数学家的心血，但终究没有成功。到了 19 世纪，终于有一批具有批判性思想的数学家，从一次次失败中领悟到：第五公设是不可证明的！正是他们的创造性工作导致了非欧几何的产生。

二、罗氏几何学的诞生

罗巴切夫斯基（N. I. Lobachevsky）（见图10-3）是19世纪著名的俄国数学家。他从1815年着手研究平行线理论，开始也是循着前人的思路，试图给出第五公设的证明。可是，很快他便意识到自己的证明都是错误的。前人和自己的失败启迪他大胆思索问题的相反提法：可能根本就不存在第五公设的证明。于是他调转思路，着手寻求第五公设不可证的解

图10-3　罗巴切夫斯基

答。这是一个全新的，也是与传统思路完全相反的探索途径。罗巴切夫斯基正是沿着这个途径，在试证第五公设不可证的过程中发现了一个崭新的几何世界。那么，罗巴切夫斯基是怎样证得"第五公设不可证"从而发现新几何世界的呢？原来他创造性地运用了处理复杂数学问题常用的一种逻辑方法——反证法。

反证法的基本思想是：为证"第五公设不可证"，首先对第五公设加以否定，然后用这个否定命题和其他公理、公设组成新的公理体系，并由此展开逻辑推演。如果第五公设是可证的，即第五公设可由其他公理、公设推演出来，那么，在新公理体系的推演过程中一定会出现逻辑矛盾；反之，如果推演不出现矛盾，就反驳了"第五公设可证"这一假设，从而也就间接证得"第五公设不可证"。

依照这个逻辑思路，罗巴切夫斯基对第五公设的等价命题——"过平面上直线外一点，只能引一条直线与已知直线不相交"作否定，得到否定命题"过平面上直线外一点，至少可引两条直线与已知直线不相交"，并用这个否定命题和其他公理、公设组成新的公理体系展开逻辑推演。

罗巴切夫斯基原本也希望推出矛盾，在推演过程中，他确实得到一连串非常不合乎常理的命题：诸如三角形的内角和小于两直角和，而且随着边长增大而无限变小，直至趋于零；锐角一边的垂线可以和

另一边不相交；等等。这些命题不仅离奇古怪，与欧几里得几何相冲突，而且与人们的日常经验相背离。但是，经过仔细审查，却没有发现它们之间存在任何逻辑矛盾。于是，具有远见卓识的罗巴切夫斯基大胆断言：

第一，第五公设不能被证明。

第二，在新的公理体系中展开的一连串推理，得到了一系列在逻辑上无矛盾的新的定理，并形成了新的理论体系。

这个由新公理体系构成的是一种新的几何，它的逻辑完整性和严密性可以和欧几里得几何相媲美。这种几何学被称为罗巴切夫斯基几何学，简称罗氏几何学。

罗氏几何学的公理体系和欧氏几何学不同的地方仅仅是把欧氏几何学平行公理"过直线外一点，能并且只能作一条直线平行于已知直线"用"过直线外一点，至少可以作两条直线和这条直线平行"来代替，其他公理相同。平行公理不同，经过演绎推理却引出了一连串和欧氏几何学内容不同的新的几何命题。

凡是不涉及平行公理的几何命题，在欧氏几何学中如果是正确的，那么在罗氏几何学中也同样是正确的。欧氏几何学中凡涉及平行公理的命题，在罗氏几何学中都不成立，它们都相应地含有新的意义。表 10-1 中举几个例子加以说明：

表 10-1

欧氏几何	罗氏几何
同一直线的垂线和斜线相交	同一直线的垂线和斜线不一定相交
垂直于同一直线的两条直线互相平行	垂直于同一直线的两条直线，当两端延长时，离散到无穷
过不在同一直线上的三点可以作且只能作一个圆	过不在同一直线上的三点，不一定能作一个圆

从上面所列举的罗氏几何学的一些命题可以看出，这些命题和我们所习惯的直观形象有矛盾，所以罗氏几何学中的一些几何事实没有欧氏几何学那样容易被接受。有鉴于此，也由于当时没有找到新几何

在现实世界的原型和类比物，罗巴切夫斯基当初慎重地把这个新几何称为"虚几何"。

1868 年，意大利数学家贝特拉米（E. Beltrami）发表了著名论文《非欧几何解释的尝试》，证明非欧几何学可以在欧几里得空间的拟球面上实现。也就是说，非欧几何学命题可以"翻译"成相应的欧几里得几何学命题，如果欧几里得几何学没有矛盾，非欧几何学也就自然没有矛盾。

人们既然承认欧几里得几何学是没有矛盾的，也就自然承认非欧几何学没有矛盾。直到这时，长期无人问津的非欧几何学才开始获得学术界的普遍注意和深入研究，罗巴切夫斯基的独创性研究也就由此得到学术界的高度评价和一致赞美，他本人则被人们誉为"几何学中的哥白尼"。

值得提出的是，在罗氏之前，就有人研究过非欧几何。最早认识到平行公理不可证明的是德国数学家高斯，他被誉为非欧几何的先驱。早在 1792 年，年仅 15 岁的高斯就思考过第五公设问题。1794 年，他发现了非欧几何的一个事实：四边形的面积与（360°－四边形的内角和）成正比。从 1799 年起，他就着手建立这一新几何，最初称为"反欧几何"，后又改称"星空几何"，最后定名为"非欧几何"。1817 年，高斯在给朋友的信中流露了他的想法。1824 年，高斯又在给朋友的信中写道："三角形内角和小于 180°，这一假设引出一种特殊的、和我们的几何完全不相同的几何。这种几何自身是完全相容的，当我发展它的时候，结果完全令人满意。"但由于高斯是当时声望很高的数学家，为了顾及自己的名声，也由于害怕这种理论会遭到当时教会力量的打击和迫害，他没有勇气公开发表他的这种与现实几何学相悖的新发现。

正在高斯犹豫不决的时候，一位匈牙利少年波尔约（J. Bolyai）把这种新几何提了出来。波尔约是高斯一位大学同学的儿子。老波尔约曾对第五公设着迷，但无功而止，深受第五公设之害。当他得知自己的儿子在研究第五公设时，曾极力制止。但儿子不听劝阻，潜心钻研，终于有了新发现。1832 年，父亲把儿子的成果——论文《关于一个与欧几里得平行公设无关的空间的绝对真实性的学说》，作为附录附在自己新出版的几何著作之末，并把该书寄给高斯，请高斯评价。高斯在回信中表示，如果要称赞波尔约的工作，就等于称赞自己，因为它与自己 30 年前就开始的一部分工作完全相同。还说，由于大多数人对此抱有不正确的态度，他本来一辈子不愿意发表它们，现在正好老同学的儿子发表了，也了却了一桩心愿。高斯的回信使老波尔约非常高兴，但却大大刺痛了满怀希望的小波尔约。他认为高斯依仗自己的学术声望，企图剽窃他的成果，因此而一蹶不振，陷入失望，最终放弃了数学研究。

高斯和波尔约本来都可以发现并创立非欧几何理论的，但是由于各种原因，这些研究没能继续深入下去，成为数学史上巨大的憾事。

三、黎曼几何

欧氏几何学与罗氏几何学中的结合公理、顺序公理、连续公理及合同公理都是相同的，只是平行公理不一样。这样，从罗巴切夫斯基创立的非欧几何学中，可以得出一个极为重要的、具有普遍意义的结论：逻辑上互相不矛盾的一组假设都有可能提供一种几何学。比如，欧氏几何学讲"过直线外一点有且只有一条直线与已知直线平行"，罗氏几何学讲"过直线外一点至少存在两条直线和已知直线平行"。那么是否存在这样的几何学："过直线外一点，不能作直线和已知直线平行"？黎曼几何学就回答了这个问题。

黎曼几何学是德国数学家黎曼（见图 10-4）创立的。黎曼是高斯的学生，他于 1854 年在德国哥廷根大学作了一个题为《论作为几何基础的假设》的著名报告，提出了与前两种几何完全不同的新几何——黎曼几何，开创了几何学的一片新的广阔领域。

图 10-4 黎曼

黎曼几何学中的一条基本规定是：在同一平面内任何两条直线都有交点，也就是说，在黎曼几何学中不承认平行线的存在。黎曼几何学的模型是一个经过适当改进的球面。

近代黎曼几何学在广义相对论中得到了重要应用。物理学家爱因斯坦的广义相对论中的空间几何就是黎曼几何。在广义相对论里，爱因斯坦放弃了关于时空均匀性的观念，他认为时空只是在充分小的空间里以一种近似性而均匀的，但整个时空却是不均匀的。物理学中的这种解释恰恰和黎曼几何学的观念相似。

此外，黎曼几何学在数学中也是一个重要工具。它不仅是微分几何学的基础，也应用在微分方程、变分法和复变函数论等方面。

四、三种几何学的结论对比

三种几何学都拥有除平行公理以外的欧氏几何学的所有公理体系，如果不涉及与平行公理有关的内容，那么三种几何没有什么区别。但是只要与平行有关，三种几何的结果就相差甚远。表10-2中列举出了几例，对比如下：

表10-2

欧氏几何学	罗氏几何学	黎曼几何学
三角形内角和等于180°	三角形内角和小于180°	三角形内角和大于180°
三角形的面积与三内角之和无关	三角形的面积与角欠成反比	三角形的面积与角余成正比
两平行线之间的距离处处相等	两平行线之间的距离沿平行线的方向越来越大	两平行线之间的距离沿平行线的方向越来越小
存在矩形和相似形	不存在矩形和相似形	不存在矩形和相似形

欧氏几何学、罗氏几何学、黎曼几何学是三种各有区别的几何学。这三种几何学各自所有的命题都构成了一个严密的公理体系，各公理之间满足相容性、完备性和独立性，因此这三种几何学都是正确

的。从实际情况看，在我们的日常生活中欧氏几何学是适用的；在宇宙空间中或原子核世界罗氏几何学更符合客观实际；在地球表面研究航海、航空等实际问题时，采用黎曼几何学更准确一些。

通过一代又一代数学家的努力，关于第五公设的数学之谜终于彻底揭开了。

从上面讲述的两个例子，我们不仅看到先驱们在攻克数学难题时表现出来的锲而不舍的执着，也可以领悟到换位思考、逆向思维在解决那些久久悬而未决的问题时的巨大作用。

 ## 思考题

1. 非欧几何主要有哪几种？它们与欧氏几何的主要区别在哪里？

2. 从伽罗瓦理论和非欧几何的创立，你能得到什么启示？

3. 试用卡尔达诺公式解方程：$3x^3 + 2x - 21 = 0$。

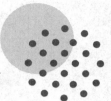

第十一讲　另一种几何

——分形

　　曾经有人说过，20 世纪有四项发明发现足以影响后世：相对论、量子论、分形、混沌。其中，前两项属于物理，后两项属于数学。美国物理学家、诺贝尔物理学奖得主约翰·惠勒（J. Wheeler）曾说过："在过去，一个人如果不懂得'熵'，就不能说在科学上有教养；在将来，一个人如果不熟悉分形，就不能被认为是科学上的文化人。"在一个充满新奇的几何学世界里，我们碰到的将不再是欧几里得几何学的直线、圆、长方体等简单规则的图形，而是海岸线、云彩、花草树木等复杂的自然形体，它们被称为分形（fractal）。传统的欧氏几何图形已无法对这些形体进行恰当的模拟，遗憾地留下了一道道难题。分形几何学另辟蹊径，用新的观念，从新的角度，为解决这些难题提出了新的思路和方法，在许多领域获得了意想不到的成功。

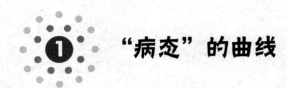

1 "病态"的曲线

如果让你思考这样一个问题："具有有限面积的平面封闭图形，其周长是有限的，还是无限的？"你可能会毫不犹豫地说："周长当然也是有限的。"

我们在中学所学的几何都是欧几里得几何，长期以来人们总是用欧几里得几何的对象和概念来描述我们生存的这个世界。然而1904年瑞典数学家科赫（H. V. Koch）作出了一条"雪花曲线"，这条曲线所围成图形的面积是有限的，但它的周长却是无限的。其后，人们根据这条曲线的特点，又作出了许多类似的"病态"图形。

一、雪花曲线

下面看看这个奇特曲线的作法。

先画一个等边三角形，再以该三角形的边长的三分之一为边长作三个小的等边三角形，并把它居中放在原来三角形的各边上，再把相交部分去掉，由此得到一个六角星；再将这个六角星的每个角上的小等边三角形按上述方法进行变化……如此进行下去，于是曲线越来越长，开始像一片雪花了，如图11–1所示。

图 11–1　雪花曲线的生成

再如此一直进行下去，曲线将变得越来越长，图形也更美丽、更像一片雪花了，如图 11-2 所示。

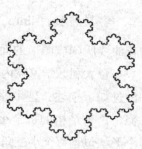

从形的角度粗略地观察到"雪花曲线"是一条封闭的连续的折线：不光滑（到处都长满了角），当迭代次数增多时，"角"的个数增多，"角"越来越小，曲线向外生长得越来越慢，等等。

图 11-2 雪花曲线

如果第一个图形（即等边三角形）的面积为单位 1，按上述操作重复进行下去，考察所得的第 n 个图形的面积。

首先，我们来计算雪花曲线所围成图形的面积。对于每一条边，每一次迭代都会使得图形的面积增加 $\dfrac{1}{9}$，这样进行 n 次迭代后雪花曲线所围成图形的面积为：

$$S_n = 1 + \frac{1}{9} \times 3 + \left(\frac{1}{9}\right)^2 \times 3 \times 4 + \left(\frac{1}{9}\right)^3 \times 3 \times 4^2 + \cdots + \left(\frac{1}{9}\right)^{n-1} \times 3 \times 4^{n-2}$$

$$= 1 + \frac{3}{9} \times \left[1 + \frac{4}{9} + \left(\frac{4}{9}\right)^2 + \cdots + \left(\frac{4}{9}\right)^{n-2}\right]$$

$$= 1 + \frac{3}{9} \times \frac{1 - \left(\dfrac{4}{9}\right)^{n-1}}{1 - \dfrac{4}{9}}$$

$$= \frac{8}{5} - \frac{3}{5} \times \left(\frac{4}{9}\right)^{n-1}$$

类似地，还可以得到 n 次迭代后雪花曲线的以下几个指标：

- 边数：$a_n = 3 \times 4^{n-1}$；

- 边长：$b_n = 1 \times \left(\dfrac{1}{3}\right)^{n-1} = \left(\dfrac{1}{3}\right)^{n-1}$；

- 周长：$c_n = a_n \times b_n = 3 \times 4^{n-1} \times \left(\dfrac{1}{3}\right)^{n-1} = 3 \times \left(\dfrac{4}{3}\right)^{n-1} = 4^{n-1} \times 3^{n-2}$；

- 顶角数：$d_n = 4^{n-1} + 2$。

容易看到，$\lim\limits_{n\to\infty} S_n = \dfrac{8}{5}$，$\lim\limits_{n\to\infty} c_n = +\infty$，即进行无数次迭代后，雪花曲线所围成图形的面积有限，但其周长无限！

意大利数学家欧内斯托·切萨罗（E. Cesàro）曾对科赫的雪花曲线做过如下描述：这个曲线最使我们注意的地方是任何部分都与整体相似。这个结构的每个小三角形包含一个适当比例缩小的整体形状，这个形状包含每个小三角形的缩小形式，后者又包含缩小得更小的整体形状，如此下去以致无穷，使得这个曲线看上去是如此奇妙。要是它在现实中出现，就必须把它完全除去才能摧毁它。否则，它将会从它的三角形最深处重新不停地生长起来，就像宇宙本身一样。

我们把切萨罗对雪花曲线所描述的性质叫作"分形"。如果把该曲线的一部分保留下来，那么这部分将仍然保存着分形的本质，它又能使自己生长。但究竟什么是"分形"，数学家并未给出一个完美的定义。

二、科赫曲线与谢尔宾斯基三角形

科赫曲线（其实就是雪花曲线的一部分）与雪花曲线构造相似，它可以用以下迭代方法构造出来：平面上有一单位长度的线段（见图 11–3（a）），将单位线段三等分，将中间的部分用两段长为 $\dfrac{1}{3}$ 的折线（夹角为 $\dfrac{\pi}{3}$）来替代（见图 11–3（b）），将前面得到的图形的每一部分分别三等分，每一部分中间的一段用长为 $\dfrac{1}{3^2}$ 的两条折线（夹角为 $\dfrac{\pi}{3}$）来代替（见图 11–3（c）），不断重复这样的迭代作法，无数次迭代之后就生成了具有无穷多弯曲、处处连续、处处不可微的科赫曲线（见图 11–3（d）和图 11–3（e））。事实上，雪花曲线和科赫曲线经常被用作模拟自然界中的雪花和大自然的海岸线。

再来看一组图形：谢尔宾斯基（W. Sierpinski）三角形。

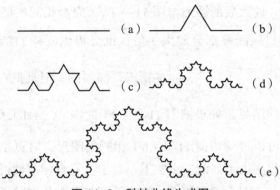

图 11-3 科赫曲线生成图

先做一个正三角形，挖去一个"中心三角形"（即以原三角形各边的中点为顶点的三角形），然后在剩下的小三角形中各挖去一个"中心三角形"，我们用白色三角形代表挖去的部分，那么黑色三角形为剩下的部分。如果用上述方法重复作下去，则此三角形的面积越来越趋近于零，而且容易观察到它的周长越来越接近于无限大。这就是分形中有名的谢尔宾斯基三角形（见图 11-4），巴黎著名的埃菲尔铁塔正是以它作为平面图的。

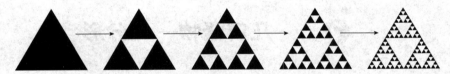

图 11-4 谢尔宾斯基三角形

细心的读者可能会发现图 11-1、图 11-3 和图 11-4 三组图形中包含了很多相似图形（形状相同，大小不一定相同）。这种图形的特点就是图形的每一部分（即使很小）都和它本身的形状相似，我们称图形的这种性质为自相似性。自相似性就是跨尺度的对称性，它意味着在一个图形内部递归有相似的图形，或者说，把要考虑的图形一部分放大，其形状与整体相同，从上面三种曲线图形我们可以很清楚地看到这一点。设想把科赫曲线生成图 11-3（d）中曲线 $\left[0, \dfrac{1}{3}\right]$ 区间那部分放大 3 倍，放大后的图形与图 11–3（c）完全相同。把图 11–3（d）中曲线 $\left[\dfrac{2}{3}, 1\right]$ 区间那部分放大 3 倍，也会得到同样的结果。虽然图 11–3（d）中 $\left[\dfrac{1}{3}, \dfrac{1}{2}\right]$、$\left[\dfrac{1}{2}, \dfrac{2}{3}\right]$ 的图形是倾斜的，但是把它们放大，也会得到同样的结果。如果把图 11–3（d）曲线 $\left[0, \dfrac{1}{9}\right]$ 的那部分图形放大 9 倍，也可以得到与图 11–3（b）相同的图形，对更小的部分进行相应倍数的放大也是如此。事实上，对于具有自相似性的图形，不论多小的部分，若把它适当放大，都能得到与原来相同的图形。我们称严格满足自相似性的图形（如科赫曲线、雪花曲线、谢尔宾斯基三角形）为数字分形，也叫作有规分形。在地球科学和物理科学中也存在着分形现象，但它们的自相似性是近似的，或是统计意义上的，我们称之为统计分形，或无规分形。

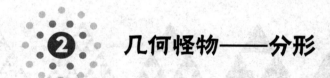

❷ 几何怪物——分形

一、分形思想的萌芽

上一节我们初步见识了三种奇妙的分形图形，发现它们的无论多小的部分都保持着与整体相似的性质。那么究竟什么是分形呢？

在 1975 年曼德布罗特（B. Mandelbrot）首先正式提出分形几何的概念之前，分形思想已经见于 1875—1952 年间一些科学家们的著

作中。1875 年，德国数学家魏尔斯特拉斯构造了处处连续但处处不可
微的函数；1883 年，德国数学家康托尔构造了有许多奇异性质的三分
康托尔集（见图 11-5）；1890 年，意大利数学家皮亚诺构造了能够填
充整个空间的曲线（见图 11-6）；1904 年，瑞典数学家科赫设计出科
赫（雪花）曲线；1910 年，德国数学家豪斯道夫开始了对奇异集合性
质与量的研究，提出分数维概念；1915 年，波兰数学家谢尔宾斯基设
计了像地毯和海绵一样的几何图形；等等。这些曲线和概念正是分形
几何思想的源泉。

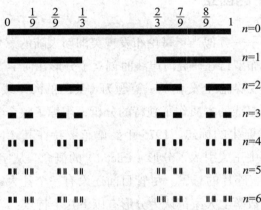

图 11-5 三分康托尔集

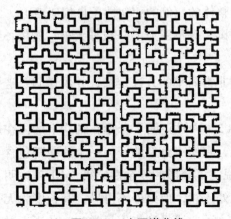

图 11-6 皮亚诺曲线

但是，就像其他的一些革命性的思想一样，分形的出现和研究受到了主流学术界的谴责和鄙视。因为我们所认识的"分形"与传统的数学相矛盾，如有些图形具有有限的面积，却具有无限的周长（如雪花曲线）；有些分形曲线竟能充满整个空间（如皮亚诺曲线）。这些由数学家构造出来的"怪物"不被当时的其他人接受，而且被认为没有丝毫科学价值。当时人们称科赫曲线、雪花曲线等分形曲线为"病态曲线"，而将一些分形研究的对象称为"畸形现象"。

二、分形的创立

一个巧合——颇似当年哥伦布发现美洲新大陆的意外收获，分形的创立者曼德布罗特在研究海岸线时创立了分形几何学。1967 年，他在美国《科学》杂志上发表了一篇题为《英国的海岸线有多长？》的论文。他对海岸线的本质作了独特的分析，震惊了整个学术界。这篇论文成为分形诞生的标志。1975 年曼德布罗特在其《自然界中的分形几何》一书中正式引入了分形（fractal）的概念。从字面意义上讲，fractal 是碎块、碎片的意思。尽管目前还没有一个让大家都满意的分形定义，但在数学上大家都认为分形有以下几个特点：

（1）分形图形具有无限精细的结构（结构的精细性）；

（2）部分与整体的比例的相似性（自相似性）；

（3）一般来讲，分形图形的分数维大于它的拓扑维数（维数的非整数性）；

（4）可以由非常简单的方法定义，并由递归、迭代产生（生成的迭代性）。

其中（1）、（2）两项说明了分形在结构上的内在规律性。自相似性是分形的灵魂，它使得分形的任何一个片段都包含了整个分形的信息。第（3）项说明了分形的复杂性。第（4）项说明了分形的生成机制。科赫曲线处处连续，但处处不可导，其长度为无穷大，以欧氏几何的眼光来看，这种曲线是被打入另类的，从逼近过程中每一条曲线的形态可以看出四条性质的种种表现。以分形的观念来考察前面提到的曲线，可以看出它们不过是各种分形。

研究分形体的数学基础是测度论和公度拓扑学。不熟悉测度论的人很难理解由测度论给出的分形定义，并且在实际中也难以应用。下面给出分形的两个定义，它们虽然都不够精确、不够数学化，但是在物理上很易于理解。

定义 1（曼德布罗特，1986） 部分以某种形式与整体相似的形状叫作分形。

定义 2（埃德加，1990） 分形几何是这样一种几何，它与传统几何学研究的所有几何相比更加不规则，无论放大还是缩小，甚至进一步地放大或缩小，这种几何的不规则性仍然是明显的。

二、分形与分维

任何研究对象总有它自己的特征尺度（即大小合适的尺度）。例如，当我们研究一群人的身高时，用接近平均身高的尺子作为测量单位（例如 1m）是合适的，而当我们研究一群蚂蚁的长度时，要再用 1m 的尺子去测量显然是很不合适的。但是有的事物没有特征尺度，这时就必须同时考虑从小到大的许多尺度（或者叫标度），这叫作"无标度性"问题。比如分形图形，用一把固定的尺子去测量，无论尺子的测量单位是多少，都会遇到困难。

以测量科赫曲线为例，无论用 1m、$\frac{1}{2}$ m、$\frac{1}{n}$ m 还是其他的尺子去测量它，都难以得到它的确切长度。科赫曲线具有无穷多折线，当尺子的尺度越来越小时，新的结构却与整体结构具有同样的复杂性。分形的这种无标度性的核心是自相似性，它对应于分形中存在着的层次结构。

在数学上，维数是几何对象的一个重要特征量，它是几何对象中一个点的位置所需的独立坐标的数目。在传统的欧氏空间中，人们习惯把空间图形看作是三维的，平面或圆面看作是二维的，而把直线或曲线看作是一维的，也可以稍加推广，认为点是零维的。相应的，还可以引入高维空间，对于更抽象或更复杂的对象，只要每个局部可以和欧氏空间对应，就容易确定维数。

在欧氏空间中，人们习惯于整数的维数。而分形理论认为维数也可以是分数，这类维数是物理学家在研究混沌吸引子等理论时因需要而引入的重要概念。最早提出分数维概念的是德国数学家豪斯多夫（1910年）。下面我们举例来简单地说明一下分数维的概念。

当我们画一条直线时，如果用零维的点来量它，其结果为无穷大，因为直线中包含无穷多个点；如果用一块平面来量它，其结果是0，因为直线中不包含平面。那么，用怎样的尺度来量它才会得到有限值呢？看来只有用与其同维数的小线段来量它才会得到有限值，而这里直线的维数为1（大于0、小于2）。

对于上面提到的科赫曲线，其整体是由一条无限长的线折叠而成，显然，若用小直线段量，其结果是无穷大，若用平面量，其结果是0（此曲线中不包含平面），于是只有找一个与科赫曲线维数相同的尺子量它才会得到有限值，而这个维数显然大于1、小于2，那么只能是分数了，所以分数维是存在的。事实上，经过计算，科赫曲线的维数是 1.261 8…。

曼德布罗特在他的著作中探讨"英国的海岸线有多长"这个问题时提出：海岸线的长度依赖于测量时所使用的尺度。如果用公里作为测量单位，从几米到几十米的一些曲折会被忽略；若改用米来做单位，测得的总长度会增加，但是一些厘米量级以下的就不能反映出来。涨潮落潮使海岸线的水陆分界线具有各种层次的不规则性。海岸线在大小两个方向都有自然的限制，取不列颠岛外缘上几个突出的点，用直线把它们连起来，得到海岸线长度的一种下界。使用比这更长的尺度是没有意义的。另外，海沙石的最小尺度是原子和分子，使用更小的尺度也是没有意义的。

在这两个自然限度之间，存在着可以变化许多个数量级的"无标度"区，长度不是海岸线的定量特征，就要用分数维。而科赫从一个正方形的"岛"出发，始终保持面积不变，把它的"海岸线"变成无限曲线，其长度也不断增加，并趋向于无穷大。所以，分数维才是"科赫岛"海岸线的确切特征量，即海岸线的分数维均介于1到2之间。

从传统的几何学出发，我们用非常简单的一把直尺去研究科赫曲线，会发现它十分复杂，它包含无限的层次结构，用什么样的尺子都很难测量它，所以我们说科赫曲线是很复杂的几何对象。但是如果从分形几何学出发，用一个看起来很复杂的测量单位——一个小的科赫曲线去测量整个科赫曲线，得到的结果却十分简单。对比以上两种情况：欧氏几何用简单的图形作为工具，研究某些对象时存在着复杂性；分形几何用复杂的图形（恰恰是利用自相似性，利用复杂图形的本身或其一部分）作为工具，研究复杂对象时得到了非常简单的结果。由此可以看出，分形几何学这面镜子里映照出来的宇宙是粗糙的、凸凹不平的。这种凸凹不平、曲曲折折蕴含着绝非随机、也非偶然的复杂性。这就是分形几何学所要求的信念，它完全不同于欧氏几何学的思想。

由上面的叙述可以知道，分形几何与传统几何相比，有以下显著特点：

（1）从整体上看，分形几何图形是处处不规则的，例如，海岸线和山川形状，从远距离观察，其形状是极不规则的。

（2）在不同尺度上，图形的规则性又是相同的，例如，海岸线和山川形状，从近距离观察，其局部形状又和整体形态相似，它们从整体到局部都是自相似的。当然，也有一些分形几何图形，它们并不完全是自相似的，其中一些用来描述一般随机现象，还有一些用来描述混沌和非线性系统。

③ 自然界中的分形

　　人类生活的世界是一个极其复杂的世界，例如，喧闹的都市生活、变幻莫测的股市变化、复杂的生命现象、蜿蜒曲折的海岸线、坑坑洼洼的地面等，都是客观世界复杂性的表现。基于传统欧几里得几何学的各门自然科学总是把研究对象想象成一个个规则的形体（如六角形、圆、立方体、四面体、正方形、三角形等），而我们生活的世界竟如此不规则和支离破碎（如植物的树叶、天上的云朵、延长的海岸线等），与欧几里得规则的几何图形相比，它们拥有不同层次的复杂性。分形几何提供了一种描述这种不规则复杂现象中的秩序和结构的新方法。曼德布罗特认真地研究了分形与自然的关系，并向人们揭示了，广泛存在于我们身边的一些现象都能够用分形来进行准确的描述，他和他的同事们用分形来描述树和山等复杂事物。

　　如果你是个有心人，就一定会发现在自然界中，有许多生物和景物都在某种程度上存在着自相似性，即它们中的一个部分和它的整体或者其他部分都形似。我们来看看下面这个例子。仔细观察一棵蕨类植物（如图 11-7 所示）会发现，它的每个枝杈都在外形上和整体相同，而仅仅是在尺寸上小了一些。枝杈的枝杈也和整体相同，只是变得更小了。那么更小的枝杈呢？在这棵蕨类植物中，枝杈是整个植物的小版本，而枝杈的枝杈则是更小的版本。这种特性可以无限地持续下去。

　　再来看看下面这棵大树（如图 11-8 所示），它与自身的树枝及树枝上的枝杈在形状上没有大的区别，大树与树枝这种在几何形状上的关系其实也是自相似关系。但是它并不像计算机生成的分形图形那样严格地自相似，这大概是因为它在成长过程中受到了许多外界因素的影响。

图 11-7 蕨类植物图片   图 11-8 树木图片

图 11-9 是实地拍摄的天空的云朵图，我们可以看出，每一片小云朵与整体都具有某种意义上的自相似性。

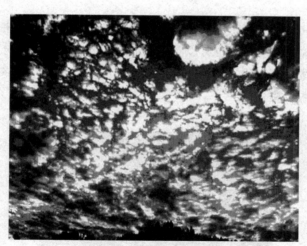

图 11-9 天空中的云朵

对于一个分形图形，只要选对位置进行放大，就会发现，无论放大多少倍，图像的复杂性丝毫不会减少。但是，仔细观察上面这些图片，我们会发现：每次放大的图形并不和原来的图形完全相似。这告诉我们：其实自然界中的分形并不一定具有完全的自相似性。图11-10和图11-11的山脉图片是自然界中的分形的很好的例子。图11-10中的山脉图片1是真实照片（不具有完全的自相似性），而图11-11中的山脉图片2是利用分形技术生成的（具有完全的自相似性）。

图 11-10　山脉图片 1　　　　　图 11-11　山脉图片 2

　　图 11-12 所示的这张月球表面的照片也是用分形技术生成的。如果你把图片放大观看，也可以看到更加细致的东西。因为分形能够保持自然物体无限细致的特性，所以，无论你怎么放大，最终仍然都可以看见清晰的细节。

图 11-12　月球表面模型

在生成自然真实的景物中，分形具有独特的优势，因为分形可以很好地构建自然景物的模型。它们已被广泛应用于电脑制作的宣传广告中。分形的视觉效果更使分形装饰布和分形壁纸成为人们的新宠。

分形观念的引入并非仅是一个描述手法的改变，从根本上讲，分形反映了自然界中某些规律性的东西。以植物为例，植物的生长是植物细胞按一定的遗传规律不断发育、分裂的过程。这种按规律分裂的过程可以近似地看作递归、迭代过程，这与分形的产生极为相似。在此意义上，人们可以认为一种植物对应一个迭代函数系统。人们甚至可以通过改变该系统中的某些参数来模拟植物的变异过程。其实，分形现象远远不止自然界中的这些，从心脏的跳动、变幻莫测的天气到股票的起落等许多现象都具有分形特性，这正是研究分形的意义所在。

4　分形的迭代生成与欣赏

分形是一种全新的概念，许多人在第一次见到分形图形时都有新的感受，不管你是从科学的观点看还是从美学的观点看。分形图可以体现出许多传统美学的标准，如平衡、和谐、对称等，但更多的是超越这些标准的新的表现。比如，分形图中的平衡是一种动态平衡，一种画面的各个部分在变化过程中相互制约的平衡；分形图的和谐是一种数学上的和谐，每一个形状的变化、每一块颜色的过渡都是一种自然的流动，毫无生硬之感；而最特别的是分形的对称，它既不是左右对称，也不是上下对称，而是画面的局部与更大范围的局部的对称，或者说局部与整体的对称。在分形图中更多的是分叉、缠绕、不规整的边缘和丰富的变换，它给我们一种纯真的追求野性的美感，一种未开化的、未驯养过的天然情趣。信息理论的心理学和美学指出，和谐的布局、平衡、对称等信息论意义上的所有有序的原理都是使艺术作品容易理解从而使人有清晰印象的原因。但是现代艺术的研究指出，只求满足美的经典定义并不能产生真正的艺术作品，一件真正的艺术作品还要能激发兴趣、启迪深思。显然，这些刺激源自"创新"，也就是我们视觉器官看到新的以往没有过的现象时的一种感觉。从这个意义上说，分形几何理论的提出和播撒正在形成一种新的审美理想和审美情趣。

从分形结构的角度看，分形理论的审美理想既不崇尚简单，也不崇尚混乱，而是崇尚混乱中的秩序，崇尚统一中的丰富。正如英国艺术史家、艺术心理学和艺术哲学领域的大师级人物贡布里希（E. H. Gombrich）所说的，"审美快感来自对某种介于乏味和杂乱之间的图案的观赏。单调的图案难以吸引人们的注意力，过于复杂的图案则会使我们的知觉系统负荷过重而停止对它进行观赏。"分形图形的结构是复杂的，它总是有无穷的缠绕在里面，每一个局部都有更多变化在进行，然而，它却杂而不乱，它里面有内在的秩序，有自相似结构。这种对称摒弃了欧几里得几何形式的对称给人带来的呆板的感觉，整个画面从平衡中寻找着动势，使人处于跃跃欲试的激动之中，同时在深层次上它又有着普遍的对应与制约，使这种狂放的自由不至于失之交臂。

分形图形的魅力还来自分形图形中蕴涵着的无穷的嵌套结构，这种结构的嵌套性带来了画面的极大丰富性，仿佛里面蕴含着无穷的创造力，使欣赏者不能轻而易举地看出里面的所有内涵。正如法国印象派大师雷诺阿（Renoir）所说："一览无余则不成艺术"。许多伟大的艺术品都具有这样的特征，如巴黎的艺术宫，它的群雕和怪畜、突角和侧柱、布满旋涡花纹的拱壁和配有檐沟齿饰的正檐，巴黎大剧院也是如此。这类艺术品的典范都有一个共同的特征，即没有特定尺度，因为它具有每一种尺度，亦即嵌套结构。观察者从任何距离望去都能看到某种赏心悦目的细节，当你走近时，它的构造就在变化，展现出新的结构元素。所以说分形不仅是数学，还是一门艺术。

分形是数学和电脑的产物，可用绝对精确的数学式子进行无数次"迭代"来产生和"繁殖"。下面我们来看看如何利用计算机通过迭代来描绘出一些唯美的分形图片。从这些图片中，我们不但会惊异于数学的奥妙，也会欣赏到数学艺术、分形艺术的美。

在复平面上，水平的轴线代表实数，垂直的轴线代表虚数。选定一个合适的迭代函数 $Z_{n+1} = f(Z_n, C)$，不同的分形集合（复平面上无限多个点）对应于一个不同的迭代函数，也有不同的复常数 C。然后在复平面上任意取一个点，其值是复数 Z_0，将其代入迭代方程，进行迭代运算：用旧的 Z_n 代入函数右端，所得结果作为新的 Z_{n+1}，再把新的 Z_{n+1} 作为旧的 Z_n，重复运算。这样不停地做下去，得到的这些 Z 值有三种可能：

（1）Z 值没有界限地增加（趋向于无穷）；

（2）Z 值衰减（趋向于零）；

（3）Z 值是变化的，即既不趋向于无穷，也不趋向于零。

趋向于无穷和趋向于零的点称为定常吸引子，很多点在定常吸引子处结束，被定常吸引子吸引。不趋向于无穷或零的点称为混沌（或奇异）吸引子，它们可以生成各种奇异、美丽的分形图案。

下面给出几个分形的迭代算法，并给出其他一些美丽的分形图案。

1. 分形的迭代

（1）曼德布罗特集。

曼德布罗特在分形的研究中最精彩的部分是 1980 年他发现的并以他的名字命名的集合（见图 11-13），他发现整个宇宙以一种出人意料的方式构成自相似的结构。曼德布罗特图形的边界处具有无限复杂和精细的结构。如果计算机的精度是不受限制的，你就可以无限地放大它的边界。当你放大某个区域，它的结构就在变化，展现出新的结构元素，如图 11-14 和图 11-15 所示。这正如"蜿蜒曲折的一段海岸线"，无论你怎样放大它的局部，它总是曲折而不光滑，即连续不可微。曼德布罗特集是曼德布罗特在复平面中用简单的式子进行迭代产生的图形。虽然式子和迭代运算都很简单，但是产生的图形却出现了那么丰富多样的形态及精细的结构，简直令人难以置信甚至不可思议。曼德布罗特集告诉我们，自然界中简单的行为可以导致复杂的结果。

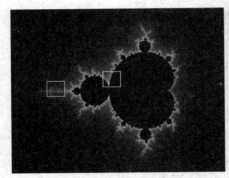

图 11-13　曼德布罗特集

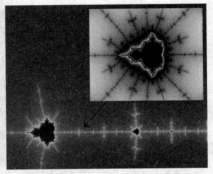

图 11-14　曼德布罗特集局部放大图 1

图 11-15　曼德布罗特集局部放大图 2

　　曼德布罗特集（简称 M 集）被称为人类有史以来最奇异、最瑰丽的几何图形。它由一个主要的心形图与一系列大小不一的圆盘芽苞突起连在一起构成。有的地方像日冕，有的地方像燃烧的火焰，那心形圆盘上饰以多姿多彩的荆棘，上面挂着鳞茎状下垂的微小颗粒，仿佛是葡萄藤上熟透的累累硕果。它的每一个细部都可以演绎出美丽的梦幻般的仙境似的图案，因为只要把它的细部放大，展现在眼前的景象会更令人赏心悦目。而这种放大可以无限地进行下去，无论放大到哪一个层次，都会显示同样复杂的局部。这些局部与整体不完全相同，又有某种相似的地方，使你感到这座具有无穷层次结构的雄伟建筑的每一个角落都存在无限嵌套的迷宫和回廊，催生出你无穷的探究欲望。

曼德布罗特集的数学模型其实非常简单。取迭代函数为 $z_{n+1} = z_n^2 + c$，根据复数 c 的取值不同，经过若干次迭代以后 z 的幅值可能趋向无穷，也可能保持有界，曼德布罗特集就是那些使 z 保持有界的 c 的集合。把 c 在复平面上的分布作成图像，就可以得到上面极其复杂的结构。

（2）茹利亚（Julia）集。

茹利亚集是应用和 M 集相同的公式 $z_{n+1} = z_n^2 + c$ 迭代产生的集合。它与 M 集的不同之处在于：M 集是由所有使 z 保持有界的复数 c 构成的，而茹利亚集是对给定的 c，那些保持有界的 z 点的集合，所以，它们具有相似的迭代过程。根据所选择参数的不同，茹利亚集也相应地有若干种不同的类型。

M 集和茹利亚集具有类似的迭代过程，这里给出后者的计算机程序。有兴趣的读者可以试着运行一下，观察其图形的生成过程。

茹利亚（Julia）集迭代程序

```
// Julia.cpp
//
#include "stdafx.h"
#include "Julia.h"
#define MAX_LOADSTRING 100
// 全局变量：
HINSTANCE hInst;
TCHAR szTitle[MAX_LOADSTRING];
TCHAR szWindowClass[MAX_LOADSTRING];
RECT    rectClient;
```

```
// 此代码模块中包含的函数的前向声明：
ATOM                MyRegisterClass(HINSTANCE hInstance);
BOOL                InitInstance(HINSTANCE,int);
LRESULT CALLBACK    WndProc(HWND,UINT,WPARAM,LPARAM);
LRESULT CALLBACK    About(HWND,UINT,WPARAM,LPARAM);
void DrawJulia(HDC hdc,
            double Xmin,double Ymin,
// 收敛区域的左下角的坐标
            double Xmax,double Ymax,
// 收敛区域的右上角的坐标
            int itNum,
// 最大迭代次数
            double r                            // 逃逸半径
            );

int APIENTRY _tWinMain(HINSTANCE hInstance,
            HINSTANCE hPrevInstance,
            LPTSTR    lpCmdLine,
            int       nCmdShow)
{
    // TODO: 在此放置代码
    MSG msg;
    HACCEL hAccelTable;

    // 初始化全局字符串
    LoadString(hInstance,IDS_APP_TITLE,szTitle,MAX_
LOADSTRING);
    LoadString(hInstance,IDC_JULIA,szWindowClass,MAX_
LOADSTRING);
    MyRegisterClass(hInstance);
    // 执行应用程序初始化：
    if (!InitInstance (hInstance,nCmdShow))
    {
        return FALSE;
    }
    hAccelTable = LoadAccelerators(hInstance,(LPCTSTR)IDC_
JULIA);
    // 主消息循环：
    while (GetMessage(&msg,NULL,0,0))
    {
        if (!TranslateAccelerator(msg.hwnd,hAccelTable,
&msg))
        {
```

```
            TranslateMessage(&msg);
            DispatchMessage(&msg);
        }
    }
    return (int) msg.wParam;
}
//
//   函数:MyRegisterClass()
//
ATOM MyRegisterClass(HINSTANCE hInstance)
{
    WNDCLASSEX wcex;
    wcex.cbSize=sizeof(WNDCLASSEX);
    wcex.style              = CS_HREDRAW | CS_VREDRAW;
    wcex.lpfnWndProc =  (WNDPROC)WndProc;
    wcex.cbClsExtra         = 0;
    wcex.cbWndExtra         = 0;
    wcex.hInstance          = hInstance;
    wcex.hIcon              = LoadIcon(hInstance,(LPCTSTR)
IDI_JULIA);
    wcex.hCursor            = LoadCursor(NULL,IDC_ARROW);
    wcex.hbrBackground      = (HBRUSH)(COLOR_WINDOW+1);
    wcex.lpszMenuName       = (LPCTSTR)IDC_JULIA;
    wcex.lpszClassName      = szWindowClass;
    wcex.hIconSm            = LoadIcon(wcex.
hInstance,(LPCTSTR)IDI_SMALL);
    return RegisterClassEx(&wcex);
}
//
//   函数:InitInstance(HANDLE,int)
//
BOOL InitInstance(HINSTANCE hInstance,int nCmdShow)
{
    HWND hWnd;
    hInst = hInstance; // 将实例句柄储存在全局变量中
    hWnd = CreateWindow(szWindowClass,szTitle,WS_
OVERLAPPEDWINDOW,
        CW_USEDEFAULT,0,CW_USEDEFAULT,0,NULL,NULL,hInstance,
NULL);

    if (!hWnd)
    {
        return FALSE;
```

```
    }

    ShowWindow(hWnd,nCmdShow);
    UpdateWindow(hWnd);
    return TRUE;
}
//
//   函数:WndProc(HWND,unsigned,WORD,LONG)
//
LRESULT CALLBACK WndProc(HWND hWnd,UINT message,WPARAM
wParam,LPARAM lParam)
{
    int wmId,wmEvent;
    PAINTSTRUCT ps;
    HDC hdc;
    //static RECT Rect;

    switch (message)
    {
    case WM_COMMAND:
        wmId    = LOWORD(wParam);
        wmEvent = HIWORD(wParam);

        switch (wmId)
        {
        case IDM_ABOUT:
            DialogBox(hInst,(LPCTSTR)IDD_ABOUTBOX,
hWnd,(DLGPROC)About);
            break;
        case IDM_EXIT:
            DestroyWindow(hWnd);
            break;
        default:
            return DefWindowProc(hWnd,message,wParam,lP
aram);
        }
        break;
    ///////////////////////////////定义客户区尺寸
    case WM_SIZE:
        rectClient.right  = LOWORD(lParam);
        rectClient.bottom = HIWORD(lParam);
        break;
    case WM_PAINT:
```

```
    hdc = BeginPaint(hWnd,&ps);
    // TODO: 在此添加任意绘图代码…
//    GetClientRect(hWnd,&Rect);
    DrawJulia(hdc,-2.0,-1.5,2.0,2.0,235,100.0);
    EndPaint(hWnd,&ps);
    break;
case WM_DESTROY:
    PostQuitMessage(0);
    break;
default:
    return DefWindowProc(hWnd,message,wParam,lParam);
}
return 0;
}


// "关于"框的消息处理程序
LRESULT CALLBACK About(HWND hDlg,UINT message,WPARAM
wParam,LPARAM lParam)
{
    switch (message)
    {
    case WM_INITDIALOG:
        return TRUE;
    case WM_COMMAND:
        if (LOWORD(wParam) == IDOK || LOWORD(wParam) ==
IDCANCEL)
        {
            EndDialog(hDlg,LOWORD(wParam));
            return TRUE;
        }
        break;
    }
    return FALSE;
}


/////////////////////////////// 画Julia 集
void DrawJulia(HDC hdc,
        double Xmin,double Ymin,
        double Xmax,double Ymax,
        int itNum,
        double r2
        )
{
```

```
static double p=-0.11,q=0.6557;                    //  C=p+qi;
int i,j,k;
double x0,y0;
double x,y,dx,dy,t;

dx = (Xmax - Xmin) / (double)rectClient.right;
dy = (Ymax - Ymin) / (double)rectClient.bottom;
y0 = Ymax;

for(j=0; j<rectClient.bottom; j++)
{
    x0 =  Xmin;
    for(i=0; i<rectClient.right; i++)
    {
        x = x0;   y = y0;
        for(k=0; k<itNum; k++)
        {
            t = x * x - y * y + p;
            y = 2.0 * x * y + q;
            x = t;
            if(x*x+y*y >= r2) break;

        }
        k &= 0xFF;
    k = 255 - k;
        SetPixel(hdc,i,j,RGB(k,k,k));
        x0 += dx;
    }
    y0 -= dy;
}
}
```

生成的茹利亚集如图 11-16 所示。

图 11-16　迭代生成的茹利亚集

2. 分形图案欣赏

（1）牛顿–新星分形。

牛顿奠定了经典力学、光学和微积分学的基础。但是除了创造这些自然科学的基础学科外，他还建立了一些方法，这些方法直到今天还是非常有价值的。例如，牛顿建议用一个逼近方法求解一个方程的根。先猜测一个初始点，然后使用函数的一阶导数，用切线逐渐逼近方程的根。如方程 $z^6+1=0$ 有 6 个根，用牛顿的方法"猜测"复平面上各点最后趋向方程的各个根，就可以得到一个分形图形，与茹利亚分形一样，它能被永远放大下去，并有自相似性。这称为牛顿分形，如图 11–17 所示。

德比夏尔（P. Derbyshire）研究牛顿分形图形时，改变了加进茹利亚集中的复数 c 的算法，产生了奇特的图形，他称之为新星分形，如图 11–18 所示。

图 11–17　牛顿分形　　　　　图 11–18　新星分形

（2）其他分形图形。

英国数学家哈代说过：数学家的模式，与画家和诗人的模式一样，必须是美的，数学概念同油彩或语言文字一样，必须非常协调。美是第一性的，不完美的、丑陋的数学在数学史上不会有永久的位置。

下面请读者再欣赏一组神奇美丽的分形图片，相信大家会从中感悟分形之美、数学之美（如图 11–19 至图 11–26 所示）。

图 11-19 欢快的歌舞者

图 11-20 绽放的花朵

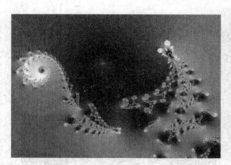

图 11-21 追月图一

图 11-22 追月图二

图 11-23 娇艳的玫瑰

图 11-24 雨季的丁香

图 11-25 蝴蝶之树

图 11-26 美丽的"自然"风景

 思考题

1. 什么是分形？举例说明。

2. 说说分形几何与传统几何的区别。

3. 根据你自己的想法，设计一幅分形图形。

第十二讲 理论来自
实践的范例

—— 微积分怎样建立

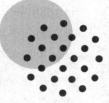

  基础数学可分为初等数学与高等数学，初等数学研究的是常数和常量，而高等数学研究的则是函数和变量。如果把数学比作一棵大树，那么初等数学是这棵大树的根部，名目繁多的数学分支是这棵大树的树枝，而大树的主干便是高等数学的主要部分——微积分。微积分是微分学和积分学的总称，是高等数学的基础。它也可以看作一种数学思想，"无限细分"是微分，"无限求和"则是积分。无限就是极限，极限的思想是微积分的基础，它是用一种运动的思想看待问题。比如，子弹飞过枪膛的瞬时速度就是微分的概念，子弹在某个时间段所飞行的路程就是积分的概念。

  17世纪上半叶，法国数学家笛卡儿在欧几里得几何学的基础上，把代数与几何综合，建立了解析几何，使微积分的发明成为可能。1666年，英国数学家、物理学家牛顿发明了微积分，牛顿称其为"流数术"，这标志着微积分的诞生。但有关论文《流数简论》直到1687年后才正式发表。1684年和 1686 年，德国数学家、物理学家莱布尼茨先后发表了关于微分和积分的论文。目前一般认为牛顿和莱布尼茨各自独立完成了微积分的发明。莱布尼茨虽比牛顿晚了将近 20 年，但后者的推导表现方式更合理，目前所通用的微积分术语和符号也是沿袭莱布尼茨当时所使用的。

微积分的创立被恩格斯誉为"人类精神的最高胜利"，是整个数学发展史上最伟大的成就之一。到 18 世纪，微积分进一步深入发展，刺激和推动了许多数学新分支的产生，从而形成了具有鲜明特点的数学领域——分析学。

在这一讲里，我们主要介绍微积分产生的背景及其发展过程，最后简单介绍一下由于微积分的创立而产生的新的数学分支。

微积分的酝酿

微积分的思想萌芽，特别是积分学部分可以追溯到古代。自古以来，计算曲线所包围的平面图形的面积以及曲面所包围的立体的体积一直是数学家们感兴趣的课题，在古希腊、古代中国和古印度的数学家们的著作中，不乏用无穷过程来计算特殊形状对象的面积、体积和曲线长度的例子。对作为微分学中心问题的切线问题的探讨却是比较晚的事情，17世纪许多著名的数学家（主要是法国）如费马、笛卡儿、罗贝瓦尔、德扎格等人都曾经卷入切线问题的论战中。牛顿和莱布尼茨最大的功劳就是将这两个貌似不相关的问题联系起来，在积分（求积问题）和微分（切线问题）两者之间建立起了一道桥梁，用微积分基本定理（或者称为"牛顿-莱布尼茨公式"）表达出来，近代数学就是在那个时候诞生的。

微积分的产生是继欧几里得几何之后数学的一个重大创造。近代微积分的酝酿主要是在17世纪上半叶这段时期。在这段时期内自然科学有了很大进步，如在天文学和力学等领域发生了一系列重大事件。

首先是1608年荷兰眼镜制造商帕西发明了望远镜，不久之后伽利略研制出了第一架天文望远镜，从而作出了令人目不暇接、惊奇不已的天文发现。望远镜的发明不仅引起了天文学的新高涨，而且推动了光学的发展。后来开普勒通过观测归纳出行星运动的三大定律。1638年，伽利略建立了自由落体运动定律、动量定律等，为动力学奠定了基础；另外，他也认识到弹道的抛物线性质。凡此一切标志着自文艺复兴以来在资本主义生产力刺激下蓬勃发展的自然科学开始迈入结合与突破的阶段，而这种结合与突破所面临的数学难题空前地使微分学的一些基本问题成为人们关注的焦点。

第一类问题是已知物体移动的距离可以表示为时间的函数，求物体在任意时刻的速度和加速度；反过来，已知物体的加速度可以表示为时间的函数，求物体在任意时刻的速度和移动的距离。这类问题是在研究物体的运动时直接出现的，困难在于所涉及的速度和加速度每时每刻都在变化，比如计算瞬时速度，不能像计算平均速度一样，用运动的时间去除移动的距离，因为在给定的瞬时，移动的距离和所用的时间都是 0，而 $\frac{0}{0}$ 是无意义的。但是根据物理知识，每一个运动的物体在它运动的每一个时刻必有速度，这也是无疑的。已知速度公式求移动距离的问题也遇到了同样的困难，因为速度每时每刻都在变化，所以不能用运动的时间乘任意时刻的速度来得到移动的距离。

第二类问题是求曲线的切线。这个问题的重要性源于多个方面，它是纯几何问题，而且对于科学应用极其重要。光学是 17 世纪的一门比较重要的科学研究。比如，研究光线通过透镜的通道，必须知道光线射入透镜的角度，以便应用反射定律。如图 12-1 所示，角 A 是光线与曲线的法线间的夹角。法线是垂直于切线的，所以问题在于求出法线或者求出切线。

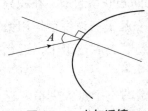

图 12-1　光与透镜

另一个涉及曲线切线的科学问题出现于物体运动的研究中。运动物体在它的轨迹上的任一点处的运动方向是轨迹的切线方向。

第三类问题是求函数的最大值与最小值。比如，炮弹从炮筒里射出，它运行的水平距离（即射程）依赖于炮筒相对于地面的倾斜角，即发射角。一个实际问题是求能获得最大射程的发射角。另外，研究行星的运动也涉及最大值和最小值的问题，例如求行星离开太阳的最远和最近的距离。

第四类问题是一些几何量的计算，例如，求曲线的长度（如行星在已知时间段内移动的距离）、曲线围成的平面图形的面积、曲面围成的立体的体积、物体的重心、一个体积相当大的物体（例如行星）作用在另一物体上的引力，等等。古希腊人用"穷竭法"求出了一些曲面的面积和不规则立体的体积。尽管他们只是对一些比较简单的曲面和立体应用了这个方法，但也必须增加许多技巧，因为这些方法缺乏一般性。

17 世纪上半叶，几乎所有科学大师都致力于对上面提到的四类问题的研究，寻求解决这些难题的新的数学工具，特别是描述运动与变化的无限小算法，并在相当短的时期内取得了迅速发展。下面介绍在微积分酝酿阶段最有代表性的工作。

1. 开普勒与旋转体体积

德国天文学家、数学家开普勒在 1615 年发表了《测量酒桶的新立体几何》，讨论了求圆锥曲线围绕其所在平面上某直线旋转而成的立体体积的积分法。开普勒方法的核心是用无数个同维无限小元素之和来确定曲边形的面积以及旋转体的体积。例如，他认为球的体积是无数个小圆锥的体积和，这些圆锥的顶点在球心，底面则是球面的一部分；他又把圆锥看成极薄的圆盘之和（如图 12-2 所示），并由此计算出它的体积，然后进一步证明球的体积是半径乘以球面面积的三分之一 $\left(V = R \times 4\pi R^2 \times \dfrac{1}{3} \right)$。

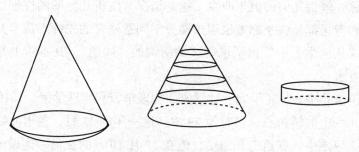

图 12-2 分割球为小圆锥及圆锥分割为薄圆盘

2. 卡瓦列里的"不可分量"原理

意大利数学家卡瓦列里（B. Cavalieri）在其著作《用新方法促进的连续不可分量的几何学》（1635 年）中发展了系统的不可分量方法。卡瓦列里认为线由无限多个点组成；面由无限多条平行线段组成；立体则由无限多个平行平面组成。他分别把这些元素叫作线、面和体的"不可分量"（indivisible）。他建立了一条关于这些不可分量的普遍原理，后人以"卡瓦列里原理"著称：

> 两个等高的立体，如果它们的平行于底面且与底面距离相等的截面面积之间总有给定的比，那么这两个立体的体积之间也有同样的比。

卡瓦列里利用这条原理计算出了许多立体图形的体积。然而他对积分的创立最重要的贡献还在于他后来（1639 年）利用平面上的不可分量原理建立了等价于下列积分

$$\int_0^a x^n \mathrm{d}x = \frac{a^{n+1}}{n+1}$$

的基本原理，使早期积分学突破了体积计算的现实原型而向一般算法过渡。

3. 笛卡儿的"圆法"

以上介绍的微积分准备阶段的工作主要采用几何方法并集中于积分问题。解析几何的诞生改变了这一情况。解析几何的两位创始人笛卡儿和费马都是将坐标方法引进微分学问题研究的先锋。笛卡儿在其著作《几何学》中提出了求切线的所谓的"圆法"，其本质上是一种代数方法。

笛卡儿是一位哲学家、数学家、物理学家和生理学家。1619 年是笛卡儿一生的转折点，当时他 23 岁。这一年的 11 月，笛卡儿终日沉迷在深思之中。据笛卡儿回忆，他在 11 月 10 日的夜里一连做了三个奇特的梦，"发现了一种不可思议的科学基础"。他意识到他已经构思出一种新的几何学。1637 年，笛卡儿的名著《方法论》出版，该书附

有一篇名为《几何学》的附录。这是一份数学史上的经典文献，文中首次提出了"坐标"的概念，并借助于坐标系用含有变数的代数方程来表示和研究几何曲线。笛卡儿把代数方程与几何曲线联系起来，创造出坐标几何即解析几何这门新的学科，使几何概念得以用代数方法来描述，进而通过代数计算来解决几何问题。

代数与几何两大学科的联姻是数学方法论的重大进展。代数和几何的相互交叉、相互碰撞、相互渗透深刻地改变了数学的格局和面貌。笛卡儿创造性的工作为后人发明微积分作了铺垫。正如牛顿本人所说的："如果我之所见比笛卡儿等人看得远一点的话，那只是因为我站在巨人肩上的缘故。"

4. 费马求极大值与极小值的方法

笛卡儿圆法记载于他 1637 年发表的《几何学》中。就在同一年，费马在一份手稿中提出了求极大值与极小值的代数方法。

费马的方法是这样的：设函数 $f(x)$ 在点 a 处取极值，用 $a+e$ 代替原来的未知量，并使 $f(a+e)$ 与 $f(a)$ "逼近"，即

$$f(a+e) \to f(a)$$

消去公共项后，用 e 除两边，再令 e 消失，即

$$\left[\frac{f(a+e)-f(a)}{e} \right]_{e=0}$$

用此方程求得的 a 就是 $f(x)$ 的极值点。

显然，费马的方法几乎相当于现代微积分中的导数，只是以符号 e 代替了增量 Δx。

5. 巴罗的"微分三角形"

巴罗（I. Barrow）也给出了求曲线的切线的方法，他的方法记载于 1669 年出版的《几何讲义》中，但他应该是在更早的时候就得到了这种方法。

与笛卡儿、费马不同，巴罗使用了几何法。巴罗几何法的关键概念后来变得很有名，就是"微分三角形"，也叫作"特征三角形"。

如图 12-3 所示，设有曲线 $f(x, y) = 0$，欲求其上一点 P 处的切线。巴罗考虑了一段"任意小的弧"$\overset{\frown}{PQ}$，它是由增量 $QR = e$ 引起的。$\triangle PQR$ 就是所谓的微分三角形。巴罗认为当这个三角形越来越小时，它与 $\triangle TPM$ 应趋近于相似，故应有

$$\frac{|PM|}{|TM|} = \frac{|PR|}{|QR|}，\quad 即 \quad \frac{y}{t} = \frac{a}{e} \quad (t = |TM|)$$

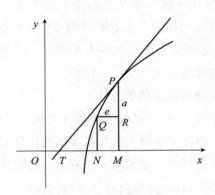

图 12-3　微分三角形

因 Q、P 在曲线上，故应有

$$f(x - e, y - a) = f(x, y) = 0$$

在上式中消去一切包含 e，a 的幂或者二者相乘的项，从所得方程中解出 $\dfrac{a}{e}$，即切线斜率 $\dfrac{y}{t}$，于是可得到 t 值，从而作出切线。巴罗的方法实质上是把切线看作当 a 和 e 趋于零时，割线 $\overline{PQ}$ 的极限位置，并通过忽略高阶无穷小来取极限。在这里，a 和 e 分别相当于现在的 $\mathrm{d}y$ 和 $\mathrm{d}x$，而 $\dfrac{a}{e}$ 则相当于 $\dfrac{\mathrm{d}y}{\mathrm{d}x}$。

这里值得一提的是，巴罗是牛顿的老师，是英国剑桥大学第一任"卢卡斯数学教授"，也是英国皇家学会的首批会员。当巴罗发现和认识到牛顿的才能时，便于 1669 年辞去了卢卡斯教授的职位，举荐自己的学生——当时只有 27 岁的牛顿来担任这一职位。"巴罗让贤"成为科学史上的一段佳话。

6. 沃利斯的"无穷算术"

沃利斯（J. Wallis）是在牛顿和莱布尼茨之前，将分析方法引入微积分贡献最突出的数学家。沃利斯最重要的著作是《无穷算术》（1655 年），其书名就表明了他用本质上是算术（也就是牛顿所说的"分析"）的途径发展了积分法。

沃利斯利用他的算术不可分量方法获得了许多重要结果，其中之一就是将卡瓦列里的幂函数积分公式

$$\int_0^a x^n \mathrm{d}x = \frac{a^{n+1}}{n+1}$$

推广为分数幂的情形。他通过一系列推导猜想：

$$\int_0^a x^{\frac{p}{q}} \mathrm{d}x = \frac{a^{\frac{p}{q}+1}}{\frac{p}{q}+1} = \frac{q}{p+q} a^{\frac{p+q}{q}}$$

不过沃利斯仅对 $p=1$ 的特例证明了上面这一公式。

17 世纪上半叶先驱们的一系列工作沿着不同的方向朝着微积分的大门逼近，但是所有努力还不足以标志微积分作为一门独立科学的诞生。这些先驱者对求解各类微积分问题确实作出了宝贵的贡献，但它们的方法仍然缺乏足够的一般性。

求切线、求变化率、求极大极小值以及求面积、体积等基本问题，在当时被作为不同类型的问题处理。虽然也有人注意到了其中的某些联系，但是没有人能将这些问题联系起来作为一般规律明确提出来。因此，就需要有人站在更高的高度上，将以往个别的贡献和分散的努力综合起来作为统一的理论。这是 17 世纪中叶数学家们面临的艰巨任务。牛顿和莱布尼茨正是在这样的时刻出场的。

2 直通微积分

一、拉开微积分的序幕——穷竭法

人们普遍认为，微积分的起源可以追溯到公元前 3 世纪阿基米德处理曲边图形的"穷竭法"。阿基米德

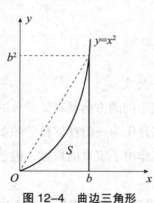

图 12-4　曲边三角形

有惊人的创造才能，他将高超的计算技巧与严谨的数学论证融为一体，而被后人尊称为"古代数学之神"。阿基米德的重大数学成就之一就是运用穷竭法计算了一些简单曲边图形所围成的图形的面积，例如由抛物线 $y=x^2$（$0 \leqslant x \leqslant b$）与 x 轴及直线 $x=b$ 所围成的曲边三角形的面积（如图 12-4 所示）。

位于矩形 $0 \leqslant x \leqslant b$, $0 \leqslant y \leqslant b^2$ 之中的这个曲边三角形的面积 S 显然不到矩形面积 b^3 的一半。阿基米德断言，这个曲边三角形的面积恰好等于矩形面积的三分之一，即抛物线 $y=x^2$ $(0 \leqslant x \leqslant b)$ 与 x 轴及直线 $x=b$ 所围成的曲边三角形的面积为 $S=\dfrac{b^3}{3}$。这个结论是惊人的。阿基米德是利用穷竭法来证明这个结论的。将区间 $[0, b]$ 分成 n 等份，过等分点作平行于 y 轴的直线，将曲边三角形分割成若干窄长条，这样就得到内外两个阶梯图形，它们分别从内部与外部逼近抛物线 $y=x^2$。将这些小矩形的面积累加，即得阶梯图形的面积。

利用求和公式 $1^2+2^2+3^2+\cdots+n^2=\dfrac{n^3}{3}+\dfrac{n^2}{2}+\dfrac{n}{6}$，可得外接阶梯图形（见图 12-5）的面积

$$S_n=\frac{b^3}{n^3}(1^2+2^2+3^2+\cdots+n^2)=\frac{b^3}{3}\left(1+\frac{3}{2n}+\frac{1}{2n^2}\right)$$

同理可得内接阶梯图形（见图 12-6）的面积

$$T_n=\frac{b^3}{n^3}[1^2+2^2+3^2+\cdots+(n-1)^2]=\frac{b^3}{3}\left(1-\frac{3}{2n}+\frac{1}{2n^2}\right)$$

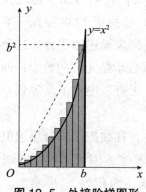 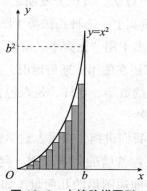

图 12-5　外接阶梯图形　　　图 12-6　内接阶梯图形

　　显然，所考察的曲边三角形的面积 S 介于两个阶梯图形的面积之间：$T_n \leqslant S \leqslant S_n$，可以证明，只要等分数 n 足够大，内外阶梯图形的面积与 $\dfrac{b^3}{3}$ 之差均小于预先给定的正数，因此这两个阶梯图形的面积可以"穷竭"所给曲边三角形的面积。由此断定，曲边三角形的面积等于矩形面积的 $\dfrac{1}{3}$。但是"穷竭法"没有涉及无限过程的思考，因而有人认为它与"无限的"极限过程毫不相干。卡尔·B. 波耶的著作《微积分概念史》也提到："穷竭法跟我们今天极限的概念并不相干，而只是一些迂回曲折绕过这些概念的途径……"。

　　极限概念是近代微积分学的基础，尽管阿基米德的穷竭法与极限论"毫不相干"，但在数学的发展史上，它对微积分的形成确实产生

过深刻影响，在这个意义上可以把穷竭法看作微积分的源头。

二、通往微积分的必由之路——极限论

人们把基础数学分为初等数学与高等数学，微积分为什么算是"高等"的数学？从初等数学到高等数学（微积分）的主要通道在哪里？现在我们就来探讨一下这个问题。

在创建微积分的过程中，牛顿和莱布尼茨都特别强调微积分是"无穷"的数学。微积分发明之后，人们长期习惯于称之为"无穷小分析"。事实上，这种提法源于欧拉，欧拉于 1748 年在一本著名的微积分教科书中用"无穷小量解析"一词来描述微积分。这个名字直到 19 世纪都还在使用。通俗地说，高等数学是无穷的数学；而初等数学则是有限的数学。这样，是否包容"无穷"便成了高等数学与初等数学的分水岭。

前面我们讲到，在西方数学史中，往往把微积分思想追溯到公元前 3 世纪古希腊的阿基米德。阿基米德运用所谓的"穷竭法"计算出了一些曲边图形的几何量（如周长、面积等）。事实上，曲边图形"天然"含有"无穷"的成分，阿基米德的种种计算方法为微积分作了铺垫，然而古希腊人在精神上对"无穷"怀有恐惧，因而他们"总是谨慎地避免明显地'取极限'"。在中外古代数学史上，首先举起"极限论"大旗的人是中国的刘徽。刘徽的割圆术清晰地提出了极限思想并刻画了极限过程，同时给出了极限的计算方法。

极限论是从初等数学到高等数学的主要通道。阿基米德的穷竭法通过注入极限思想被引入微积分，然而穷竭法的先天不足使得创始初期的微积分缺乏逻辑上的严密性。牛顿自己也承认，初期的微积分方法"与其说是精确的证明，不如说是简短的说明"。牛顿发明的微积分充满朝气，但同时显得幼稚和粗糙。在早期的微积分论文中，牛顿使用符号"o"表示"无穷小量"，但什么是"无穷小量 o"呢？在牛顿的心目中，它不是纯粹的数 0，但其绝对值又小于任意给定的小

量。这有悖于传统的"数"的概念，从而遭到了广泛的非议。一直到18世纪，英国的贝克莱主教还猛烈地攻击"无穷小量"是"消失的量的鬼魂"。17世纪中叶创立的微积分强有力地推动了数学的迅猛发展，其内容之丰富、应用之广泛令人眼花缭乱、目不暇接，然而微积分逻辑混乱这个矛盾也更加突出了。数学家们不能忍受这样的事实：高耸入云的微积分大厦竟建立在缺乏逻辑基础的沙滩上。

微积分需要严密化，然而这方面的探索步履维艰。事实上，数学中常有这样的"怪"东西，它极其直观，但在逻辑上却总也说不清楚。"极限"就是数学上的这种"怪物"。关于"什么是极限"，从微积分创建初期一直到19世纪中叶，数学家们整整冥思苦想了200年，最终德国数学家魏尔斯特拉斯提出了极限的"$\varepsilon-N$"及"$\varepsilon-\delta$"定义方法。

先来回顾一下数列的极限。对于某个数列$\{x_n\}$，当下标n趋于∞时，该数列收敛到极限值a，这一事实可解释为：当n充分大时，误差$|x_n-a|$会足够小（即x_n与a的距离足够小）。但是问题在于这种说法在逻辑上不清晰。给极限下一个严格的定义很困难。所谓数列$\{x_n\}$以a为极限，就要求保证误差$|x_n-a|$当n充分大的时候会任意地小；然而在极限值未知的情况下，准确地计算误差$|x_n-a|$是不可能的。极限要用误差来定义，误差要靠极限值来计算，这是个"先有鸡还是先有蛋"的问题。究竟怎样定义数列的极限呢？如前所述，数学家们长期找不到答案。直到19世纪中叶，魏尔斯特拉斯才想出了一个办法。他的所谓的"$\varepsilon-N$"及"$\varepsilon-\delta$"说法在现今的微积分教材中仍被广泛应用。魏尔斯特拉斯的极限定义是这样的：

称数列$\{x_n\}$收敛于a，如果对于任意给定的$\varepsilon>0$（不管ε如何地小），总可以找到这样的下标N，使对一切的$n>N$，$|x_n-a|<\varepsilon$恒成立。数列$\{x_n\}$收敛于a，用符号$\lim\limits_{n\to\infty}x_n=a$表示，或简写成当$n\to\infty$时，$x_n\to a$。

魏尔斯特拉斯对极限的定义是一个很抽象的叙述，初次遇到它时暂时不理解是不足为怪的。现在我们采用这样的方法来理解这个定义。我们把极限的定义看作 A 和 B 两个人之间的一个竞争。A 提出的要求是 $\{x_n\}$ 趋于常量 a，其精确程度应比选取的界限 $\varepsilon = \varepsilon_1$ 高；B 对这个要求的答复是：能够找到一个确定的数 $N = N_1$，使得元素 x_{N_1} 以后的所有元素 x_n 满足 ε_1 的精度要求，然后 A 又提出了新的更小的界限 $\varepsilon = \varepsilon_2 < \varepsilon_1$，B 通过找到一个（可能是更大的）整数 N_2，再次满足了这个要求，即不管 A 提出的界限有多么小，B 都能满足 A 的要求。我们就用 $x_n \to a$ 来表示这种情况。

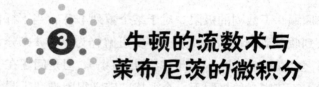

3 牛顿的流数术与
莱布尼茨的微积分

一、牛顿的"流数术"

提起微积分，人们都会想起牛顿，很明显地，人们已经把微积分的发明归功于数学家牛顿了。

牛顿于伽利略去世的那一年出生于英格兰乌尔斯索普的一个农村家庭。他于 1661 年进入剑桥大学三一学院，受教于巴罗，同时钻研伽利略、开普勒、笛卡儿和沃利斯等人的著作。笛卡儿的《几何学》和沃利斯的《无穷算术》对他的数学思想的形成影响最深，正是这两部著作引领着牛顿走上了创立微积分之路。

1665 年 8 月，剑桥大学因为瘟疫流行而暂时关闭，牛顿离校返乡。随后在家乡躲避瘟疫的两年竟成为牛顿科学生涯的黄金岁月，在这里他创立了微积分，发现了万有引力。

1. 流数术的初建

牛顿对微积分的研究始于 1664 年秋，当时他反复阅读笛卡儿的《几何学》，对笛卡儿求切线的"圆法"产生了兴趣并试图寻找更好的方法。此时，牛顿首创了用记号 o 表示 x 的无限小且最终趋于零的增量。

1665—1667 年春，牛顿在家乡躲避瘟疫期间，继续探讨微积分并取得了突破性的进展。据他自述，他于 1665 年 11 月发明了"正流数术"（微分法），次年 5 月又建立了"反流数术"（积分法）。1666 年 10 月，牛顿将前两年研究的成果整理成一篇总结性的文章，此文现在以《流数简论》（*Tract on Fluxions*）著称。这是历史上第一篇系统的微积分学文献。《流数简论》（以下简称《简论》）反映了牛顿微积分的运动学背景。该文事实上以速度形式引进了"流数"（即微商）的概念。牛顿在《简论》中提出，微积分的基本问题如下：

（a）设两个或者更多物体 $A, B, C, \cdots$ 在同一时刻内描画线段 $x, y, z, \cdots$。已知表示这些线段关系的方程，求它们的速度 $p, q, r, \cdots$ 的关系。

（b）已知表示线段 x 和运动速度 p, q 之比 $\dfrac{p}{q}$ 的关系方程式，求另一线段 y。

实际上，用现在的语言表达，问题（a）是已知物体运动的位移，求运动的速度；而（b）则是已知运动物体的速度，求物体运动的位移。这就牵扯到数学中的求微分和求积分的问题。

牛顿对多项式情形给出了（a）的解法。下面举例说明牛顿的解法。

已知方程 $x^3 - abx + a^3 - dyy = 0$，牛顿分别以 $x + po$ 和 $y + qo$ 代替方程中的 x 和 y，然后利用二项式定理，展开得到

$$x^3 + 3pox^2 + 3p^2o^2x + p^3o^3 - dy^2 - 2dqoy - dq^2o^2 - abx$$

$$-abpo + a^3 = 0$$

消去和为零的项 $(x^3 - abx + a^3 - dyy = 0)$，得到

$$3pox^2 + 3p^2o^2x + p^3o^3 - 2dqoy - dq^2o^2 - abpo = 0$$

以 o 除之，得到

$$3px^2 + 3p^2ox + p^3o^2 - 2dqy - dq^2o - abp = 0$$

这里牛顿指出"其中含有 o 的那些项为无限小"，略去这些无穷小，得到

$$3px^2 - 2dqy - abp = 0$$

即为所求的速度 p, q 的关系。

牛顿对所有多项式都给出了标准算法，即对多项式

$$f(x,\ y) = \sum a_{ij}x^i y^j = 0$$

问题（a）的解为

$$\sum \left(\frac{ip}{x} + \frac{jq}{y} \right) a_{ij}x^i y^j = 0$$

对于问题（b），牛顿的解法实际上是问题（a）的解的逆运算，并且也逐步列出了标准算法。特别重要的是，《简论》中讨论了如何借助于这种逆运算来求面积，从而建立了所谓的"微积分基本定理"。牛顿在《简论》中是这样推导微积分基本定理的：如图 12-7 所示，设 ab 长度为 x，曲边三角形 abc—y 为已知曲线 $q = f(x)$ 下的面积，作 $de \parallel ab \perp ad \parallel be = p = 1$。当垂线 cbe 以单位速度向右移动时，eb 扫出的面积为 $abed$，其面积 x 的变化率为 $\dfrac{\mathrm{d}x}{\mathrm{d}t} = p = 1$，$cb$ 扫出的面积为曲边三角形 abc 的面积，其面积 y 的变化率为 $\dfrac{\mathrm{d}y}{\mathrm{d}t} = q\dfrac{\mathrm{d}x}{\mathrm{d}t} = q$。由此得

$$\frac{\dfrac{\mathrm{d}y}{\mathrm{d}t}}{\dfrac{\mathrm{d}x}{\mathrm{d}t}} = \frac{q}{p} = q = f(x)$$

这就是说，面积 y 在点 x 处的变化率是曲线在该处的 q 值。这就是微积分基本定理。利用问题（b）可求出面积 y。

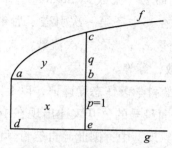

图 12-7　微分中值定理的推导

当然《简论》中对微积分基本定理的论述并不能算现代意义上的严格证明。牛顿在后来的著作中对微积分基本定理又给出了不依赖于运动学的较为清晰的证明。在《简论》的其他部分，牛顿将他建立的统一的算法应用于求曲线切线、曲率、拐点、曲线求长、求积、求引力与引力中心等 16 个问题，展示了他的算法的极大的普遍性与系统性。

2. 流数术的发展

《流数简论》标志着微积分的诞生，但它在很多方面还是不成熟的。1667 年春天，牛顿回到剑桥，开始致力于微积分的改进和完善工作，到 1693 年，历经了大约四分之一世纪的时间，他先后写成了三篇微积分论文，分别是：

● 《运用无限多项式方程的分析》，简称《分析学》，完成于 1669 年。

● 《流数法与无穷级数》，简称《流数法》，完成于 1671 年。

● 《曲线求积术》，简称《求积术》，完成于 1691 年。

这三篇论文反映了牛顿微积分学说的发展过程，并且可以看到，牛顿对于微积分的基础先后给出了不同的解释。第一篇论文《分析学》是牛顿为了维护自己在无穷级数方面的优先权而作。第二篇《流数法》可以看作 1666 年《流数简论》的直接发展，牛顿在其中又恢复了运动学的观点，但对以物体速度为原型的流数概念做了进一步的提炼，并首次正式命名"流数"（fluxion）。第三篇论文是牛顿最成熟的微积分著作，在其中还第一次引进了后来被普遍采用的流数记号，$\dot{x}, \dot{y}, \dot{z}$ 表示变量 x, y, z 的一次流数，$\ddot{x}, \ddot{y}, \ddot{z}$ 表示二次流数，$\dddot{x}, \dddot{y}, \dddot{z}$ 表示三次流数，等等。

牛顿对发表自己的科学著作态度谨慎，以上三篇文章的发表都很晚。牛顿在微积分方面最早的公开表述出现在 1687 年出版的力学著作《自然哲学的数学原理》中，因此《自然哲学的数学原理》也成为数学史上划时代的巨著。

二、莱布尼茨的微积分

在微积分的创立上，牛顿要与莱布尼茨共享此荣誉。

莱布尼茨出生于德国莱比锡的一个教授家庭，他比牛顿小 4 岁，早年在莱比锡大学学习法律，同时开始接触伽利略、开普勒、笛卡儿、帕斯卡以及巴罗等人的科学思想。莱布尼茨在巴黎居住了四年（1672—1676 年），这四年对他整个科学生涯的意义可以与牛顿在家乡躲避瘟疫的两年相比，莱布尼茨许多重大的成就（包括创立微积分）都是在这一时期完成的。

莱布尼茨被誉为"百科全书式的天才"。从幼年起，他就学习运用多种语言表达思想，并表现出了超凡的哲学天赋。他曾制作了一台能做加减乘除的计算机，并把这台计算机的复制品献给了中国的康熙皇帝。

1. 特征三角形

莱布尼茨在巴黎与荷兰数学家、物理学家惠更斯的结识和交往激发了他对数学的兴趣。它通过卡瓦列里、帕斯卡、巴罗等人的著作，了解并开始研究曲线的切线以及求面积和体积等微积分问题。与牛顿流数论的运动学背景不同，莱布尼茨创立微积分首先是出于对几何问题的思考，尤其是对特征三角形的研究。特征三角形，或称"微分三角形"，在巴罗的著作中已经出现。帕斯卡在特殊情形下也使用过这种三角形。莱布尼茨在 1673 年提出了他自己的特征三角形。

　　如图 12-8 所示，在给定曲线 c 上的点 P 处作特征三角形。利用图示的两个三角形的相似性得到：

$$\frac{\mathrm{d}s}{n} = \frac{\mathrm{d}x}{y}$$

这里 n 是曲线在 P 点的法线长。由上式可得

$$y\mathrm{d}s = n\mathrm{d}x$$

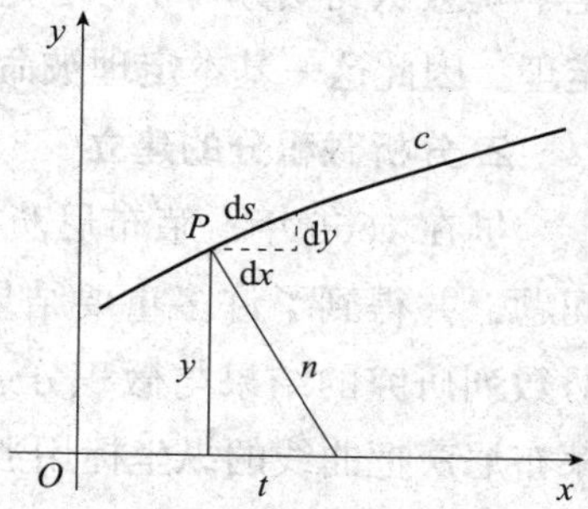

求和得

$$\int y\mathrm{d}s = \int n\mathrm{d}x$$

图 12-8　莱布尼兹的特征三角形

　　莱布尼茨当时还没有用微积分的符号，它用语言陈述他的特征三角形导出的第一个结果：有一条曲线的法线形成的图形，即将这些法线（在圆的情形中就是半径）按纵坐标方向置于轴上所形成的图形，其面积与曲线绕轴旋转而成的立体的面积成正比。

　　莱布尼茨应用特征三角形很快发现了他后来才"在巴罗和格里高利的著作里见到的几乎所有的定理"。但是如果莱布尼茨就此而止，那么他就不会成为微积分的创立者了。实际上，他在关于特征三角形的研究中认识到：求曲线的切线等价于求纵坐标的差值与横坐标的差值变成无限小时二者的比值；而求曲线下的面积则依赖于无限小区间上的纵坐标之和（纵坐标之和在这里是指纵坐标乘以无限小区间的长度再相加，因此也相当于宽度为无限小的矩形面积之和）。莱布尼茨还看出了这两类问题的互逆关系。他真正的目标是建立起一种更一般的算法，将以往解决这两类问题的各种结果和技巧统一起来，而他从自己早年关于数的序列的研究中找到了向这一目标挺进的途径。

　　牛顿和莱布尼茨创建微积分走的是不同的路：牛顿主要是从运动

学的观点出发，而莱布尼茨则是从几何学的角度出发。早在 1673 年左右，莱布尼茨就看到了求曲面的正问题和反问题的重要性。他深信，反方法等价于通过求和来求面积和体积。和牛顿一样，莱布尼茨也早就意识到微分与积分必定是相反的过程，即悟出了微积分学基本定理。因此这一基本定理被命名为"牛顿-莱布尼茨定理"。

2. 分析微积分的建立

早在 1666 年，莱布尼茨在《论组合的艺术》一书中讨论过数列问题，并得到了许多重要结果。大约从 1672 年开始，莱布尼茨将他对数列研究的结果与微积分运算联系起来。借助于笛卡儿解析几何，莱布尼茨把曲线的纵坐标用数值表示出来，并想象一个由无穷多个纵坐标值 y 组成的序列，亦即对应的 x 值的序列，而 x 被看作确定纵坐标序列的次序。同时考虑任意两相继的 y 值之差的序列。莱布尼茨首先着眼于求和，并从简单的情形 $y = x$ 开始。因为 x 表示相邻两项的次序，莱布尼茨取序数差为 1，设 l 为两相邻项的实际差。莱布尼茨用拉丁文 omnia 的缩写 omn. 表示和，则有：omn.$l = y$。

在 $y = x$ 的条件下，如图 12-9 所示，对于无限小的 l 来说，yl 的和等于 $\frac{1}{2}y^2$，所以可以写成：

$$\text{omn.}yl = \frac{1}{2}y^2$$

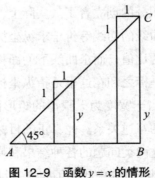

图 12-9　函数 $y = x$ 的情形

莱布尼茨后来做了大量工作，从一串离散值过渡到任意函数 y

的增量。在 1675 年 10 月 29 日的一份手稿中，他决定用符号 $\int$ 代替 omn.，$\int$ 是 "sum" 首字母 s 的拉长。稍后在 11 月 11 日的手稿中，莱布尼茨又引进了记号 dx 表示两相邻 x 的差值，并探索 $\int$ 与 d 运算的关系。到 1676 年 11 月，莱布尼茨已经能够给出幂函数的微分与积分公式：

$$dx^e = ex^{e-1}dx$$

和

$$\int x^e dx = \frac{x^{e+1}}{e+1}$$

其中 e 不一定是正整数。他还着重指出："这种推理是一般的，而与 x 的序列可能是什么没有关系"，也就是说，x 也可能是自变量的函数而不是自变量本身。这相当于计算复合函数微分的链式法则。

1667 年，莱布尼茨在一篇手稿中明确陈述了微积分基本定理：给定一条曲线，其纵坐标为 y，求该曲线下的面积。莱布尼茨假设可以求出一条曲线（他称之为"割圆曲线"），其纵坐标为 z，使得：

$$\frac{dz}{dx} = y$$

即

$$ydx = dz$$

于是原曲线下的面积是

$$\int ydx = \int dz = z$$

莱布尼茨通常假设曲线 z 通过原点。这就将求积问题化成了反切线问题，即为了求出纵坐标为 y 的曲线下的面积，只需求出一条纵坐标为 z 的曲线，使其切线的斜率为 $\frac{dz}{dx} = y$。如果是在区间 $[a, b]$ 上，将 $[0, b]$ 上的面积减去 $[0, a]$ 上的面积，便得到：

$$\int_a^b ydx = z(b) - z(a)$$

1684 年莱布尼茨发表了他的第一篇微分学论文《一种求极大值与

极小值和求切线的新方法》（以下简称《新方法》），刊登在《教师学报》上，这也是数学史上第一篇正式发表的微积分文献。该文是莱布尼茨对自己 1673 年以来微分学研究的概括，其中定义了微分并广泛采用了微分记号 dx, dy。在《新方法》中，莱布尼茨明确陈述了函数和、差、积、商、乘幂与方根的微分公式。在前面我们已经知道，莱布尼茨还得出了复合函数的链式微分法则。《新方法》还包含了微分法在求极大极小值、求拐点以及光学方面的广泛应用，其中对光学折射定律的推证特别有意义。

1686 年，莱布尼茨又发表了他的第一篇积分学文献《深奥的几何与不可分量及无限的分析》。这篇文章初步论述了积分或求积问题与微分或切线问题的互逆关系。正是在这篇文章中，积分号 $\int$ 第一次出现于印刷出版物上。他引进的符号 d 和 $\int$ 体现了微分与积分的"差"与"和"的实质，后来获得普遍接受并沿用至今。

牛顿和莱布尼茨都是他们那个时代的巨人。就微积分的创立而言，尽管他俩在背景、方法和形式上存在着差异，各有特色，但二者的功绩是相当的。他们都使微积分成为能普遍使用的算法，同时又能将面积等问题归结为反切线运算。应该说，微积分能成为独立的科学并给整个自然科学带来革命性的影响，主要是依靠了牛顿和莱布尼茨的工作。

我们知道，1687 年之前，牛顿没有发表过微积分方面的任何工作，而莱布尼茨分别在 1684 年和 1686 年发表了微分学和积分学的论文。1669 年，牛顿把他的短文《分析学》送给巴罗。莱布尼茨在 1672 年访问巴黎，一年后又访问伦敦，并和一些知道牛顿工作的人通信。于是就发生了莱布尼茨是否知道牛顿工作详情的问题，他被指责为剽窃者。在这两个人去世很久以后，调查证明：虽然牛顿工作的大部分是在莱布尼茨之前做的，但莱布尼茨是微积分主要思想的独立发明者，两个人都受到巴罗的很多启发。这场争吵的重要性不在于谁胜谁负，而在于使数学家分为两派：欧洲大陆的数学家，尤其是伯努利兄弟，支持莱布尼茨，而英国数学家则捍卫牛顿。这件事的结果使英国的数学家和欧洲大陆的数学家停止了思想交流。英国人沿用了牛顿的方法，欧洲大陆的数学家则继续莱布尼茨的方法，使它进一步发展并得到完善。这些事情的影响非常巨大，使得英国的数学家落在后面，逐渐远离了分析的主流。18世纪，分析的进步主要是由欧洲大陆国家的数学家在发展莱布尼茨微积分方法的基础上取得的。

三、微积分的发展与完善

18世纪以后，微积分进一步深入发展，这种发展与广泛的应用紧密交织在一起，促进和推动了许多数学新分支的发展，从而形成了"分析"这样一个观念和方法上都具有鲜明特点的数学领域。在数学史上，这也是向现代数学过渡的重要时期。

牛顿和莱布尼茨的微积分是不严格的，特别是在使用无穷小概念上的随意与混乱，使他们的学说从一开始就受到怀疑和批评。18世纪的数学家们一方面努力探索使微积分严格化的途径，一方面又往往不顾基础性难题而大胆前进，大大扩展了微积分的应用范围，尤其是与力学的有机结合已成为18世纪数学的鲜明特征之一，这种结合的紧密程度是数学史上任何时期都不能比拟的。

经过近一个世纪的尝试与酝酿，数学家们在严格化基础上重建微积分的努力到19世纪初开始获得成效。严格化成为这个时代分析的特点，但是加固基础的工作并没有影响到19世纪的分析学家进一步拓宽自己的领域。微积分在发展过程中与数学的其他分支相互结合，逐渐形成新的数学分支，主要有研究运动问题的常微分方程、研究弦振动（波动）问题的偏微分方程、源于"最速降线问题"等问题的变分法、研究复变量 $z = x + iy$ 函数的复分析以及研究拓扑线性空间之间映射的泛函分析等分支学科。

勒贝格积分

一、传统积分概念的扩展

我们已经知道，最早的积分概念是由牛顿和莱布尼茨在 17 世纪引入数学的，积分是他们创立"微积分"这个数学分支的两大基本运算之一。19 世纪，在函数和极限概念严密化的基础上，黎曼给出了积分的定义和函数可积性理论，这就是现在数学分析中学习的积分，当区别于其他积分时，常称之为黎曼积分。

我们知道，每个逐段连续的函数是黎曼可积的，但是如同狄利克雷函数

$$D(x) = \begin{cases} 1, & x \in Q \\ 0, & x \notin Q \end{cases} \quad (Q \text{ 为有理数域})$$

这样简单的有界函数却是黎曼不可积的。其实，黎曼可积的函数只构成很小的函数类，这就预示着在黎曼意义下的可积函数类远远不能满足人们的需要。为了使积分学获得更广泛的应用，人们需要把可积函数类加以扩大，这就需要我们对黎曼积分进行改造，在这个不让人满意的积分之外去寻求真正令人满意的积分概念——可以处理很不连续的函数的概念。

把积分学推向前进的是法国数学家勒贝格（H. Lebesgue），他在 1902 年成功引入了一种新的积分——勒贝格积分。勒贝格积分可以处理很大的一类函数，至少当我们与欧几里得空间打交道时，它能对我们实际需要的函数积分。

在讨论勒贝格积分之前，我们有必要先明白一个更基础、更根本的问题：如何计算积分 $\int_\Omega f$ 中积分区域 Ω 的长度（或面积，或体积，或超体积）？事实上，我们只要在集合 Ω 上积分常值函数 1，就能得到 Ω 的长度（若 Ω 是一维的），或 Ω 的面积（若 Ω 是二维的），或 Ω 的体积（若 Ω 是三维的）。为了避免划分依赖于维数的各种情形，我们把诸如长度、面积、体积（或超体积）等名称统一称作测度。对于 R^n 的每个子集合 Ω，我们都能指派一个非负的数 $m(\Omega)$，它能作为 Ω 的测度，允许 $m(\Omega)$ 的取值为零（比如 Ω 恰好是一个单点集或空集），也允许 $m(\Omega)$ 取值为 ∞（比如 Ω 是整个 R^n）。在此基础上，勒贝格给出了可测集的如下概念：

设 E 是 R^n 中的子集合，如果对于 R^n 的每个子集合 A，下式都成立：

$$m(A) = m(A \bigcap E) + m(A - E)$$

则称 E 是勒贝格可测的，并定义 E 的勒贝格测度是 $m(E)$。

在可测集的基础上，勒贝格又给出了可测函数的概念：

设 Ω 是 R^n 的可测子集，$f: \Omega \to R^m$ 是一个函数，如果每个开集 $V \subset R^m$ 的逆像 $f^{-1}(V)$ 都是可测的，则说 f 是可测的。

下面我们介绍简单函数的勒贝格积分。所谓简单函数，是指函数值取有限个数的函数 $f: \Omega \to R$，其中 Ω 是 R^n 的可测子集。假设 f 不取负值，则 f 在 Ω 上的勒贝格积分为 $\int_\Omega f = \sum\limits_{\lambda \in f(\Omega),\ \lambda \geqslant 0} \lambda \cdot m(\{f(x) = \lambda\})$。有时为了强调测度的作用，我们把 $\int_\Omega f$ 也写为 $\int_\Omega f \mathrm{d}m$，也可以使用常用的变元（例如 x），记作 $\int_\Omega f(x)\mathrm{d}x$。现举两个简单的例子以示说明。例如，设函数

$$f: R \to R, \quad f(x) = \begin{cases} 3, & x \in [1,\ 2] \\ 2, & x \in [4,\ 5] \bigcup (6,\ 8) \\ 0, & \text{其他} \end{cases}$$

则 $\int_\Omega f = 2 \times m([4,\ 5] + (6,\ 8)) + 3 \times m([1,\ 2]) = 2 \times 3 + 3 \times 1 = 9$。

又如，设函数 $g: R \to R$，它在 $[0,\ +\infty)$ 上等于 1，而在其他地方

都取零，则 $\int_{\Omega} g = 1 \times m((0,+\infty)) = 1 \times (+\infty) = +\infty$ 。

对于一般可测函数在可测集上的积分，只需要使用测度的可加性顺理成章地加以推广即可。

二、勒贝格积分与黎曼积分的区别和联系

下面来说明勒贝格积分和黎曼积分这两种积分的区别和联系。

首先，我们很容易知道黎曼可积的函数一定是勒贝格可积的，也就是说，勒贝格积分把黎曼积分作为一种特例加以包含和概括；其次，在一定条件下勒贝格积分可以转化为黎曼积分，当函数 $f(x)$ 同时为两种意义下的可积函数时，两个积分值必相等。

另外，勒贝格积分和黎曼积分的积分过程是有区别的。我们来比较一下黎曼积分和勒贝格积分的定义。黎曼积分的定义是：对于函数 $y = f(x)$，黎曼对自变量区间 (a, b) 进行分割，进而考虑和式 $\sum_{(a,b)} y_i(x_i - x_{i-1})$，$y_i$ 为区间 (x_i, x_{i-1}) 上函数 $f(x)$ 的某一值，如果区间分割加细时和式趋于某一极限，就称函数 $f(x)$ 在区间 (a, b) 上黎曼可积，该极限就是黎曼积分 $\int_a^b f(x)\mathrm{d}x = \int_{(a,b)} f(x)\mathrm{d}x$。与黎曼积分不同，勒贝格不是对自变量 (a, b) 进行分割，而是分割其函数值 y 的变化区间，他对分割的每个区间 (y_i, y_{i-1}) 给出满足下列点的 x 的集合的测度：$y_i \leqslant f(x) \leqslant y_{i-1}$，记该测度为 m_i，则积分的一个近似值为 $\sum m_i y_i$，如果分割加细时和式趋于某个极限，就称该函数是勒贝格可积的，该极限就是勒贝格意义下的积分。在这个意义下，狄利克雷函数是可积的，且

$$\int_R D(x)\mathrm{d}x = 1 \times m(Q) + 0 \times m(\overline{Q}) = 1 \times 0 + 0 \times 0 = 0$$

看看勒贝格本人是怎么区别这两种积分的，可以更好地帮助我们理解这两种积分的不同。1926 年，在哥本哈根的一次演讲中，勒贝格是这样阐述他的观点的：

按照黎曼的方法，我们对依自变量 x 的大小顺序所提供的不可分割的量求和，这如没有条理的商人数钱一样，碰到硬币数硬币，碰到纸币数纸币，也不管遇到的面额是多少，只管按照碰到的先后顺序来数，而我们的做法像有条理的商人数钱，先把货币按金额分类，然后按各类进行数：

我有一克朗的货币 $m(E_1)$ 个单位，共 $1 \times m(E_1)$ 克朗，

我有两克朗的货币 $m(E_2)$ 个单位，共 $2 \times m(E_2)$ 克朗，

我有五克朗的货币 $m(E_5)$ 个单位，共 $5 \times m(E_5)$ 克朗，

……

共有货币 $S = 1 \times m(E_1) + 2 \times m(E_2) + 5 \times m(E_5) + \cdots$

从勒贝格的比喻中我们可以看出，黎曼积分是对自变量的变化范围（定义域）进行分割求和，而勒贝格积分则是对因变量的变化范围（即值域）进行分割求和，这是这两种积分的本质区别。另外，勒贝格积分和黎曼积分是一种相互依赖、相互补充及在特定条件下相互转化的关系。

三、勒贝格积分的意义

勒贝格积分的创立有着重要的意义。

首先，勒贝格积分拓广了黎曼积分的定义，使得可积性的要求减弱了。它断言可测集上的有界可测函数和单调函数必是勒贝格可积的，这比黎曼积分中要求连续函数、单调有界函数的条件放松很多。

其次，勒贝格积分在积分与极限交换顺序的条件要求上相比黎曼积分有优越之处。它放松了黎曼积分要求函数序列一致收敛这一过强要求。勒贝格积分只要求所给函数列可测、有界、收敛，积分和极限就可换序。

勒贝格积分是数学发展史上的一次革命，它使得积分论在集合论、测度论的基础上走向现代化，从而在现代水平的层次上向其他现代数学分支渗透，促进了三角级数、函数序列、概率论、泛函分析等

学科的发展。此外，勒贝格积分作为纯粹数学研究的产物，在热学、统计力学、控制论等自然学科中得到了深刻而重要的应用。

综上所述，勒贝格积分理论不仅蕴涵了黎曼积分的所有成果，而且在很大程度上克服了后者对被积函数要求的局限性。然而，随着函数论、概率论等各门学科的发展，勒贝格积分的局限性也逐渐暴露出来，因此，它也得到了延拓和修正。例如，在实变函数分析、泛函分析、概率论和理论物理学中分别出现了不同的积分：Denjoy 积分、Perron 积分、Henstock 积分，等等。当然，随着以数学为基础的其他学科的发展，积分理论还会得到进一步的完善和发展。

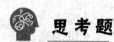 思考题

1. 历史上对哪些问题的研究促成了微积分的形成？
2. 简述在微积分的创立过程中哪些数学家曾作出了重要贡献。
3. 简述勒贝格积分和黎曼积分的异同。

第十三讲 从"西气东输" 工程谈起

——运筹与优化

　　现代数学的一个重要组成部分——运筹学，是一门寻求在给定资源条件下，设计和运行一个系统的科学决策的方法，以及关于人类对各种广义资源的运用及筹划活动的新兴学科。现代运筹学既是管理科学的基础，也是数学和计算机科学领域的重要分支，它是抽象的数学理论和丰富多彩的实践相结合的"桥梁"；它为从事社会实践和应用的生产者提供了许多完美的数学方法，也为从事数学、计算机等算法研究的科研人员提供了广阔的应用领域。目前，运筹学已经广泛应用于管理决策领域和经济建设领域。在这一讲中，我们将从"西气东输"工程出发，介绍运筹与优化理论的发展历程与应用前景，并介绍了几位获得诺贝尔奖的数学家的传奇故事，通过他们的感人故事，我们可以领略到科学之美、创造之美以及科学家的生命之美的完美融合。

"西气东输"工程

有资料显示，近年来我国许多城市的酸雨发生率呈快速上升趋势，特别是南方有些城市甚至已高达 90% 以上。研究表明：过量使用煤炭是造成这种状况的"罪魁祸首"。要改变这种现状，必须用其他清洁能源替代煤炭，以减少煤炭的使用量。我国西部地区的塔里木、柴达木、陕甘宁和四川盆地蕴藏着极为丰富的天然气资源，约占全国陆地天然气资源的 87%，具有形成世界级大气区的开发潜力。为缓解东部地区能源紧张的局面，我国政府从 20 世纪 90 年代就开始筹划"西气东输"系列重大工程，"西气东输"一线工程于 2002 年 7 月正式开工，2004 年 10 月 1 日全线建成投产。工程西起主力气源地——塔里木盆地，经过甘肃、宁夏、陕西、山西、河南、安徽、江苏，输送到上海、浙江，供应沿线各省份的民用和工业用气，全线长 4 200 公里，投资规模 1 400 多亿元。按年输天然气 120 亿立方米计算，每年可替代 1 600 万吨标准煤，减少排放 27 万吨粉尘，从而极大地改善了大气质量，保护了生态环境，提高了人民生活质量。从这种意义上讲，"西气东输"系列工程是关系国计民生的重大工程。

2008 年 2 月开工的国家"西气东输"二线工程西起新疆霍尔果斯、南至广州、东达上海，境外土库曼斯坦、乌兹别克斯坦和哈萨克斯坦三国与同步建设的中亚天然气管道相连，南至香港、东达上海。上游气田开发、主干管道铺设和城市管网总投资超过 3 000 亿元，全长 9 102 公里，将把来自中亚和境内新疆的天然气输送到珠三角和长三角及中南地区，对保障中国能源安全、优化能源消费结构具有重大意义。

规划中的"西气东输"三线工程的路线基本确定为从新疆通过江西抵达福建，把俄罗斯和中国西北部的天然气输往能源需求量庞大的长江三角洲和珠江三角洲地区。

这些庞大的工程建设需要大量钢材、焊条、水泥、木材、阀门、仪器仪表和自动化设备等物资。为了尽可能地减少工程费用，在工程开工前，对这一系列物资的消耗和使用必须有一个总体的规划与预算。以其中的管道工程中使用的钢材为例，仅一期工程的 4 200 公里的输气管道需要使用的钢材就达 200 万吨之多，沿途有数十个钢铁冶炼厂，每一个冶炼厂钢材的生产成本不同，从钢厂运送钢材到管道沿线的不同地点所需的费用更是千差万别，如何制定一个科学合理的调配方案，从沿途不同的生产厂家调用适当数量的钢材，使得购买和运送钢材所需的总费用最省？这就是一个典型的运筹与优化问题。实践证明，经过科学的运筹与策划，可以得出一些优秀的调配方案，为国家节约大量资金。

上例只是许许多多国计民生中用数学决策的一个典型问题。事实上，无论做任何事情，人们都希望能以最少的投入完成一项工作任务，或者在现有的生产条件下，谋求经济效益或社会效益的最大化，这些就是运筹与优化要解决的问题。即在一切可能的方案中选择一个最好的方案以达到目标。最简单的优化问题在高等数学中已经遇到，如求函数极值：对边长为 a 的正方形铁板，在四个角处剪去相等的正方形以制成方形无盖水槽，问如何剪可使水槽的容积最大？我们习惯上将高等数学中典型的极值问题称为经典极值问题。然而，高等数学中求极值问题的变量个数通常不超过三个，当变量个数增加而且又是非线性方程组时，或当限制条件出现不等式时，经典的求极值的方法是无法解决的。

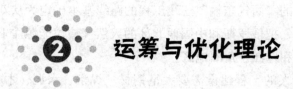

2 运筹与优化理论

一、运筹与优化理论的发展

提起"运筹"，我们往往会想起《三国演义》这部小说中诸葛亮"运筹帷幄"的生动故事。朴素的运筹学思想的起源确实可以追溯到很久以前。

我国古代都江堰水利工程就是运用运筹与系统思想的杰出代表。战国时期，川西太守李冰父子主持修建都江堰水利工程，其目标是利用岷江上游的水资源灌溉川西平原。追求的效益除了灌溉之外还有防洪与航运。为此，李冰父子设计了三大工程及120多项配套工程，它们分别是："鱼嘴"岷江分水工程——将岷江水有控制地引入内江；"飞沙堰"分洪排沙工程——将泥沙排入外江；"宝瓶口"引水工程——将除沙后的江水引入水网干道。这三项工程巧妙结合，完整而严密，相得益彰，两千多年来一直发挥着巨大作用，取得了极好的经济效益和社会效益，是我国水利工程设计与建造最成功的典范之一。

北宋年间，丁谓负责修复火毁的开封皇宫。他的施工方案是：先将工程中皇宫前的一条大街挖成一条大沟，将大沟与汴水相通；使用挖出的土就地制砖，令与汴水相连形成的河道承担繁重的运输任务；修复工程完成后，实施大沟排水，并将原废墟物回填，修复成原来的大街。丁谓将取材、生产、运输及废墟物处理用"一沟四用"方案巧妙地解决了。

然而，运筹学作为一门学科却时间不长，一般认为产生于第二次世界大战时期的英国。那时，英国陆军在战争中遭到很大挫折，又受到德国空军和海军的封锁，形势十分危急，如何转变战争局势，成为在这种严峻的局势下亟待解决的问题。20 世纪 30 年代末期虽然已成功研制了雷达和新式作战飞机等武器，但由于没有实际使用经验，在当时资源十分缺乏的情况下，难以正确评估和迅速提高这些武器的使用效率。为了发挥科学家们的聪明才智与集体智慧，英国国防部于1940 年成立了一个专门小组 Operational Research Group（简称 O.R. 小组）进行作战研究。该小组包括四位物理学家、两位数学家、三位生理学家、一位测量员和一位军官，目的是研究一些与作战和武器运用有关的问题。反潜艇是当时着重研究的其中一个问题。潜艇可怕的主要原因是它能潜入水中，使对方不易觉察，因而反潜艇应首先注意搜索，搜索到潜艇的目的是为了打沉它。之前用飞机投普通炸弹，对潜艇的破坏力并不大，后改用深水炸弹，使炸弹在水下爆炸，但问题是：在水下多深处爆炸对潜艇的威胁最大？该小组经科学的定量分析，发现在 7.6 m 深处爆炸时会使袭击潜艇成功的概率增加三倍。这样一来该小组就做出了以下决策：在潜艇刚开始下沉时投弹攻击，起爆点为水面下 7.6 m。由于采用了这种方法，德国潜艇被摧毁的数目增加到了原来的三倍。

第二次世界大战中提出了很多这类问题。英国的"Blackett 马戏团"在秘密报告中使用了"Operational Research"，即"运筹学"一词。第二次世界大战之后，O.R. 小组中的科研人员又回到原先的科研和教学岗位。这时，时间和精力允许他们将第二次世界大战时提出的方法进一步科学化、条理化，并将运筹学用于经济和社会发展等非军事目的。在战后恢复时期，一方面，生产规模空前扩大，科学技术获得迅速发展，新型设备层出不穷，从而使社会需求的多样性日益增强，生产和服务的专业分工越来越细。另一方面，随着原来落后地区的开发，人力、设备和其他资源在空间上的分布更加广泛，使经济、社会的纵横联系日趋复杂，竞争也日渐加剧，科学决策显得十分重要。这些都迫切要求用科学的方法进行管理，以适应不断变化的内部和外部形势。很多有识之士发现，运筹学是解决工程领域、经济领域、社会领域中大量问题的有效工具。这种时势促进了运筹学的迅速发展。

20 世纪 50 年代中期，著名学者钱学森、许国志教授将运筹学引入我国，这一领域很快吸引了以华罗庚教授为首的一大批数学家，他们在理论方面的深入研究和在实际领域的推广应用大大促进了这一学科在我国的发展与运用。到 20 世纪 60 年代前期，运筹学理论已运用于企业管理，并在理论上趋于成熟；此后，随着计算机的发展，处理的系统由小变大，应用范围不断扩大，在理论上也获得了很大发展，进而逐步形成了运筹学完整的学科体系。

二、运筹学的工作步骤

目前，运筹学包含许多分支，如线性规划、整数规划、非线性规划、动态规划、图与网络分析、网络计划、对策论、决策论、存贮论、排队论（随机服务系统）、多目标规划、计算机模拟等。但不论哪一个分支，其基本的思维方法是相同的。我们可以归纳为下述几个方面：

（1）强调定量分析。用运筹学解决实际问题时，强调以定量分析为基础的可靠性和科学性。在各种生产活动和经济活动中，如何合理使用有限的人力、物力和资金，以收到最好的经济效益或达到最经济的方式，常常要求对现有资源进行统一分配、全面安排、合理调度，以便从各种可能的方案中得出最优的计划或设计。在这类问题中，一方面有一个既定目标（例如希望利润最高或消耗最少），另一方面又要受到一定条件的限制（例如人力、物力、资金的限制），因此，首先要对系统行为进行定量描述和本质抽象，即建立数学模型。数学模型包含常数、参数、变量和函数关系。决策变量、目标函数和约束条件是数学模型的三个要素。决策变量相当于我们解应用题时设定的未知数，目标函数就是对要达到的目标进行数学化描述，用决策变量来表达，一般要求某个或某些评价函数最佳（极大或极小）或满意，约束条件则是根据问题的性质列出的等式或不等式。

（2）强调整体最优。运筹学把所要解决的问题看成一个系统，不是孤立地去认识它。要考虑到有关的各种主要因素和条件，从相互联系中尽量全面地去考察问题，强调总效果，而不是某个方面的局部"最优"。

（3）运用多学科知识解决问题。用运筹学方法解决实际问题时，除了要熟悉与研究对象有关的科学知识之外，还要运用适宜的数学方法和计算机技术，有时可能还需要与经济学、社会学、其他技术科学的知识交叉，才能建立起适宜的模型，使问题得以很好地解决。为了在组织上得到保证，常建立包括有关的多学科成员在内的组织机构，以利于实施。

依据上述运筹学的思维方法，在解决大量实际问题的过程中，形成了解决问题的基本步骤：

（1）明确问题：通过调查和分析，将所要解决的问题弄清楚，包括问题所在、要求目标、限制条件、假设前提、可能的各种决策方案等，在此基础上把问题明确地表达出来。

（2）建立模型：模型是客观事物的一种数学抽象，它既要反映实际，又要进行抽象从而"高"于实际。建模是一种创造性活动，是非常重要的一步工作。但很多实际系统往往复杂得多，难以套用现成的模型，因而在建模时必须结合实际情况进行认真的分析。建模工作包括拟定变量和参数，建立目标函数和正确地写出约束条件等。

（3）模型求解：根据模型的性质和结构选用适宜的方法求解。目前，一般的线性规划与非线性规划问题都可以用 Matlab、Lindo/Lingo、Excel、WinQSB 等数学软件求解。如果没有合适的现成方法，也可用随机模拟或构造算法等手段寻求问题的"近似解"，解的精度由决策者确定。

（4）解的检验：检查求解过程有无错误，结果是否与现实一致。如果出现问题，要分析问题所在，必要时修改模型或解法。

（5）解的实施：对实际问题来说，求出的解往往就是某种决策方案，要考虑具体实施中可能遇到的问题，以及实施中必要的修改。也就是说，将解应用到实际中时必须考虑到实施的问题，如向实际部门讲清解的用法，以及在实施中可能产生的问题和修改。

3 几位获得诺贝尔奖的 数学家的故事

诺贝尔奖堪称世界最高荣誉奖，只可惜诺贝尔奖不能被授予在纯数学领域内作出贡献的科学家，这多少令数学家有些遗憾。据说弗雷德·贝恩哈德·诺贝尔年轻时曾与一位数学家同时爱上了一位女士，最后这位女士没有选择诺贝尔，而是投入了那位数学家的怀抱，这使得诺贝尔十分伤心，此后他终生未娶，而把自己毕生的精力致力于炸药的研究，因发明硝化甘油引爆剂、硝化甘油固体炸药和胶状炸药等，被誉为"炸药大王"。他一生共获得技术发明专利 355 项，并在欧美等五大洲 20 个国家开设了约 100 家公司和工厂，积累了巨额财富。他去世前立下遗嘱，将其大部分财产 920 万美元作为基金，以其年息（每年 20 万美元）奖励当年在物理、化学、生理或医学、文学以及和平事业等领域作出最大贡献的学者。

然而，数学家们以其过人的智慧以及凭借数学在其他领域的杰出贡献，多次获得诺贝尔奖，其中，以数学在经济领域的贡献尤为引人注目。据说有 70% 的诺贝尔经济学奖是被数学家领走的。以下是在运筹学领域获得诺贝尔奖的科学家的一些小故事。

一、康托罗维奇

康托罗维奇（L. V. Kantorovich）（见图 13-1）是线性规划理论与方法的奠基人之一。他在而立之年成功地攻克了一座座数学堡垒。之后，他更是以坚实的步伐向数学巅峰继续踏实地迈进。他把资源最优利用这一传统的经济问题，由定性研究和一般的定量分析推进到现实计量阶段。他发现了一系列涉及如何科学地组织和计划生产的问题，为线性规划理论与方法的建立和发展做出了开

图 13-1　康托罗维奇

创性的贡献。1949 年，苏联政府为表彰他在数学研究工作中的成就，授予他斯大林奖金。在荣誉面前，康托罗维奇没有故步自封，而是继续向前。他将对单个企业如何最优地组织和计划生产的研究，上升到更高一级的探索，即怎样对整个国民经济实行最优计划管理，怎样在整个国民经济范围内实现资源的最优利用。

早在 18 世纪 70 年代，英国古典经济学亚当·斯密在《国富论》中曾提出"看不见的手"在资源分配和生产调节中的作用。他所说的"看不见的手"反映了自由竞争条件下价格机制的作用。此后，世界各国的许多经济学家，如英国的马歇尔、庇古，意大利的帕累托、巴伦等都对资源最优分配和利用进行过探讨。但是，这些研究都只停留在理论说明和一般数学表述上。在对现实经济学进行思考后，康托罗维奇于 1938 年首次提出了求解线性规划问题的方法——解乘数法。康托罗维奇指出，提高企业的劳动效率有两条途径：一条是技术上的各种改进，另一条是对生产组织和计划方式的改革。过去，由于没有必要的计算工具，后一条途径很少被利用。解乘数法的提出为求解线性规划问题，科学地组织和计划生产开辟了现实的前景。这是对现代

应用数学的一个首创性的贡献，从此打开了解决规划问题的大门。他把这一方法用于一系列实践，诸如合理地分配机床机械的作业、最大限度地减少废料、最佳地利用原材料和燃料、最有效地组织货物运输、最适当地安排农作物的布局，等等。

解乘数法的基本思想类似于后面一讲要介绍的用对偶单纯形法求出的资源的影子价格。我们知道，具有稀缺性的生产要素，如有技能的熟练劳动者、优质土地的价值，不单纯是企业支付给工人的工资和土地的转让费用，还包括剩余价值。资源的稀缺程度依赖于企业的生产组织与管理水平。影子价格可以理解为在最优化生产条件下，单位生产要素所创造的价值。康托罗维奇把解决这类问题的一般程序概括为建立并求解数学模型，即根据问题的条件，将生产的目标、资源的约束、所求的变量三者之间的数量关系用线性方程式表达出来，然后求解计算。在一些国家的数学和经济学书刊中常常称这类模型为"康托罗维奇问题数学模型"。康托罗维奇通过建立资源最优利用的线性数学模型，应用解乘数法求解出各种乘数，这些乘数就是衡量资源稀缺程度的尺度，是企业在采用不同资源、选择不同生产时比较劳动消耗大小的计量标准。他从经济意义上把这些数称为"客观制约估价"，即"影子价格"。从客观制约估价出发，企业在选取不同资源和不同生产方法时，就要认真地进行经济核算，不能盲目地使用具有高估价的稀缺资源。这样，就可以实现全社会范围的资源最优分配和利用。这时，在现有资源条件下，全社会能够以最小的劳动消耗，获得最大限度的生产量。由此得出的生产计划叫作最优计划。康托罗维奇不仅作为一个颇具声望的数学家活跃于自然科学界，而且还作为一个经济学家出现在社会科学界。1965年，为表彰他在经济分析和计划工作中应用数学方法的成绩，苏联政府又授予他列宁奖金。有人评价道，回顾康托罗维奇的一生，人们将会看到，他怎样运用数学为经济学的系谱创造了一个强大的分支。1975年，63岁的康托罗维奇与美国经济学家库普曼斯共同获得诺贝尔经济学奖。他在领取该项奖金时发表了题为《数学在经济中的应用：成就、困难、前景》的演讲，他表示：

"数学方法在经济中的应用不会辜负我们对它所抱的希望，它会为经济理论和实际工作作出重大的贡献。"

康托罗维奇不但是一位数学和经济学家，还是位诗人，同时，他还曾作为一个发明家，被授予一些雏形计算器的专利权。

二、列昂惕夫

20世纪30年代，瑞典经济学家俄林创立了著名的要素禀赋说，得到了西方经济学界的普遍接受。然而第二次世界大战以后，美国知名经济学家华西里·列昂惕夫（W. Leontief）（见图13-2）利用统计资料，对美国贸易结构进行考察，却得出了完全相反的结论。理论和现实之间的这个矛盾一时震惊了整个西方经济学界，被称为"列昂惕夫之谜"。

图13-2　列昂惕夫

列昂惕夫出生在俄国，15岁上大学的时候就读遍了列宁格勒各大图书馆的经济学著作，最终成为一名优秀的经济学家。1927年由于被指控"参加反政府的阴谋活动"，列昂惕夫被迫离开苏联，辗转来到美国，任哈佛大学经济学教授，后来其凭借在投入产出分析方面的杰出贡献，获得了诺贝尔经济学奖。

列昂惕夫最初对俄林的要素禀赋说是深信不疑的，20世纪50年代初，他利用1947年美国对外贸易的统计资料，分别计算了每100万元出口品和进口品中包含的资本和劳动，本意是想对这个理论加以验证，然而计算的结果让他大吃一惊：美国出口品的资本含量比进口品少30%，这意味着，美国出口的竟是劳动密集型产品，进口的却是资本密集型产品。用列昂惕夫的话来说："美国参加国际分工，是建立在劳动密集型生产专业化基础上的。换言之，这个国家是利用对外贸易节约资本和安置剩余劳动力，而不是相反的情况。"这个研究结果公布后，引起了轩然大波。有人指责列昂惕夫使用 1947 年的贸易数据不够典型，因为当时第二次世界大战刚结束不久，贸易格局极可能歪曲。于是，列昂惕夫就使用 1951 年的贸易数据又计算了一次，结论仍然相同。后来另一位经济学家鲍德温用 1958 年和 1962 年的数据进行检验，结论还是相同。不仅如此，其他经济学家又纷纷检验别国的贸易结构，结果有的符合要素禀赋说，有的则存在列昂惕夫之谜。这样，列昂惕夫之谜时隐时现、此有彼无，西方经济学界为此大伤脑筋，开始了 20 多年旷日持久的探讨和辩论，许多人都试图解开这个"谜"。

列昂惕夫最早做了尝试，他认为，这可能是由于美国的劳动生产率较高。根据他的计算，美国工人的劳动生产率约为外国工人的 3 倍，运用同样数量的资本，美国工人的产出比较多。虽然从表面上看，美国资本丰富、劳动力短缺，但由于美国工人可以一当三，经过换算以后，实际上美国的劳动力丰富，资本相对短缺。因此，它应出口劳动密集型产品，进口资本密集型产品。对于这个解释，很多经济学家并不接受。1965 年，克雷宁研究跨国公司在美国本土和欧洲的劳动生产率，结果显示，美国工人的效率比欧洲同行最多高 1.2 ~ 1.25 倍，而按照这样一个比例来测算，列昂惕夫之谜仍然存在。另外两名经济学家凯伍斯和琼斯则另辟蹊径，试图用人力资本的理论来解释这一问题。他们通过研究发现，美国出口部门中熟练劳动的比例大于进口部门，而将非熟练劳动转化为熟练劳动，需要投入大量的教育和培训费用，这种投入也是一种资本投入。比如说出钱让工人培训 6 个月，同样的钱也可以用来买机器、买设备、建厂房；而且，机器、厂房等有形资本一旦形成，就可以重复取得收益，技术熟练的劳动者也能不断得到较高的收入，与有形资本完全是类似的，因此劳动者的技能也是一种资本，称为人力资本。在总资本中加入人力资本的因素，再来比较美国出口品和进口品的资本含量，他们发现，列昂惕夫之谜消失了。我们也可以把人力资本理论看作对俄林要素禀赋说的进一步扩展，它将人的劳动技能当作一种新的生产要素，引入俄林的分析框架中。凡是在人力资本比较丰富的国家，这种生产要素就具有相对优势，因此应出口技能密集型产品。

列昂惕夫之谜的实质是理论和现实的矛盾。受人力资本理论的启发，有经济学家提出了第三种解释———技术进展理论，认为，技术和人力资本一样，能够改变土地、劳动和资本在生产中的相对比例关系。人力资本能够提高劳动生产率，而技术可以提高土地、劳动和资本三者的生产率，或者提高三者作为一个整体的全要素生产率。人力资本是过去对教育和培训事业投资的结果，而技术是对研究与开发投资的结果。因此，技术和人力资本一样，可以看作一种资本或一种独立的生产要素。通过研究发现，美国运输、电器、工具、化学和机器制造等五个重点出口产业同时又是出科研成果、推出新产品的重点产业，在产品的设计、生产和销售等过程都投入了高水平的技术力量。也就是说，如果把技术看作一种生产要素，那些注重科研和发展的行业的科研密集型产品就具有高度的出口优势，由于技术创新来自对科研和发明创造的投资，因而出口科研密集型产品的国家一般都是资本相对丰裕的国家。

三、小约翰·纳什

小约翰·纳什（John Nash, Jr.）（见图 13-3），获得诺贝尔经济学奖的天才数学家，同时，在生活中，他又是一个严重的强迫性精神分裂症患者。他进行研究、提出问题的初衷并不是为了经济学。正如他得知自己因为"在非合作博弈领域作出重大的开创性的贡献"而获得诺奖之后所说的：这些都是我从来都没有想过的东西。

图 13-3 纳什

美国环球公司（Universal Pictures, USA）2001 年出品的电影《美丽心灵》（*A Beautiful Mind*）可谓家喻户晓。

该片一举囊括了第 59 届金球奖 5 项大奖，并荣获 2002 年第 74 届奥斯卡奖 4 项大奖。影片本身与银幕背后的人物原型都深深震撼了全世界人们的心灵。《美丽心灵》艺术地再现了数学天才纳什奇迹般恢复正常的传奇的人生经历。

在大学里，纳什不是一个按部就班的学生，他经常旷课。据他的同学们回忆，他们根本想不起来曾经什么时候和纳什一起完完整整地上过一门必修课，但纳什争辩说，他至少上过斯蒂恩罗德的代数拓扑学。斯蒂恩罗德恰恰是这门学科的创立者，可是，没上几次课，纳什就认定这门课不符合他的口味，于是，又走人了。然而，纳什毕竟是一位英才天纵的非凡人物，他广泛涉猎数学王国的每一个分支，如拓扑学、代数几何学、逻辑学、博弈论等，并深深地为之着迷。纳什经常显示出他与众不同的自信和自负，充满咄咄逼人的学术野心。1950年的整个夏天纳什都忙于应付紧张的考试，他的博弈论研究工作被迫中断，他感到这是莫大的浪费。殊不知这种暂时的"放弃"使原来模糊、杂乱和无绪的若干念头，在潜意识的持续思考下，逐步形成了一条清晰的脉络，纳什突然有了灵感！该年 10 月，他骤感才思潮涌、梦笔生花，其中一个最耀眼的亮点就是日后被称为"纳什均衡"的非合作博弈均衡的概念。

1950 年纳什曾带着他的想法去会见当时名满天下的博弈论的创始人之一、天才数学家冯·诺依曼，遭到他的断然否定，在此之前他还受到爱因斯坦的冷遇。但是在普林斯顿大学宽松的科学环境下，他的论文仍然得到发表并引起了轰动。

尽管对具有博弈性质的问题的研究可以追溯到 19 世纪甚至更早，但这些研究很不系统。冯·诺依曼和摩根斯特恩的《博弈论与经济行为》一书中提出的标准型、扩展型和合作型博弈模型解的概念和分析方法奠定了博弈论这门学科的理论基础。合作型博弈在 20 世纪 50 年代达到了巅峰期。然而，冯·诺依曼的博弈论的局限性也日益暴露出来，由于它过于抽象，从而使应用范围受到很大限制，在很长时间里，人们对博弈论的研究知之甚少，只是少数数学家的专利，因而影响力很有限。正是在这个时候,非合作博弈——"纳什均衡"应运而生了,它标志着博弈论的新时代的开始!

对于多人参与、非零和的博弈问题,在纳什之前,无人知道如何求解,或者说怎样找到类似于最小最大解那样的"平衡"。而找不到解,接下来的研究当然无法进行,更谈不上指导实践了。1950年和1951年纳什的两篇关于非合作博弈论的重要论文彻底改变了人们对竞争和市场的看法。他证明了非合作博弈及其均衡解,并证明了均衡解的存在性,即著名的纳什均衡,从而揭示了博弈均衡与经济均衡的内在联系。纳什的研究奠定了现代非合作博弈论的基石,后来的博弈论研究基本上都是沿着这条主线展开的。

此外,在测试博弈论的行为试验学方面,纳什也是一名先驱。他曾展开讨价还价和联盟形成的试验,并曾敏锐地指出,在其他试验者的囚徒困境试验里,反复让一对参与者重复试验实际上将单步策略问题转化成了一个大的多步策略问题。这一思想初次提示了在重复博弈理论中串谋的可能性,这一发现在经济和政治领域起到了重要作用。1958年他被美国《财富》(*Fortune*)杂志评为新一代天才数学家中最杰出的人物。

然而,就在纳什春风得意、事业将到达顶峰时,却突然遭受命运无情的重重一击,从云端坠入地狱:30岁的纳什患上了严重的精神分裂症。他举止古怪,离经叛道,在私生活上不检点,曾经想放弃美国国籍,几乎遗弃了同居女友和亲生儿子,还与深爱他的贤妻艾莉西亚离婚……

纳什青年时代曾与一位大他5岁的女孩交往,两人还有个私生子。之后,纳什又与麻省理工学院(MIT)年轻美丽的女学生艾莉西亚结婚。就在艾莉西亚身怀有孕、正待分娩的同年,纳什的精神状况却日益恶化。他的举止越来越古怪,正一步步走向心智狂乱,麻烦缠身。万般无奈之下,艾莉西亚于1962年和纳什离婚。但是她对他的忠诚爱情并没有就此消失。1970年,纳什的母亲去世,而他的姐姐无力照顾他,就在纳什孤苦无依、即将流落街头的时候,善良的艾莉西亚接他来与自己同住。她不仅在起居上关心他，而且以女性特有的细心敏感照料着他的情感生活。她体贴他不肯去医院封闭治疗，把家搬到远离尘世喧嚣的普林斯顿，希望宁静熟悉的学术氛围有助于稳定纳什的情绪。

艾莉西亚不忍心眼睁睁看着这个天赋异禀的天才就这样消沉下去。艾莉西亚决定用爱去挽救纳什，尽管这对幸福的人在恋爱时的卿卿我我此时已荡然无存。纳什被艾莉西亚的这种无可动摇的爱和坚定的信念所感染，决心同疾病抗争到底。在深爱他的艾莉西亚的帮助下，在自己的天赋与狂乱中，纳什在智力上狂热地进入了一种极高的境界。经过多年的艰苦努力，纳什最终走出阴霾，理性为他带来了心灵的平和，终于在 1994 年凭借他在现代博弈理论上的卓越贡献，获得了科学界的最高荣誉———诺贝尔奖。

也许正如罗素·克洛在领奖时对《美丽心灵》的评价一样，纳什的人生与他的博弈论对我们而言，"能帮助我们敞开心灵，给予我们信念，生活中真的会有奇迹发生"。

 思考题

1. 用心观察思考，国计民生和日常生活中哪些事情需要优化决策？

2. 运筹学解决问题的基本步骤有哪些？

第十四讲　和谐之美

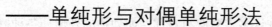

——单纯形与对偶单纯形法

　　著名数学家、哲学家罗素说过："数学如果正确地看它，不但拥有真理，而且也具有至高无上的美。"数学的世界是一个充满了美的世界。数的美、式的美、形的美……在那里我们可以感受到和谐、比例、整体和对称，感受到布局的合理、结构的严谨、关系的和谐以及形式的简洁。正是对这种神奇的数学美的追求，促使很多数学家一生都在孜孜不倦地钻研数学，并享受这种精神上的快乐。本讲我们首先介绍对偶在数学中的一些典型例子，然后通过实例，介绍单纯形法与对偶单纯形法。

1 对偶与数学美

自然界有许许多多对偶与对称，如动物的外形、各种树叶、花瓣等，而最常见又最复杂的对偶则莫过于生物体的雄性与雌性，正是因为这些对偶与对称，自然界才变得丰富多彩。

在汉语文学中，对联是一朵奇葩。我国诗歌韵文数量之多、流传之广、技巧之妙，都名列世界前茅，而对联更是独树一帜。因为文字技巧无非意境、声律、造型三项，前两项各国皆同，算是共性；而在造型上，由于中文由单个汉字组成，为"对偶性"创造了极其有利的条件。这表现在字面上是"天对地""雨对风"等；在词类上是实对实、虚对虚；在声律上是平对仄、仄对平，恰似天造地设一般。这种技巧是任何国家的语言文字所望尘莫及的，因此，我们说汉字是一种科学的文字是有足够的科学依据的。许多对联作品更是寓意深远。

与自然界的对称和文学上的对偶相比，数学上的对称与对偶一点也不逊色，数学的对偶与对称也使得数学世界灿烂多姿。数学研究各种对称图形，如圆柱、圆锥、平行六面体。对称体现了视觉上的美，对偶则使得我们从不同的角度去思考数学问题，它比对称更具有灵活性。数学中的对偶既可以对同一对象作不同描述，也可以对不同对象作合情推理。对偶关系为我们深刻认识数学对象之间的关系提供了科学的方法论，也使得数学美在数学理论研究中得到了淋漓尽致的体现。寻求一个问题的对偶问题的性质，往往使我们在"山重水复疑无路"的时候，看到"柳暗花明"，因而在创造性地解决数学问题时，对偶理论起着十分重要的作用。

对偶式在射影几何和布尔代数中出现得尤为频繁。在平面几何里，我们研究图形的性质，其中最基本的一种性质就是接合性。比如，点与直线间有一种简单的位置关系，我们说"一点在一直线上"。可是这一事实也可以换成另外一种说法："一直线通过一点"。

在这里，"点"与"直线"两个名词相互交换了位置。像这样的两个命题，在几何学上就称为"自行对偶"命题，"点"与"直线"称为对偶元素。在几何学里，关于位置关系的命题还有很多，例如，"两点在一直线上"与"两直线交于一点"。这当然是两种不同的位置关系，可是你是否注意到，只要把"点"换成"直线"、"直线"换成"点"，再把关系词适当改变一下，就可以由前面一种关系得出后面一种关系？像这样的命题，几何学中就称为"互为对偶"命题。

首先注意到这种现象的是大数学家庞加莱，他是射影几何的奠基人。他发现，几何学中的许多定理只要把其中的"点"与"直线"、关系词"在上"与"交于"互相调换一下位置，就可以从一套定理得出另一套定理，如果前者真实，则后者也真实。这就是数学中有名的"对偶原理"。把"对偶"现象提升到了"原理"的高度，这真是一项很了不起的发现。相传庞加莱是在沙皇俄国的监牢里发明射影几何的。下面举一个最简单明了的例子。

平面内不共线的三个点与其中每两个点的连线所围成的图形叫作三角形。

平面内不共点的三条直线与其中每两条直线的交点所组成的图形叫作三线形。

德萨格（Desargue）定理与德萨格定理的对偶定理：

如果两个三角形对应顶点的连线交于一点，那么对应边的交点在同一直线上。

如果两个三线形对应边的交点在同一真线上，那么对应顶点的连线交于一点。

因为这两个命题是自行对偶的，所以还可以共用同一个图形。

同样，数学上有些题目初看上去很难，但只要有针对性地巧用对偶式，就可迎刃而解。这类题目叫作"对偶式"情境探究题。这类试题知识背景丰富、题目灵活、构思新颖、富含数学美感。

在运筹学理论中，每一个线性规划问题都伴随另一个线性规划问题。二者密切相关、互为对偶，其中一个称为原问题，另一个称为对偶问题。它们是对一个研究对象从不同角度提出的两个极值问题，不仅在结构上有密切联系，而且在解的性质上也有密切关系。对偶理论就是研究两个互为对偶的线性规划问题之间的关系。

❷ 线性规划

一、线性规划的数学模型

下面通过实例说明什么是线性规划问题。

例 1 某工厂生产甲和乙两种产品。已知制造 1 吨产品甲要用原材料 2.5 吨，电力 4 千瓦，劳动力（按工·日计算）3 个；制造 1 吨产品乙要用原材料 1.5 吨，电力 5 千瓦，劳动力 10 个。又知制成 1 吨产品甲的经济价值是 7 万元，制成 1 吨产品乙的经济价值是 12 万元。现该厂因某种条件限制只有原料 90 吨，电力 200 千瓦，劳动力 300 个。问在这种条件下应该生产产品甲、乙各多少吨，才能使创造的经济价值最多？

解　设该厂生产甲产品 x_1 吨，乙产品 x_2 吨，这就需用原料 $2.5x_1 + 1.5x_2$（吨），电力 $4x_1 + 5x_2$（千瓦），劳动力 $3x_1 + 10x_2$（个），但该问题对上述资源都有限制，从而必须满足以下条件：

（1）原料限制：$2.5x_1 + 1.5x_2 \leqslant 90$。

（2）电力限制：$4x_1 + 5x_2 \leqslant 200$。

（3）劳动力限制：$3x_1 + 10x_2 \leqslant 300$。

此外，产量 x_1 和 x_2 不能为负，只允许取正值或零（不生产），所以还需满足：

（4）非负条件：$x_1 \geqslant 0$，$x_2 \geqslant 0$。

如果以 z 表示由生产 x_1 吨产品甲和 x_2 吨产品乙所获得的经济价值，则有

$$z = 7x_1 + 12x_2$$

我们的目的是确定满足上述所有条件且使经济价值最大的产量 x_1 和 x_2。这一问题在数学上可表示为：

目标：$\max z = 7x_1 + 12x_2$

满足条件：

$$\begin{cases} 2.5x_1 + 1.5x_2 \leqslant 90 \\ 4x_1 + 5x_2 \leqslant 200 \\ 3x_1 + 10x_2 \leqslant 300 \\ x_1 \geqslant 0, \ x_2 \geqslant 0 \end{cases}$$

该问题的数学表达方式就是一种线性规划数学模型。

二、线性规划的一般描述

由上面的例子可以看出，线性规划问题的数学模型具有以下共同特征：

（1）用未知自变量表示某种重要的可变因素，变量的一组数据代表一个解决方案，通常要求这些变量取非负值。

（2）存在一定的限制条件（例如材料、人力、设备、时间、费用等的限制），它们可以用自变量的线性方程或线性不等式来表示。这些条件称为约束条件。

（3）都有一个要达到的目标，这个目标也是自变量的线性函数，称为目标函数。根据需要，要求将目标函数极大化或极小化。由于目标函数和约束条件都是自变量的线性函数，故称这种规划问题为线性规划问题。对线性规划问题来说，满足约束条件（包括非负条件）的自变量的值通常有多个，而我们要求的是其中能使目标函数极大化或极小化的那些值。

定义 1 求取一组变量 x_j（$j=1$，2，$\cdots$，n），使之既满足线性约束条件，又使线性目标函数取得极值的一类最优化问题，称为线性规划问题。

线性规划问题的一般形式为：

$$\max(\text{或}\min)\ Z = c_1x_1 + c_2x_2 + \cdots\cdots + c_nx_n$$

$$\text{s.t.}\begin{cases} a_{11}x_1 + a_{12}x_2 + \cdots + a_{1n}x_n \leqslant (=,\ \geqslant)b_1 \\ a_{21}x_1 + a_{22}x_2 + \cdots + a_{2n}x_n \leqslant (=,\ \geqslant)b_2 \\ \cdots\cdots \\ a_{m1}x_1 + a_{m2}x_2 + \cdots + a_{mn}x_n \leqslant (=,\ \geqslant)b_m \\ x_1,\ x_2,\ \cdots,\ x_n \geqslant 0\ (\leqslant 0,\ \text{自由}) \end{cases}$$

式中，x_i 称为决策变量，目标函数中的系数 c_1，c_2，$\cdots$，c_n 称为目标函数系数或价值系数，约束条件中的常数 b_1，b_2，$\cdots$，b_m 称为资源系数或约束右端常数，约束条件中的系数 $a_{ij}(i=1$，2，$\cdots$，m；$j=1$，2，$\cdots$，n) 称为约束系数或技术系数。

线性规划问题也可以表示成如下矩阵形式:

$$\max(\text{或}\min) Z = \boldsymbol{CX}$$

$$\text{s.t.} \begin{cases} \boldsymbol{AX} \leqslant (=,\ \geqslant)\boldsymbol{b} \\ \boldsymbol{X} \geqslant \boldsymbol{0} \end{cases}$$

$$\boldsymbol{A} = \begin{pmatrix} a_{11} & a_{12} & \cdots & a_{1n} \\ a_{21} & a_{22} & \cdots & a_{2n} \\ \vdots & \vdots & & \vdots \\ a_{m1} & a_{m2} & \cdots & a_{mn} \end{pmatrix}, \quad \boldsymbol{X} = \begin{pmatrix} x_1 \\ x_2 \\ \vdots \\ x_n \end{pmatrix}, \quad \boldsymbol{b} = \begin{pmatrix} b_1 \\ b_2 \\ \vdots \\ b_m \end{pmatrix},$$

$$\boldsymbol{C} = (c_1,\ c_2,\ \cdots,\ c_n)$$

三、线性规划问题的标准形式

前已述及,线性规划问题可以要求目标函数极大化,也可以要求目标函数极小化。其约束条件可以为"$\leqslant$"型不等式,也可以为"$\geqslant$"型不等式,还可以为等式。这种多样性给问题的讨论带来了不便,为了便于以后的讨论,最好规定一种标准形式。所谓线性规划问题的标准形式,是指目标函数要求最大化,所有约束条件都是等式约束,且所有决策变量都非负的模型。假定线性规划含有 n 个变量和 m 个约束(非负约束除外),我们规定线性规划的标准形式为:

$$\max f(x_1,\ x_2,\ \cdots,\ x_n) = c_1 x_1 + c_2 x_2 + \cdots\cdots + c_n x_n$$

$$\text{s. t.} \begin{cases} a_{11}x_1 + a_{12}x_2 + \cdots + a_{1n}x_n = b_1 \\ a_{21}x_1 + a_{22}x_2 + \cdots + a_{2n}x_n = b_2 \\ \cdots\cdots \\ a_{m1}x_1 + a_{m2}x_2 + \cdots + a_{mn}x_n = b_m \\ x_1, x_2, \cdots, x_n \geqslant 0 \end{cases}$$

或简写为

$$\max f(x) = \sum_{j=1}^{n} c_j x_j$$

$$\text{s.t.}\begin{cases} \sum_{j=1}^{n} a_{ij}x_j = b_i, & i=1,2,\cdots,m \\ x_j \geqslant 0, & j=1,2,\cdots,n \end{cases}$$

可以规定各约束条件中的资源系数 $b_i \geqslant 0(i=1,2,\cdots,n)$，否则在等式两端乘以"$-1$"。任意线性规划模型都可以按以下方法转化为标准形式：

（1）若目标函数是求最小值的问题，这时只需将所有目标函数系数乘以"-1"，求最小值的问题就变成了求最大值的问题，即

$$\max f(x) = -\min[-f(x)]$$

求其最优解后，把最优目标函数值反号即得原问题的目标函数值。

（2）若约束条件为不等式，这里有两种情况：一种是"$\leqslant$"不等式，可在"$\leqslant$"不等式的左端加入一个非负的新变量（称为松弛变量），把不等式变为等式；另一种是"$\geqslant$"不等式，可在"$\geqslant$"不等式的左端减去一个非负松弛变量（也称为剩余变量），把不等式变为等式。松弛变量在目标函数中对应的系数为零。

（3）若存在取值无约束的变量 x_k，可令 $x_k = x'_k - x''_k$，其中 x'_k，$x''_k \geqslant 0$。

例如：若给定的模型为

$$\min Z = -2x_1 + 3x_2 - x_3$$

$$\text{s.t.}\begin{cases} x_1 - x_2 + x_3 \leqslant 10 \\ 3x_1 + 2x_2 - x_3 \geqslant 8 \\ x_1 - 3x_2 + x_3 = -1 \\ x_1 \geqslant 0,\ x_2 \geqslant 0,\ x_3\text{符号不受限制} \end{cases}$$

则标准化后变为：

$$\max Z' = 2x_1 - 3x_2 + (x'_3 - x_4) + 0 \cdot x_5 + 0 \cdot x_6$$

$$\text{s.t.} \begin{cases} x_1 - x_2 + (x_3' - x_4) + x_5 = 10 \\ 3x_1 + 2x_2 - (x_3' - x_4) - x_6 = 8 \\ -x_1 + 3x_2 - (x_3' - x_4) = 1 \\ x_1, \ x_2, \ x_3', \ x_4, \ x_5, \ x_6 \geqslant 0 \end{cases}$$

四、线性规划的求解

1. 图解法

首先我们介绍与解相关的一些概念。所有可行解构成的集合称为可行解集；使得目标函数达到最优的可行解称为最优解；最优解对应的目标函数值称为最优值。图解法就是用作图的方法确定可行域，判断目标函数的大小，达到求解的目的。但作图法只适用于仅有两个变量的线性规划问题。图解法直观，易于建立起对线性规划的认知。具体步骤是：建立平面坐标系，图解约束条件和非负条件，作目标函数等值线，联立求解相应的约束条件。

例2 用图解法求解下面的线性规划问题：

$$\max Z = 2x_1 + 5x_2$$

$$\text{s.t.} \begin{cases} x_1 + x_2 \leqslant 4 \\ -x_1 + 2x_2 \leqslant 2 \\ x_1 - x_2 \leqslant 2 \\ x_1 \geqslant 0, \ x_2 \geqslant 0 \end{cases}$$

用图解法求解，如图 14-1 所示，其最优解是（2，2），最大值为14。

2. 单纯形法

用单纯形法解线性规划问题的基本思想是：先选取一组初始基本可行解，用非基变量表示目标函数，在保持非基变量在目标函数中的系数小于等于零的前提下，通过矩阵的初等行变换，令所有非基变量的取值为零，得到目标函数的最优解和最优值。以下我们通过例子来说明如何用单纯形法求解线性规划问题。

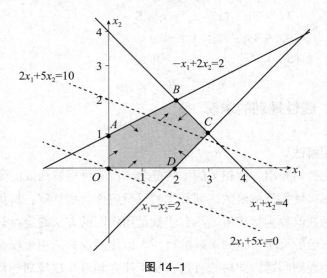

图 14–1

例 3 某工厂生产 A、B、C 三种产品，每吨利润分别为 $2\,000$ 元、$3\,000$ 元、$3\,000$ 元；生产单位产品所需的工时及原材料如表 14–1 所示。若供应的原材料每天不超过 9 吨，所能利用的劳动力日总工时为 3 个单位，问如何制定日生产计划，才能使三种产品的总利润最大？

表 14–1　　　　　　　　　每吨产品工时、原材料消耗表

	A	B	C	拥有量
工时	1	1	1	3
原材料	1	4	7	9
单件利润	2	3	3	

解　首先建立这一问题的数学模型

$$\max Z = 2x_1 + 3x_2 + 3x_3$$

$$\text{s.t.} \begin{cases} x_1 + x_2 + x_3 \leqslant 3 \\ x_1 + 4x_2 + 7x_3 \leqslant 9 \\ x_1 \geqslant 0, \quad x_2 \geqslant 0, \quad x_3 \geqslant 0 \end{cases}$$

将这一问题标准化以后，用矩阵表示为

$$\max Z = 2x_1 + 3x_2 + 3x_3 + 0x_4 + 0x_5$$

$$\text{s.t.} \begin{cases} x_1 + x_2 + x_3 + x_4 = 3 \\ x_1 + 4x_2 + 7x_3 + x_5 = 9 \\ x_i \geqslant 0 \; (i = 1, \; 2, \; 3, \; 4, \; 5) \end{cases}$$

因此

$$A = \begin{pmatrix} 1 & 1 & 1 & 1 & 0 \\ 1 & 4 & 7 & 0 & 1 \end{pmatrix}, \quad b = \begin{pmatrix} 3 \\ 9 \end{pmatrix}, \quad x = \begin{pmatrix} x_1 \\ x_2 \\ x_3 \\ x_4 \\ x_5 \end{pmatrix}$$

由于

$$p_4 = \begin{pmatrix} 1 \\ 0 \end{pmatrix} \quad p_5 = \begin{pmatrix} 0 \\ 1 \end{pmatrix}$$

所以，选择 x_4，x_5 为初始基变量，令非基变量 x_1，x_2，x_3 为零，得到一组基本解（0，0，0，3，9），也是可行的。

此时含义为：该企业不生产任何产品，工时剩余为 3，材料剩余为 9，利润为 $Z=0$。

显然，初始基本可行解不是最优解。当 x_1（或 x_2）增加一个单位时，会使目标增加 2（或 3）个单位，从约束等式中解出基变量，用非基变量表示基变量并代入目标函数，再用非基变量表示目标函数，此时目标函数中非基变量 x_j 的系数称为该变量的检验数，表示为 σ_j。

对于线性规划，我们有如下判别定理：

若对于所有非基变量，检验数均非正（$\sigma_j \leqslant 0$），则当前基本可行解为最优解。

从约束中解出基变量，代入目标函数，有

$$x_4 = 3 - x_1 - x_2 - x_3, \quad x_5 = 9 - x_1 - 4x_2 - 7x_3$$

用非基变量表示目标函数，有

$$Z = 2x_1 + 3x_2 + 3x_3$$

非基变量的检验数不全非正，因此不是最优的，增加某个检验数为正的非基变量，可以提高目标函数值。

让 x_1 增大，应该确定其增大的上限 θ，即

$$x_4 = 3 - x_1 - x_2 - x_3, \quad x_5 = 9 - x_1 - 4x_2 - 7x_3$$

都不能为负值。

x_1 增大时，其余非基变量保持为零，称 x_1 进基，当 x_1 进基时，应该保持所有基变量非负，哪个基变量先成为零，哪个基变量就成为非基变量，此时称这个基变量出基。这里 x_4 为出基变量，新的基本可行解为（3，0，0，0，6）。

此时含义为：生产 A 产品 3 单位，工时剩余为 0，材料剩余为 6，利润为 $Z=6$。

继续判断，先解出基变量，再代入目标函数：

$$Z = 2(3 - x_2 - x_3 - x_4) + 3x_2 + 3x_3 = 6 + x_2 + x_3 - 2x_4$$

有正的检验数，解还不是最优的。取 x_2 进基，按最小比值原理（注意，零和负数不能做分母），x_5 出基，材料用完。新的基本可行解为（1，2，0，0，0）。

$$Z = 6 + \left(2 - 2x_3 + \frac{1}{3}x_4 - \frac{1}{3}x_5\right) + x_3 - 2x_4 = 8 - x_3 - \frac{5}{3}x_4 - \frac{1}{3}x_5$$

这时所有检验数均小于零，目标函数的值不能再增大，该可行解为最优解，最优值 $Z = 8$。

上述方法可以总结成以下基本步骤：

（1）确定一个初始基本可行解。

（2）从约束中解出基变量（用非基变量表示基变量）。

（3）代入目标函数，消去基变量（用非基变量表示目标函数），得到非基变量的检验数 σ_j。

（4）判断最优。若 $\sigma_j \leq 0$，则当前解最优；若 $\sigma_k > 0$，则选 x_k 进基。

（5）用最小比值法确定 x_k 的最大值 θ，使基变量 x_l 取 0 值，其他基变量非负，即 x_l 出基，若 θ 不存在，则 $Z \to \infty$，没有有限最优解。

（6）重复上述（1）到（5）的工作。

五、表格单纯形法

上述求解过程的实质就是通过矩阵的初等行变换，将基变量所对应的系数矩阵变为单位矩阵。为了表达得更明了和紧凑，常表示为表格形式，称为表格单纯形法，其矩阵的初等行变换过程一目了然。例如：将例 3 标准化以后，用矩阵表示为：

$$\max Z = 2x_1 + 3x_2 + 3x_3 + 0x_4 + 0x_5$$

$$\text{s.t.} \begin{cases} x_1 + x_2 + x_3 + x_4 = 3 \\ x_1 + 4x_2 + 7x_3 + x_5 = 9 \\ x_i \geq 0 \ (i = 1, 2, 3, 4, 5) \end{cases}$$

先用表格表示上述标准化问题（见表 14-2）：

表 14-2

C_B	X_B	c_j / b \ x_j	2 x_1	3 x_2	3 x_3	0 x_4	0 x_5	θ
0	x_4	3	1	1	1	1	0	
0	x_5	9	1	4	7	0	1	
	$-Z$	0	2	3	3	0	0	

用初等行变换求最优解的过程如表 14-3 所示：

从表 14-3 中可以看出，这一问题的最优解是 $X = (1, 2, 0, 0, 0)$，最优值 $Z = 8$。它的实际意义是：每天生产 A 产品 1 单位，B 产品 2 单位，C 产品不生产，每天可获得利润 8 000 元。

表 14-3

C_B	X_B	c_j / x_j / b	2 x_1	3 x_2	3 x_3	0 x_4	0 x_5	θ
0	x_4	3	1	1	1	1	0	3/1
0	x_5	9	1	4	7	0	1	9/1
$-Z$		0	2	3	3	0	0	
2	x_1	3	1	1	1	1	0	3/1
0	x_5	6	0	3	6	-1	1	6/3
$-Z$		-6	0	1	1	-2	0	
2	x_1	1	1	0	-1	4/3	-1/3	
3	x_2	2	0	1	2	-1/3	1/3	
$-Z$		-8	0	0	-1	-5/3	-1/3	

3 对偶问题的基本概念

一、对偶问题举例

任何一个线性规划问题都有一个伴生的线性规划问题，称为其

"对偶"问题。对偶问题是对原问题从另一角度进行的描述，其最优解与原问题的最优解有着密切的联系，在求得一个线性规划最优解的同时也就得到对偶线性规划的最优解，反之亦然。

若上节中例 3 的数学模型已给出，即：

$$\max Z = 2x_1 + 3x_2 + 3x_3$$

$$\text{s.t.} \begin{cases} x_1 + x_2 + x_3 \leqslant 3 \\ x_1 + 4x_2 + 7x_3 \leqslant 9 \\ x_1 \geqslant 0, \quad x_2 \geqslant 0, \quad x_3 \geqslant 0 \end{cases}$$

假设有另外一家公司提出购买该工厂所拥有的工时和材料，用于加工别的产品，由公司支付给工厂工时费和材料费。如果你是工厂的决策者，在现有的市场状况下，给工时和材料制定的最低价格是多少，才值得转让工时和材料？

我们可以这样去理解这一问题：工厂有两种选择，一种是自己组织生产；另一种是将工时和材料转给别的公司，转让的条件是工时和材料卖出的总价值不能比自己组织生产所得的利润少，在这个前提下，转让价格应该尽量低，这样，才能有市场竞争力。因此，目标函数是一个最小化问题，约束条件是出售资源获利应不少于生产产品的获利，否则公司可以自己组织生产，同时，价格应该是非负的。用 y_1 和 y_2 分别表示工时和材料的出售价格，则这一问题的数学模型为：

$$\min W = 3y_1 + 9y_2$$

$$\text{s.t.} \begin{cases} y_1 + y_2 \geqslant 2 \\ y_1 + 4y_2 \geqslant 3 \\ y_1 + 7y_2 \geqslant 3 \\ y_1 \geqslant 0, \quad y_2 \geqslant 0 \end{cases}$$

上述两个问题是围绕着同一个事物从不同角度提出的，二者之间有着多方面的联系。可以看出，在这两个线性规划模型中，约束条件的系数矩阵互为转置，目标函数的价值系数与约束条件的右端常数也互换位置。进一步的研究还将揭示这两个问题之间更多的内在联系。

二、对偶问题的定义

定义 2 设有线性规划问题（Ⅰ）为：

$$\max Z = \boldsymbol{CX}$$
$$\boldsymbol{AX} \leqslant \boldsymbol{b}$$
$$\boldsymbol{X} \geqslant \boldsymbol{0}$$

式中，$\boldsymbol{X} = (x_1,\ x_2,\ \cdots,\ x_n)^{\mathrm{T}}$，$\boldsymbol{C} = (c_1,\ c_2,\ \cdots,\ c_n)$，$\boldsymbol{b} = (b_1,\ b_2,\ \cdots,\ b_m)^{\mathrm{T}}$。

设另一个线性规划问题（Ⅱ）为

$$\min W = \boldsymbol{Yb}$$
$$\boldsymbol{YA} \geqslant \boldsymbol{C}$$
$$\boldsymbol{Y} \geqslant \boldsymbol{0}$$

式中，$\boldsymbol{Y} = (y_1,\ y_2,\ \cdots,\ y_m)$，则称问题（Ⅱ）是问题（Ⅰ）的对偶问题，式（Ⅰ）称为原问题。两者合在一起称为一对对称的对偶线性规划问题。

从以上定义我们还可以推出，原问题与对偶问题是互为对偶的。当把其中一个看作原问题时，另一个就是对偶问题，我们把这个性质称为对称性。对于原问题与对偶问题的这种对偶关系，有下列对偶定理。

对偶定理： 若原问题的目标是求极大化，则对偶问题的目标是极小化，反之亦然，原问题的约束系数矩阵与对偶问题的约束系数矩阵互为转置，矩阵极大化问题的每个约束对应于极小化问题的一个变量，其每个变量对应于对偶问题的一个约束，即若原问题为

$$\max Z = c_1 x_1 + c_2 x_2 + \cdots + c_n x_n$$

$$\text{s.t.}\begin{cases} a_{11}x_1 + a_{12}x_2 + \cdots + a_{1n}x_n \leqslant (=,\ \geqslant)b_1 \\ a_{21}x_1 + a_{22}x_2 + \cdots + a_{2n}x_n \leqslant (=,\ \geqslant)b_2 \\ \cdots\cdots \\ a_{m1}x_1 + a_{m2}x_2 + \cdots + a_{mn}x_n \leqslant (=,\ \geqslant)b_m \\ x_j \geqslant 0(\leqslant 0,\ \text{或符号不限}),\ j = 1,\ 2,\ \cdots,\ n \end{cases}$$

则其对偶问题为：

$$\min W = b_1 y_1 + b_2 y_2 + \cdots + b_m y_m$$

$$\text{s.t.} \begin{cases} a_{11} y_1 + a_{21} y_2 + \cdots + a_{m1} y_m \geqslant (\leqslant, \ =)c_1 \\ a_{12} y_1 + a_{22} y_2 + \cdots + a_{m2} y_m \geqslant (\leqslant, \ =)c_2 \\ \cdots\cdots \\ a_{1n} y_1 + a_{2n} y_2 + \cdots + a_{mn} y_m \geqslant (\leqslant, \ =)c_n \\ y_i \geqslant 0(\leqslant 0, \ \text{或符号不限}), \ i = 1, \ 2, \ \cdots, \ m \end{cases}$$

可总结出构成对偶规划的一般规则如下：

（1）如果原问题是求目标函数的最大（或最小）值，则对偶问题就是求目标函数的最小（或最大）值。

（2）如果原问题是求目标函数的最大值，则约束不等式符号统一为"$\leqslant$"或"$=$"，若是求目标函数的最小值，则约束不等式符号统一为"$\geqslant$"或"$=$"。

（3）原问题的一个约束条件对应于对偶问题的一个变量 y_i。如果第 i 个约束是不等式，则限制对偶变量 $y_i \geqslant 0$；如果第 i 个约束为等式，则 y_i 为自由变量。

（4）原问题的每个变量 x_j 对应一个对偶约束。如果限制 $x_j \geqslant 0$，则对应的对偶约束是不等式；如果 x_j 无约束，则对应的对偶约束取等式。

它们的相互关系如表 14-4 所示：

表 14-4   **原问题与对偶问题的关系**

原问题（对偶问题）	对偶问题（原问题）
min	max
目标函数系数 右端常数 约束条件系数矩阵	右边常数 目标函数系数 系数矩阵的转置
第 i 个约束条件为"$\geqslant$"型 第 i 个约束条件为"$=$"型 第 i 个约束条件为"$\leqslant$"型	第 i 个变量 $\geqslant 0$ 第 i 个变量无限制 第 i 个变量 $\leqslant 0$

续表

原问题（对偶问题）	对偶问题（原问题）
第 j 个变量 ≥ 0 第 j 个变量无限制 第 j 个变量 ≤ 0	第 j 个约束条件为"≤"型 第 j 个约束条件为"="型 第 j 个约束条件为"≥"型

例 4　写出如下线性规划问题的对偶问题：

$$\min f(\boldsymbol{X}) = 2x_1 + 3x_2 - 5x_3 + x_4$$

$$\text{s.t.} \begin{cases} x_1 + x_2 - 3x_3 + x_4 \geq 5 \\ 2x_1 + 2x_3 - x_4 \leq 4 \\ x_2 + x_3 + x_4 = 6 \\ x_1 \leq 0, \ x_2 \geq 0, \ x_3 \geq 0, \ x_4 \ \text{无约束} \end{cases}$$

解　根据表 14-4 可直接写出上述问题的对偶问题：

$$\max g(\boldsymbol{Y}) = 5y_1 + 4y_2 + 6y_3$$

$$\text{s.t.} \begin{cases} y_1 + 2y_2 \geq 2 \\ y_1 + y_3 \leq 3, \\ -3y_1 + 2y_2 + y_3 \leq -5 \\ y_1 - y_2 + y_3 = 1 \\ y_1 \geq 0, \ y_2 \leq 0, \ y_3 \ \text{无约束} \end{cases}$$

三、对偶问题的经济意义

对偶变量 y_i 在经济上表示原线性规划问题第 i 种资源的边际价值，即当 b_i 单独增加一个单位时，相应的目标值 z 的增量 Δz；特别地，对最优解来说，对偶变量的值 y_i 表示第 i 种资源的边际价值，称为影子价值。

更具体地说，当价值系数 c_j 表示单位产值时，y_i 相应地称为影子价格（shadow price）；当 c_j 表示单位利润时，y_i 相应地称为影子利润。

影子价值是企业的一种内部价值，是企业在实现最大总产值（或总利润）时对其有限资源的一种特殊估计。企业可据此评估其某种资源的总存量及其现行分配量是否应当调整。当原问题的目标为实现最大利润时，y_i 就是一个单位的资源 i 对当前利润的贡献。

 思考题

1. 什么是线性规划问题的标准型？如何将一个非标准型的线性规划问题转化为标准型？

2. 试述单纯形法的计算步骤。

3. 试从经济上解释对偶问题及对偶变量的含义。

4. 根据原问题与对偶问题之间的对应关系，分别找出两个问题的变量之间、解以及检验数之间的对应关系。

第十五讲　一种全新的分析方法

——博弈论

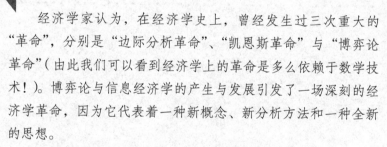

　　经济学家认为，在经济学史上，曾经发生过三次重大的"革命"，分别是"边际分析革命"、"凯恩斯革命"与"博弈论革命"（由此我们可以看到经济学上的革命是多么依赖于数学技术！）。博弈论与信息经济学的产生与发展引发了一场深刻的经济学革命，因为它代表着一种新概念、新分析方法和一种全新的思想。

　　对于许多非数学专业和非经济学专业的读者来说，博弈论应该是一个较为陌生的概念。但在国外，博弈论作为现代经济学的前沿领域，已成为占据主流的基本分析工具之一。事实上，人们可以直接感受到博弈，甚至在从未接触过的社会、政治、法律、军事、经济、管理、自然、历史等现象中也都存在博弈。博弈策略和博弈思想的萌芽源远流长。中国古代田忌赛马的故事几乎尽人皆知。但博弈思想的系统化、数学化却是近几十年发展起来的。现代博弈理论由匈牙利大数学家冯·诺依曼（John von Neumann）于 20 世纪 20

年代创立，1944年他与经济学家奥斯卡·摩根斯特恩（Oskar Morgenstern）合作出版的巨著《博弈论与经济行为》标志着现代系统博弈理论的初步形成。

在现代企业管理中，经营者若要熟练地掌握管理之术，就必须能够自动自发并自觉地运用博弈论与信息经济学。在日常生活中，人们也可以凭借博弈论与信息经济学的思想方法来分析进而解决实际问题。正是因为如此，诺贝尔经济学奖获得者保罗·萨缪尔森（Paul Samuelson）曾说："要想在现代社会做一个有文化的人，你必须对博弈论有一个大致了解。"

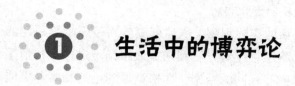

生活中的博弈论

一、日常生活中的博弈

日常生活中的一切均可用博弈来解释，大到一场篮球比赛，小到今天早上你突然感冒。读者可能会认为，篮球比赛用博弈论来分析是可以的，但对自己感冒也可以用博弈论来理解就有点不可思议了，因为自己就一个人，和谁进行博弈？实际上，并非只有一个人，还有一个叫作"自然"的参与者。"自然"可以理解为无所不能的上帝，上帝现在有两种策略：让人感冒或不感冒。人一旦感冒，就不得不根据感冒的信息判断上帝的策略，然后采取对应的策略。上帝采取让人感冒的策略，人就采取吃药的策略来对付；上帝采取不让人感冒的策略，人就采取不予理睬的策略。这正是一场人和上帝进行的博弈。

再看一个例子：某单位采购员在秋天时要决定冬天取暖用煤的采购量。已知在正常气温条件下需要用煤 15 吨，在较暖和较冷的气温条件下分别需要用煤 10 吨和 20 吨。假定冬季的煤价随着天气寒冷的程度而变化，在较暖、正常、较冷的气温条件下每吨煤价分别为 100元、150 元、200 元。又秋季每吨煤价为 100 元。在不知道当年冬季气温状况的情况下，秋季应购多少吨煤，才能使总支出最少？

在这个例子中，该单位的采购员有三个策略：策略 a_1：10 吨，策略 a_2：15 吨，策略 a_3：20 吨。而天气有三种可能，我们可以理解为自然界的三种策略：策略 b_1：较暖，策略 b_2：正常，策略 b_3：较冷。

夫妻吵架也是一场博弈。夫妻双方都有两种策略：强硬或软弱。博弈的可能结果有四种组合：夫强硬妻强硬、夫强硬妻软弱、夫软弱妻强硬、夫软弱妻软弱。

根据生活的实际观察，夫软弱妻软弱是婚姻最稳定的一种组合，因为互相都不愿意让对方受到伤害或感到难过，常常情愿自己让步。动物学的研究有相同的结论：性格温顺的雄鸟和雌鸟更能和睦相处，寿命也更长。

夫强硬妻强硬是婚姻最不稳定的一种组合，大多数结局是负气离婚。夫强硬妻软弱和妻强硬夫软弱是最常见的组合，许多夫妻吵架都是这样，最后终归是一方让步，不是丈夫撤退到院子里点根烟，就是妻子避让到卧室里号啕大哭。

二、经济学中的博弈

在竞争激烈的商业界，博弈更为常见。比如两个空调厂家之间的价格战，双方都要判断对方是否降价来决定自己是否降价。显而易见，厂家之间的博弈目标就是尽可能获得最大的市场份额，赚取最多的收益。

事实上，这种有利益的争夺正是博弈的目的，也是形成博弈的基础。经济学最基本的假设就是：经济人或理性人的目的就是最大化效用，参与博弈的博弈者正是为了自身效用的最大化而互相斗争。参与博弈的各方形成相互竞争、相互对抗的关系，以争得的效用的多少来决定胜负，一定的外部条件又决定了竞争和对抗的具体形式，这就形成了博弈。

如象棋对局的参与者是以将对方的军为目标，战争的目的是为了胜利，古罗马竞技场中角斗士争夺的是两人中仅有的一个生存权，企业经营的目的是为了生存发展，而股市中人们所争的很实在，就是金钱。从经济学角度来看，有一种资源为人们所需要，而资源的总量却是稀缺的或是有限的，这时就会发生竞争。竞争需要一个具体形式把大家拉在一起，一旦找到了这种形式就形成了博弈，竞争各方就会走到一起，开始一场博弈。

博弈中包含了竞争冲突与合作两种截然不同的策略。上述例子都体现为参与各方的竞争博弈。合作博弈最典型的例子就是石油输出国组织欧佩克（Organization of Petroleum Exporting Countries，OPEC）。1960 年 9 月，伊朗、伊拉克、科威特、沙特阿拉伯和委内瑞拉的代表在巴格达开会，决定联合起来共同对付西方石油公司，维护石油收入。欧佩克在这个时候应运而生。欧佩克现在已发展成为亚洲、非洲和拉丁美洲一些主要石油生产国的国际性石油组织。它统一协调各成员国的石油政策，并以石油生产配额制的手段来维护它们各自和共同的利益，把国际石油价格稳定在公平合理的水平上。比如有些时候为防止石油价格飙升，欧佩克可依据市场形势增加其石油产量；为阻止石油价格下滑，欧佩克则可依据市场形势减少其石油产量。

三、博弈论的基本要素

从上述例子我们可以了解到，形成一个博弈有三个要素：

（1）博弈要有 2 个或 2 个以上的参与者（player）。博弈中存在一个必需的因素，即是不是一个人在一个毫无干扰的真空里做出决策。比如一个单身汉，就不可能存在夫妻吵架的博弈，更不存在是否送花讨太太欢心的困扰。

（2）博弈要有参与各方争夺的资源或收益（resources 或 payoff）。资源指的不仅仅是自然资源，如矿山、石油、土地、水资源等，还包括各种社会资源，如人脉、信誉、学历、职位等。

值得强调的是，资源是有主观性的。人们之所以会参与博弈是受到利益的吸引，预期将来所获得利益的大小直接影响到竞争博弈的吸引力和参与者的关注程度。

经济学的效用理论可以用来解释这个问题，凡是自己主观需要的就是资源，反之亦然。比如，"孩子总是自己的好，妻子总是别人的好"：自己的孩子在自己眼里是无价之宝，而在别人面前相对是无价值的；即使是众人公认的娇妻美眷也会产生审美疲劳，资源的价值不断下降，这正是效用递减规律起了作用。

（3）参与者有自己能够选择的策略（strategy）。所谓策略，就是博弈参与者在给定信息集的情况下选择行动的规则，它规定参与人在什么情况下选择什么行动，是参与者的"相机行动方案"。

在日常生活中，策略选择仅是解决问题的方法，并不涉及分析关键因素、确定局势特征这些理论化的内容。而博弈论中的策略选择是先对局势和整体状况进行分析，确定局势特征，找出其中的关键因素，然后在最重要的目标上进行策略选择。由此可见，博弈对局中的策略是可以"牵一发而动全身"的，这直接对整个局势造成了重大影响。

除上述三个要素之外，参与者还必须拥有一定量的信息（information）。博弈就是个人或组织在一定的环境条件与既定的规则下，同时或先后、仅仅一次或是多次地选择策略并实施，从而得到某种结果的过程。每个博弈者在决定采取何种行动时，不但要根据自身的利益和目的行事，还必须考虑到他的决策行为对其他人的可能影响，以及其他人的反应行为的可能后果，通过选择最佳行动计划来寻求收益或效用的最大化。在这一过程中，拥有一定量的信息是必要的。

❷ 纳什均衡

一、纳什均衡简述

对于非合作、纯竞争型博弈，冯·诺依曼所解决的只有二人零和博弈，比如两个人打乒乓球，一方赢则另一方必输，两个人获利的总和为零。在这里能否且如何找到一个理论上的"解"或"平衡"，也就是对参与双方来说都最"合理"或者最优的具体策略？

应用传统决策论中的"最小最大"准则，即博弈的每一方都假设对方的所有策略的根本目的是使自己最大程度地失利，并据此最优化自己的对策，诺依曼从数学上证明，通过一定的线性运算，对于每一个二人零和博弈，都能够找到一个"最小最大解"。用通俗的话说，这个著名的最小最大定理所体现的基本思想就是"抱最好的希望，做最坏的打算"。

虽然二人零和博弈的解决具有重大意义，但作为一个理论来说，它应用于实践的范围是极其有限的。二人零和博弈主要的局限性有两点：一是在各种社会活动中，常常有多方参与而不是只有两方；二是参与各方相互作用的结果并不一定有人得利就有人失利，整个群体可能具有大于零或小于零的净获利。

博弈论的基本前提是：某人或某物的行为效果如何依赖于他人或他物的行为。因为世间的事物很少有不依赖于其他事物而存在的。非合作博弈强调利益的冲突，即非合作甚至对抗状态。比如，"零和博弈"就是典型的非合作博弈，它是指博弈各方的所得之和为零，在特殊情况下，如两人博弈时，一方所得与另一方所失相等。从严格的数学角度来看，围棋 19×19 的 361 个交叉点就是围棋对弈者所得的总和，因此围棋棋手非输即赢，可见围棋明显是数学意义上的严格的零和博弈。

围棋定式从策略层面看，如一方的策略是抢占实地，另一方是获得外势，而结果相当，互有所得，双方就愿意那样下。抢占实地考虑现实利益，获得外势考虑将来发展，这便形成了一个双方的"均衡"；另外，可以从具体行棋效果来看，如果一步棋能考虑到对手各种应手而依然成立，对手也运用同样的法则找到了应对，则可以说双方达成了"均衡"。

在经济学中，均衡（equilibrium）指的是相关量处于稳定值。一种物品的供给量等于需求量时的价格就是其均衡价格，对应的数量就是均衡数量，即在供给线与需求线相交之处，也称为均衡点。比如在供需分析中，若某一商品的市场价格使得欲购买该商品的人均能买到，同时想卖的人均能将商品卖出去，则此时该商品的供求达到了均衡。这个市场价格可称为均衡价格，产量可称为均衡产量。均衡分析是经济学中的重要方法。

纳什均衡（Nash equilibrium），也称为非合作博弈均衡，是博弈论的一个重要术语。在一个博弈过程中，无论对方的策略选择如何，当事人一方都会选择某个确定的策略，则该策略被称作支配性策略。如果任意一个参与者在其他所有参与者的策略确定的情况下，其选择的策略是最优的，那么这个组合称为纳什均衡。这时，每个博弈者的平衡策略都是为了达到自己期望收益的最大值，同时，其他所有博弈者也遵循这样的策略组合。

纳什均衡是博弈论中的一个规律，此时博弈双方都没有改变自己策略的动力，因为单方面改变自己的策略都会造成自己收益的减少。纳什均衡点可以理解为个体最优解，但并不一定是集体最优解。

纳什均衡的思想其实并不复杂，在博弈达到纳什均衡时，局中的每一个博弈者都不可能因为单方面改变自己的策略而增加获益，于是各方为了自己利益的最大化而选择了某种最优策略，并与其他对手达成了某种暂时的平衡。在外界环境没有变化的情况下，倘若有关各方坚持原有的利益最大化原则并理性面对现实，那么这种平衡状况就能够长期保持稳定。也就是说，一个策略组合中所有参与者面临这样一种情况：当其他人不改变策略时，他此时的策略是最好的。也就是说，此时如果他改变策略，他的收益就会降低。因此，在纳什均衡点上，每一个理性的参与者都不会有单独改变策略的冲动。

博弈的结果并不都能成为均衡。博弈的均衡是稳定的，则必然可以预测。纳什均衡的另一层含义是：在对方策略确定的情况下，每个参与者的策略是最好的，此时没有人愿意先改变或主动改变自己的策略。

在"囚徒困境"变形的博弈中，A 和 B 都不坦白就是一个纳什均衡，这对双方来说都是最优选择。同时在这个博弈中，其均衡对双方来说是全局最优的。当然博弈达到纳什均衡，对参与者而言并不一定是最有利的结果，对整体而言更不意味着是最有利的结果，比如"囚徒困境"导致了整体的不利。

动态博弈中存在明显的马太效应，也就是说凡是拥有较少的，连他仅有的那一点点也夺过来；凡是多的，就加给他，让他更多。比如在围棋上，就有"一招不慎，满盘皆输"的谚语，当然我们也要应用马太效应原理，在获得优势的情况下能够保持优势、扩大优势，直至最后成功。

在动态博弈中，纳什均衡的要义在于：即使在对抗条件下，双方也可以通过向对方提出威胁和要求，找到双方能够接受的解决方案而不至于因为各自追求自我利益而无法达成妥协，甚至两败俱伤。稳定的均衡点建立在找到各自的"占优策略"（dominant strategy）的基础上，即无论对方作何选择，这一策略应始终优于其他策略。

二、占优策略

我们先来看欧·亨利的小说《麦吉的礼物》中描述的这样一个爱情故事。新婚不久的妻子和丈夫穷困潦倒，除了妻子那一头美丽的金色长发和丈夫那一只祖传的金怀表，便再也没有什么东西可以让他们引以为傲了。虽然生活很累很苦，他们却彼此相爱至深。每个人关心对方都胜过关心自己。为了促进对方的利益，他们愿意奉献和牺牲自己的一切。

话说第二天就是圣诞节了，小两口都身无余钱。为了让爱人在节日过得好一点，每个人还是想悄悄准备一份礼物给对方。丈夫卖掉了心爱的金怀表，买了一套漂亮发卡，去配妻子那一头金色长发。妻子剪掉心爱的长发，拿去卖钱，为丈夫的金怀表买了表链和表袋。

最后，到了交换礼物的时刻，他们无可奈何地发现，对方身上自己如此珍视的东西已经被对方作为礼物的代价而出卖了，花了惨痛代价换回的东西竟成了无用之物，出于无私爱心的利他主义行为结果却使得双方的利益同时受损。

从这段文字看，欧·亨利似乎并不认为这小两口是理性的。我们暂时抛开爱情的温馨，单从利益的角度来解读。我们假定，他们每个人都有一个"毫不利己，专门利人"的偏好系统，毫不考虑自身利益，专门谋求别人的幸福。这样，个人选择付出还是不付出，只看对方能不能得益，与自己是否受损无关。以这样的偏好来衡量，最好的结果自然是自己付出而对方不付出，对方收益增大；次好的结果是大家都不付出，对方不得益也不牺牲；再次的结果是大家都付出；最坏的结果是别人付出而自己不付出，靠牺牲别人来使自己得益。我们不妨用数字来代表个人对这四种结果的评价：第一种结果3分，第二种结果2分，第三种结果1分，第四种结果0分。

不难看出，无论对方选择付出，还是选择不付出，个人的最佳选择都是付出。然而这并不是对大家都有利的选择。事实上，大家都选择不付出的境况明显优于大家都选择付出，这就达到了上文提到的纳什均衡。

实际上，这里的例子有一个占优策略均衡。通俗地说，在占优策略均衡中，不论其他所有参与人选择什么策略，一个参与人的占优策略都是他的最优策略。显然，这一策略一定是其他所有参与人选择某一特定策略时该参与人的占优策略。

因此，占优策略均衡一定是纳什均衡。在这个例子中，妻子选择不付出，也就是不剪掉金发对于妻子来说是一个占优策略，也就是说妻子不付出，丈夫不管选择什么策略，妻子所得的结果都好于丈夫。同理，丈夫不卖掉金怀表对于丈夫来说也是一个占优策略。

采用占优策略得到的最坏结果并不一定比采用另外一个策略得到的最佳结果好，这是很多博弈论普及书中容易出错的一个问题。应该说，对局者采用占优策略在对方采取任何策略时，总能够显示出优势。比如在上述例子中，就妻子来说，她采用不付出的策略时，无论丈夫付出或不付出，妻子的不付出策略都占有优势。丈夫的占优策略也一样。但是，妻子选择不付出的最坏结果是 1，选择付出的最好结果是 3，很明显，妻子的占优策略得到的最坏结果并不比采用另外一个策略得到的最佳结果高出一筹。

反之，劣势策略则是指在博弈中，不论其他参与人采取什么策略，某一参与人可能采取的策略中对自己严格不利的策略。劣势策略是我们在日常生活中不可以选择的行动。劣势策略是与占优策略相对应的概念。

假如你有一个占优策略，你可以采用，并且知道你的对手若有一个占优策略他也会采用；同样，假如你有一个劣势策略，你应该避免采用，并且知道你的对手若有一个劣势策略他也会规避。

三、多个纳什均衡点的例子

在每个参与人都有占优策略的情况下，占优策略均衡是非常合乎逻辑的。一个占优策略优于其他任何策略，同样，一个劣势策略则劣于其他任何策略。

但遗憾的是，并不是所有博弈都有占优策略，哪怕这个博弈只有两个参与者。实际上，占优策略只是博弈论的一种特例。虽然出现一个占优策略可以大大简化行动的规则，但这些规则却并不适用于大多数现实生活中的博弈。

下面来看这样一个房地产开发博弈的例子。假定某市的房地产市场需求有限，A、B 两个开发商都想开发一定规模的房地产，但是市场对房地产的需求只能满足一个房地产商的开发量，而且每个房地产商必须一次性开发这一定规模的房地产才能获利。在这种情况下，无论对开发商 A 还是开发商 B，都不存在一种策略完全优于另一种策略，也不存在一种策略完全劣于另一种策略。

原因是，如果 A 选择开发，则 B 的最优策略是不开发；如果 A 选择不开发，则 B 的最优策略是开发；类似地，如果 B 选择开发，则 A

的最优策略是不开发；如果 B 选择不开发，则 A 的最优策略是开发。这样就形成了一个循环选择。

根据纳什均衡，其含义就是：给定你的策略，我的策略是我最好的策略；给定我的策略，你的策略也是你最好的策略，即双方在对方给定的策略下不愿意调整自己的策略。

这个博弈的纳什均衡点不止一个，而是有两个：要么 A 选择开发，B 不开发；要么 A 选择不开发，B 选择开发。在这种情况下，A 与 B 都不存在占优策略，也就是 A 和 B 不可能只要选择某一个策略而不考虑对方所选择的策略。实际上，在有两个或两个以上纳什均衡点的博弈中，其最后结果难以预测。在房地产博弈中，我们无法知道，最后结果是 A 开发 B 不开发，还是 A 不开发 B 开发。

3 博弈论中几个经典案例的解读

一、警察捉小偷

某个村庄上只有一名警察，他要负责整个村的治安。小村的两头住着两个全村最富有的村民 A 和 B，A、B 需要保护的财产分别为 2 万元和 1 万元。某一天来了一个小偷，要在村中偷盗 A 和 B 的财产，这个消息被警察得知了。

因为分身乏术，警察一次只能在一个地方巡逻；而小偷也只能偷盗其中一家。若警察在某家看守财产，而小偷也选择了去该富户家，小偷就会被警察抓住；若小偷去了没有警察看守财产的富户家，则小偷偷盗成功。

一般人会凭着感觉认为，警察当然应该看守富户 A 家财产，因为 A 有 2 万元的财产，而 B 只有 1 万元的财产。实际上，警察最好的一个做法是：抽签决定去 A 家还是 B 家。

因为 A 家的财产是 B 家的 2 倍，小偷自然光顾 A 家的概率要高于 B 家，不妨用两个签代表 A 家，比如如果抽到 1、2 号签去 A 家，抽到 3 号签去 B 家。这样警察有 2/3 的概率去看守 A 家，有 1/3 的概率去看守 B 家。

而小偷的最优选择是：以同样抽签的办法决定去 A 家还是去 B 家实施偷盗，只是抽到 1、2 号签去 A 家，抽到 3 号签去 B 家，那么，小偷有 1/3 的概率去 A 家，有 2/3 的概率去 B 家。这些数值可以通过联立方程准确计算出来。

细心的读者会发现，警察捉小偷博弈与前面所举的两个博弈案例有一个很大的差别，就是用到了概率的知识，警察与小偷没有一个一定要选择某个策略的纳什均衡，而只有选择某个策略的概率是多少的纳什均衡。这就涉及纯策略与混合策略。

纯策略：如果一个策略规定参与人在每一个给定的信息情况下只选择一种特定的行动，则称为纯策略，简称"策略"，即参与人在其策略空间中选取唯一确定的策略。

混合策略：如果一个策略规定参与人在给定的信息情况下以某种概率分布随机地选择不同的行动，则称为混合策略。参与人采取的不是唯一确定的策略，而是其策略空间上的一种概率分布。

简单来说，纯策略就是参与人始终坚持一个对其最有利的策略，而不论对手采取何种策略；而混合策略就是参与人为了不让对手明白他的行动原则以及选择偏好从而加以利用，而不断选择对其最有利（或相对有利）的策略，这些策略往往是随谈判阶段或环境（或其他因素）而不断变化的。

纯策略可以理解为混合策略的特例，即在诸多策略中，选择该纯策略的概率为 1，选择其他纯策略的概率为 0。纯策略的收益可以用效用表示，混合策略的收益只能用预期效用表示。

纳什于 1950 年证明了纳什定理。然而这个博弈没有纯策略纳什均衡点，而有混合策略均衡点。这个混合策略均衡点下的策略选择是每个参与者的混合策略选择。

最常见的混合策略就是猜硬币游戏。比如在足球比赛开场，裁判将手中的硬币抛掷到空中，让双方队长猜硬币落下的正反面。由于硬币落下是正是反是随机的，概率应该都是 1/2，于是，猜硬币游戏的参与者选择正与反的概率都是 1/2，这时博弈达到混合策略纳什均衡。

再比如我们儿时玩的"剪、布、锤"就不存在纯策略均衡，对每个小孩来说，自己采取出"剪"、"布"还是"锤"的策略应当是随机的。一旦一方知道另一方出其中某个策略的可能性增大，那么这个对弈者在游戏中输的可能性就增大，因此，每个小孩的最优混合策略是采取每个策略的可能性都是 1/3。在这样的博弈中，每个小孩各取三个策略的 1/3 是纳什均衡。

二、位置博弈的策略

有一个大家都很熟悉的现象，那就是在每个大大小小的城市街道上，经常见到一些地段上的商店十分拥挤，形成一个繁荣的商业中心区，但另一些地段却十分冷僻，没什么商店。

更有意思的是，往往同类型的商家总是聚集在比较近的地方，比如肯德基、麦当劳总是相隔不远。再如超市现象，前两年有很多人对超市的布局发表了一些议论。因为有人注意到，如果在一条街上有 2～3 家超市，那么这几家超市经常会"相依为邻"，选址离得很近，倘若它们的选址稍微分散，那么无疑会对市民的购物提供相当大的便利，因此他们认为超市"拥挤"在一起属于资源浪费。

类似的事情也发生于国内各省级电视台的节目播放。很多电视迷会发现，大部分电视台总是将最精彩的节目放在相同的时间段，甚至有时在相同时间段播放类似的节目，比如此台播《快乐大本营》，彼台就播《超级总动员》；此台播《玫瑰之约》，彼台就播《单身男女》。人们都说文人相轻，电视台也这么相煎太急。

博弈论能够对这个现象作出科学的解释。首先叙述一个简单的博弈模型：假设有一条完全笔直的公路连接城市 A 和城市 B。这条公路上每天行驶着大量车辆，并且车流量在公路上是均匀分布的。假设有两家快餐店，我们不妨假设它们为靠高速公路起家的麦当劳与肯德基，它们要在这条公路上选择一个位置开设快餐店，招揽来往车辆。肯德基与麦当劳都是百年老店，自然是精明至极，从经济学角度讲就是具有经济理性。它们只要手段合法，就总是希望自己的生意尽可能地红火，至于其他人的生意的好坏则与己无关。

出于这种理性，肯德基分店经理肯定会想到：如果我将店铺从 3/4 点处向左移一点，那么与 1/4 点的中点不再是 1/2 点处，而是位于 1/2 点的略左边一点。这相当于说，移位后，肯德基将从麦当劳夺取部分顾客，这对于肯德基单方面来说无疑是一个好主意。当然麦当劳也不甘示弱，作为一个"理性人"，麦当劳自然也应该想到将自己的店铺从 1/4 点处向右移动以争取更多顾客。

不难想象，双方博弈的结果将使它们的店铺设置在 1/2 点附近，此时达到纳什均衡状态，两家店铺相依为邻且相安无事地做起快餐生意。如果我们放宽条件，不是两家快餐店，而是很多家快餐店，那么很容易分析并得到结果：这些快餐店仍然会在 1/2 点处设店以达到纳什均衡。

同样的道理，如果在一条路上地段的繁华等其他原因都可以被认为处处相同，那么没有一个商家会将自己安置于某条路的一头，只要条件许可，超市就几乎趋向于相依为邻，这种现象完全可以看作公正的市场竞争的合理结果。这就是很多城市商业中心形成的原理，在博弈论中称为位置博弈。

电视台之间在时间段上的重叠问题本质上就是位置博弈。事实上，我们只要将时间设想为上述案例中的公路，就不难分析出：市场竞争的结果就是，观众青睐的精彩节目将集中在同一黄金时段。在这种情况下，电视台之间的竞争会更加激烈，为了获得收视率，电视台只能在制作质量上下功夫，最终获得实惠的仍然是广大观众。

三、"智猪博弈"的解读

博弈论中有一个十分卡通化的博弈模型，叫作"智猪博弈"（pigs' payoffs）：笼子里面有两头猪，一头大，一头小。笼子很长，一端有一个踏板，另一端是饲料的出口和食槽。每踩一下踏板，在远离踏板的猪圈的另一边的投食口就会落下少量食物。如果有一头猪去踩踏板，另一头猪就有机会抢先吃到另一边落下的食物。当小猪踩动踏板时，大猪会在小猪跑到食槽之前刚好吃光所有食物；若是大猪踩动了踏板，则还有机会在小猪吃完落下的食物之前跑到食槽，争吃到另一半残羹。

如果定量地来看，踩一下踏板，将有相当于 10 个单位的猪食流进食槽，但是踩完踏板之后跑到食槽所需付出的"劳动"要消耗相当于 2 个单位的猪食。

如果两头猪同时踩踏板，再一起跑到食槽吃，大猪吃到 7 个单位，小猪吃到 3 个单位，减去劳动耗费各 2 个单位，大猪净得益 5 个单位，小猪净得益 1 个单位。

如果大猪踩踏板，小猪等着先吃，大猪再赶过去吃，大猪吃到 6 个单位，去掉踩踏板的劳动耗费 2 个单位，净得 4 个单位，小猪也吃到 4 个单位。

如果小猪踩踏板，大猪等着先吃，大猪吃到 9 个单位，小猪吃到 1 个单位，再减去踩踏板的劳动耗费，小猪净亏损 1 个单位。

如果大家都等待，结果是谁都吃不到。

那么，两头猪各会采取什么策略？答案是：小猪将选择"搭便车"策略，也就是舒舒服服地等在食槽边；而大猪则为一点残羹不知疲倦地奔忙于踏板和食槽之间。原因何在呢？

因为小猪踩踏板将一无所获，不踩踏板反而能吃上食物。对小猪而言，无论大猪是否踩踏板，不踩踏板总是好的选择。反观大猪，已明知小猪是不会去踩踏板的，自己亲自去踩踏板总比不踩强，所以只好亲力亲为了。

如果采用定量分析的方法，"等待"是小猪的占优策略，"踩踏板"是小猪的劣势策略。先把小猪的劣势策略去掉，再来看大猪的策略。由于小猪有"等待"这个占优策略，大猪只剩下了两个选择：等待，1个单位也得不到；踩踏板，得到4个单位，所以"等待"就变成了大猪的劣势策略。把它也删去，就分析出相同的结局：大猪来回在猪槽的两端奔波，小猪则坐享其成。

"智猪博弈"的结论是：在一个双方公平、公正、合理和共享竞争的环境中，有时占优势的一方最终得到的结果却有悖于他的初始理性。

这种情况在现实中比比皆是。比如，在某种新产品刚上市，其性能和功用还不为人所熟识的情况下，如果进行新产品生产的不仅是一家小企业，还有其他生产能力和销售能力更强的企业，那么，小企业完全没有必要作出头鸟而投入大量广告做产品宣传，只要采用跟随战略即可。

"智猪博弈"告诉我们，谁先去踩这个踏板，谁就会造福全体，但多劳却并不一定多得。在现实生活中，很多人都只想付出最小的代价得到最大的回报，争着做那只坐享其成的小猪。"一个和尚挑水喝，两个和尚抬水喝，三个和尚没水喝"说的正是这样一个道理。这三个和尚都想做"小猪"，却不想付出劳动，不愿承担起"大猪"的义务，最后导致每个人都无法获得利益。在日常的人际关系中，有一些人会成为不劳而获的"小猪"，而另一些人充当了费力不讨好的"大猪"。

"智猪博弈"用通俗的话来形容就是"枪打出头鸟"。一个很常见的现象就是在各种企业内部总会存在各种各样的小团体。套用组织行为学的专业术语来说就是存在各种非正式组织。而每一个团体都代表了一部分人的利益，因此不可避免地会产生冲突。这时，每个团体都会推选出各自的代言人。这些代言人是为集体利益（如争取加薪或增加福利等）采取积极行动的领头人。但我们这时会发现，被推选为代言人的总是那些胸无城府、意气用事的人。

然而，群体活动的最大受益者"小猪"们则永远躲在幕后。如果活动成功了，他们就可以毫发无伤地优先分到一杯羹；如果活动失败了，他们也可以发表一通"与我无关，我是受害者"之类的演讲，让"大猪"成为永远的牺牲者。从另一个角度来看，懂得"智猪博弈"对于个人并非坏事。

实际上，作为一个有理性的人，谁都不愿意甘冒风险而为他人带来好处。如果是这种情况，"智猪博弈"便无法形成。在"智猪博弈"的模型中，若要摆脱大家都无法生存的困境，就要让双方的期望值不同，然后由一方作出现象上的让步。实际上，让步的这一方不是无原则无目的地让步，而是出于自己理性的盘算和对期望值的估计，然后才采取看似让步的举动。这样一来，别人看来你是让步了。因为表面上是如此的，而你在不违背自己意愿的基础上，打破了困境，实现了自己的期望。这看似愚蠢，实则智慧至极。

在"智猪博弈"里，利用他人的努力为自己谋求利益的智者是最大的受益人，因为他不必付出劳动就能获得自己想要的东西。因此，关键就在于如何让对手心甘情愿地按照自己的期望去行动。

"智猪博弈"给了竞争中的弱者以等待为最佳策略的启发的同时，也反映了一种"搭便车"现象。

"搭便车"现象在现实中大量存在，在企业的运营过程中也不乏其例。很多企业的一般员工甚至中层管理者的工资、福利也不算低，但依然缺乏工作能动性，不能创造优异的绩效，很多事情还要亲力亲为。对于社会而言，因为小猪未能参与竞争，创造价值，故小猪"搭便车"时的社会资源配置并不是最佳状态。为使资源最有效地配置，规则的设计者是不愿看见有人"搭便车"的。

"智猪博弈"告诉了我们一个企业的制度和流程的重要性，以及不好的规则对企业带来的影响。这就要求规则的设计者应清楚且慎重地考虑规则制定的前瞻性、适应性和高效性。

四、证券市场中的投资与投机

金融证券市场是一个群体博弈的场所，其真实情况非常复杂。在证券交易中，其结果不仅依赖于单个参与者自身的策略和市场条件，也依赖于其他人的选择及策略。

在"智猪博弈"的情景中，大猪是占据优势的，但是，由于小猪别无选择，使得大猪为了自己能吃到食物，不得不辛勤忙碌，反而让小猪搭了便车，而且比大猪还得意。这个博弈中的关键要素是猪圈的设计，即踩踏板的成本。

证券投资中也有这种情形。例如，当庄家在低位买入大量股票后，已经付出了相当多的资金和时间成本，如果不等价格上升就撤退，就只有接受亏损。

所以，基于和大猪一样的贪吃本能，只要大势不是太糟糕，庄家一般都会抬高股价，以求实现手中股票的增值。这时的中小散户就可以对该股追加资金，做一头聪明的"小猪"，而让"大猪"庄家力抬股价。当然，发掘这种股票并不容易，所以做"小猪"所需的条件就是发现有这种情况存在的"猪圈"并冲进去。这样，你就成为一头聪明的"小猪"。

从散户与庄家的策略选择上看，这种博弈结果是有参考价值的。例如，对股票的操作是需要成本的，事先、事中和事后的信息处理都需要金钱与时间成本的投入，如行业分析、企业调研、财务分析等。

一旦已经付出，机构投资者就不太甘心就此放弃。而中小散户不太可能事先支付这些高额成本，更没有资金控盘操作，因此只能采取"小猪"的等待策略。等到庄家动手为自己觅食而主动出击时，散户就可以坐享其成了。

股市中散户投资者与"小猪"的命运有相似之处，没有能力承担炒作成本，所以就应该充分利用资金灵活、成本低和不怕被套的优势，发现并选择那些机构投资者已经或可能坐庄的股票，等着"大猪"们为自己服务。

由此看到，在散户和机构的博弈中，散户并不总是没有优势，关键是找到有大猪的那个食槽，并等到对自己有利的游戏规则形成时再进入。

遗憾的是，在股市中，很多作为"小猪"的散户不知道要采取等待策略，更不知道让"大猪"们去表现，在"大猪"们拉动股票价格后从中获取利润才是"小猪"们的最佳选择。

作为"小猪"，还要学会特立独行。行动前，不需要从其他"小猪"那里得到肯定；行动时，认同且跟随你的"小猪"越多，你出错的可能也就越大。简单地说，就是不要从众，而是跟随"大猪"。

当然股市中的金融机构要比模型中的"大猪"聪明得多，并且不守游戏规则，他们不会甘心为"小猪"们踩踏板。事实上，他们往往会选择破坏这个博弈的规矩，甚至重新建立新规则。

比如他们可以把踏板放在食槽旁边，或者可以遥控，这样"小猪"们就失去了"搭便车"的机会。例如，金融机构和上市公司串通，散布虚假的利空消息，这就类似于踩踏板前骗小猪离开食槽，好让自己饱餐一顿。

当然金融市场中的很多"大猪"也并不聪明，他们的表现欲过强，太喜欢主动地创造市场反应，而不只是对市场作出反应。短期来看，他们可以很容易地左右市场，操纵价格，做胆大妄为的造市者。但这些"大猪"们并不知道自己要小心谨慎、如履薄冰，他们不知道自己的力量不如想象的那样强大。自然而然地，每一年都会有一些高估自己的"大猪"倒下，幸存的"大猪"在经过优胜劣汰之后会变得更加强壮。不过，无论是多么强壮的"大猪"，只要过于自信、高估自己控制市场的能力，就会倒下。

俗话说"家家有本难念的经"，在股市中，"大猪"有"大猪"的难处，"小猪"有"小猪"的难处。尽管"大猪""小猪"只要了解自身处境，采取相应的策略就会成功，但理性是有限的，确定的成功总是很难获得。

纳什均衡研究奠定了非合作博弈理论的基础。虽然博弈论的研究始于冯·诺依曼和奥斯卡·摩根斯特恩，但却是纳什首先用严密的数学语言和简明的文字准确地定义了纳什均衡的概念，并在包含混合策略的情况下，证明了纳什均衡在 n 人有限博弈中的普遍存在性，从而开创了完全不同的"非合作博弈"理论，进而对"合作博弈"和"非合作博弈"做了明确的区分和定义。纳什均衡理论的重要影响可以概括为以下几个方面：

（1）改变了经济学的体系和结构。非合作博弈论的概念、内容、模型和分析工具等已经渗透到微观经济学、宏观经济学、劳动经济学、国际经济学、环境经济学等经济学科的绝大部分学科领域，改变了这些学科领域的内容和结构，成为这些学科领域的基本研究范式和理论分析工具，从而改变了原有经济学理论体系中各分支学科的内涵。

（2）扩展了经济学研究经济问题的范围。原有经济学缺乏将不确定性因素、变动环境因素以及经济个体之间的交互作用模式化的有效办法，因而不能进行微观层次经济问题的解剖分析。纳什均衡及相关模型分析方法，包括扩展型博弈法、逆推归纳法、子博弈完美纳什平衡等概念方法，为经济学家们提供了深入的分析工具。

（3）加深了经济学研究的深度。纳什均衡理论不回避经济个体之间直接的交互作用，不满足于对经济个体之间复杂经济关系的简单化处理，分析问题时不只停留在宏观层面上，而是深入分析表象背后深层次的原因和规律，强调从微观个体行为规律的角度发现问题的根源，因而可以更深刻、更准确地理解和解释经济问题。

（4）形成了基于经典博弈的研究范式体系。即可以将各种问题或经济关系按照经典博弈的类型或特征进行分类，并根据相应的经典博弈的分析方法和模型进行研究，将一个领域所取得的经验方便地移植到另一个领域。

思考题

1. 试述组成博弈模型的三个基本要素及各要素的含义。
2. 试述二人零和对策在研究对策模型中的地位、意义。
3. "智猪博弈"对你有什么启示？

第十六讲　孪生兄弟

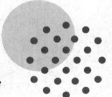

——矩阵与变换

　　矩阵理论是线性代数的核心内容。随着计算机科学的飞速发展，矩阵理论的应用也变得更加广泛。如今，无论是工业、农业、国防、航天宇航工程，还是医学、计算机科学等各类自然和社会科学，矩阵几乎无处不在。

　　本讲首先介绍矩阵理论的一些背景知识和基本概念，以及矩阵的基本运算，然后介绍矩阵在日常生活与管理领域中的一些应用。

矩阵起源

一、电影中的矩阵

也许你看过电影《黑客帝国》(*The Matrix*)，电影中的黑客尼奥利用其计算机侵入对方电脑，获取信息并最终杀死了对方。其中"Matrix"的一个常用意思就是矩阵。其实和矩阵有关的电影有很多，如《模式识别》(*Pattern Recognition*)、《人工智能》(*Artificial Intellegence*)等，其中涉及大量计算机科学理论和数学理论在计算机科学中的应用。

矩阵(matrix)一词的本意是子宫、母体、孕育生命的地方。矩阵作为数学名词用来表示各种有关联的、形式为一个阵列的数据。这个定义很好地解释了矩阵代码制造世界的数学逻辑基础。在电影《黑客帝国》中，Matrix 不仅是一个虚拟程序，也是一个实际存在的地方：人类的身体被放在一个盛满营养液的器皿中，身上插满了各种插头以接受电脑系统的感官刺激信号。人类就依靠这些信号，生活在一个完全虚拟的电脑幻景中。机器用这样的方式占领了人类的思维空间，用人类的身体作为电池以维持自己的运行。电影中的矩阵还是一套复杂的模拟系统程序，它是由具有人工智能的机器建立的，模拟了人类以前的世界，用以控制人类。Matrix 中出现的人物都可以视为具有人类意识特征的程序。这些程序根据所附着的载体不同分为三类：第一类是附着在生物载体上的，就是在矩阵中生活的普通人；第二类是附着在电脑芯片上的，就是具有人工智能的机器，这些载体通过硬件与 Matrix 连接；第三类则是自由程序，它没有载体，诸如特工、先知、建筑师、梅罗文加、火车人等。Matrix 是一个巨大的网络，连接着无数人的意识，系统分配给他们不同的角色，就像电脑游戏中的角色扮演游戏一样，只是他们没有选择角色的权利和意识。人类通过这种联网的虚拟生活来维持自身的生存需要，但 Matrix 中的智能程序，也就是先知的角色，发现在系统中有 1% 的人由于自主意识过强，不能兼容系统分配的角色，如果不对他们进行控制就会导致系统的不稳定，进而导致系统崩溃。

虚拟的电影世界其实反射了现实——它从一个侧面说明了矩阵与我们的生活息息相关。

二、矩阵和行列式的起源

矩阵和行列式的起源可以追溯到公元前 4 世纪，然而直到 17 世纪末期它们才真正得以发展。矩阵和行列式一开始产生于线性方程组。古巴比伦人所研究的一些问题最终归结为线性方程组的求解，其中一些通过雕刻在青石板上而得以保存至今。公元前大约 300 年，有一块石板上雕刻着下述问题：

有两块田，总面积为 1 800 亩。其中一块田亩产稻谷 $\frac{2}{3}$ 蒲式耳（相当于 35.42 升），另外一块田亩产稻谷 $\frac{1}{2}$ 蒲式耳。如果总产量为 1 100 蒲式耳，问每块田面积如何？

约公元前 200 到公元前 100 年间，我国古代人就已经对矩阵有所了解。严格来讲，汉朝张仓等所著的《九章算术》给出了利用矩阵解决世纪问题的一个例证，它类似于上面的古巴比伦人给出的问题：

有三种谷物，其中第一种谷物的 3 扎、第二种谷物的 2 扎，以及第三种谷物的 1 扎共重 39 石；若取第一种谷物的 2 扎、第二种谷物的 3 扎，以及第三种谷物的 1 扎，那么总重为 34 石；若取第一种谷物的 1 扎、第二种谷物的 2 扎、第三种谷物的 3 扎，则总重 26 石。每种谷物每扎各重多少？

该书作者对问题的处理方法值得我们关注：他将 3 个线性方程组对应 3 个不同未知量的系数并按照下列方式排列：

$$
\begin{array}{ccc}
1 & 2 & 3 \\
2 & 3 & 2 \\
3 & 1 & 1 \\
26 & 34 & 39
\end{array}
$$

尽管 20 世纪以后我们是用行的形式来书写方程组的一个方程的系数，但这样的方法与我们的处理没有本质区别（中国古代汉字书写为纵向，且方向从右往左）。更加值得我们关注的是：作者还引导读者用 3 来乘第 2 列，再尽可能多地减去第 3 列，同样，用 3 去乘第 1 列，然后尽可能多地减去第 3 列。这给出

$$
\begin{array}{ccc}
0 & 0 & 3 \\
4 & 5 & 2 \\
8 & 1 & 1 \\
39 & 24 & 39
\end{array}
$$

接下来，第 1 列乘以 5，然后第 1 列尽可能多地减去第 2 列。于是有：

$$
\begin{array}{ccc}
0 & 0 & 3 \\
0 & 5 & 2 \\
36 & 1 & 1 \\
99 & 24 & 39
\end{array}
$$

由此，我们可以解得第三种谷物的单位重量。用类似方法处理第 3 列，从而得到下列纵列：

$$
\begin{array}{ccc}
0 & 0 & 1 \\
0 & 1 & 0 \\
36 & \dfrac{1}{5} & \dfrac{1}{5} \\
99 & \dfrac{24}{5} & \dfrac{49}{5}
\end{array}
$$

将解得的第三种谷物的单位重量代入第 3 列，解得第一种谷物的单位

重量，代入第 2 列，解得第二种谷物的单位重量。这实际上就是后来直到 19 世纪初才被世人了解的高斯消元法。

1545 年，意大利著名数学家卡尔达诺在其著作《大术》（*Ars Magna*）一书中给出了求解 2 阶线性方程组的一个法则，该法则被称为"法则之母"，它事实上就是克莱姆法则在 $n=2$ 时的特殊情况。

矩阵论中许多初等结论的产生都先于矩阵概念的出现。例如，荷兰数学家德维（J. De Witt）在其发表的《曲线元素》（笛卡儿 1660 年的《几何原本》的拉丁文版本）中，证明了通过坐标系的变换可以把一般的二次曲线转换成一个标准型。这事实上等价于一个实对称矩阵的对角化。

行列式这一概念几乎同时出现于日本和欧洲。1683 年，日本数学家关孝和在他的著作中开创性地介绍了矩阵解题方法，该方法类似于我国 2 000 年前在《九章算术》中描绘的方法。关孝和在他的著作中并未提及行列式一词，但他利用一些具体例子介绍了所有 2～5 阶行列式的计算，并且利用这些行列式解决了一些非线性方程的求解问题。

同样是 1683 年，德国数学家莱布尼茨在写给洛必达的信件中解释道：方程组

$$\begin{cases} 10+11x+12y=0 \\ 20+21x+22y=0 \\ 30+31x+32y=0 \end{cases}$$

有解，是因为等式 $10\times21\times32+11\times22\times30+12\times20\times31=10\times22\times31+11\times20\times32+12\times21\times30$ 成立，而该式成立等价于上述方程组系数行列式为零。注意，莱布尼茨在这里没有用到方程组的数值系数表示，而是运用两个特征数来表示行标和列标，例如：$10\times21\times32$ 表示 $a_{10}a_{21}a_{32}$，其中 $a_{10}=10$ 为常数项。莱布尼茨认为，数学符号的运用是取得好的数学结果的关键。因此，他尝试运用不同的符号对线性方程组进行标记。在他的未发表的手稿中，关于线性方程组的表示有 50 多种，其中只有两篇后来发表的文章中用到了系数表达。莱布尼茨在

考虑行列式的一些项的组合形式的和当中用到了"预解式"（resultant）的概念，他证明了关于预解式的一些结论，其中部分被称为后来的克莱姆法则。他还指出了行列式可以按行、列展开（即拉普拉斯展开）。莱布尼茨通过研究方程组的系数体系得到行列式这一概念，而后通过研究二次型得到矩阵理论。

1730 年，英国数学家马克劳林完成了他的第一部著作《代数学》，该书直到 1748 年（即他去世两年后）才得以出版。书中利用行列式解决了 2 ～ 4 阶线性方程组的解法问题。

一般情形下的克莱姆法则由克莱姆本人于 1750 年得到。当时的克莱姆法则被用来寻找给定很多点的情形下求一条平面曲线方程。

行列式理论的发展至今已经经历了两个多世纪。其中包括贝祖（Bézout）、范德蒙（Vandermonde）、拉普拉斯、莱布尼茨、拉格朗日等人。但行列式（determinant）一词的正式产生得归功于高斯，他于 1801 年引进了这一概念，主要目的是为了研究二次型。高斯消元法是高斯在计算行星运动轨迹时得到的。但当时的行列式理论尚不完善，也不是现代意义上的行列式理论。真正的行列式理论的发展应当归功于数学家柯西：他引进了子式、伴随矩阵、矩阵的乘法等重要概念。

矩阵特征理论（即特征值与特征向量）的诞生与发展要归功于斯图姆（Jacques Sturm），其主要目的是解决常微分方程。事实上，矩阵特征概念的产生早于此 80 多年，法国数学家达朗贝尔在求解研究弹簧系统弦运动时构造的微分方程时遇到了此问题。1830 年后，雅可比、克劳尼克、魏尔斯特拉斯、凯莱、爱森斯坦因等人在此领域的贡献功不可没。但犹太数学家西尔威斯特在矩阵理论方面的贡献可圈可点：他第一次（1850 年）正式使用"矩阵"这一词汇，并给出了数学定义。他和凯莱在矩阵理论方面的贡献无人可比。当然，后来的哈密尔顿、约当、弗洛比利斯等人为矩阵理论的发展也做出了很多贡献，为后人留下了宝贵的理论知识。

三、矩阵和向量的基本运算

一个矩阵就是一个由一些数（或符号、字母）构成的阵列。一个 $m \times n$ 实矩阵就是一个排列成 m 行、n 列的元素为实数的长方形阵列。后面我们会看到，在几何上它相当于两个向量空间之间的一个线性变换。矩阵理论通常被看成线性代数的一个分支。其中方阵（行列数相等，即 $m=n$）最为重要，因为一个 $n \times n$ 矩阵有很多非常好的性质。下面是几个不同型号的矩阵：

$$\begin{pmatrix} 3 & 1 & 4 \\ 2 & 5 & 0 \end{pmatrix}, \quad \begin{pmatrix} 1 & 3 \\ 2 & 8 \\ 0 & 4 \\ 5 & 6 \end{pmatrix}, \quad (1.6 \quad 0.2 \quad 1.0)$$

我们可以对两个相同大小的矩阵进行加减运算，会产生同样大小的对应元素相加得到的矩阵。如

$$(5 \quad 4) + (20 \quad 30) = (25 \quad 34)$$

$$\begin{pmatrix} 1 & 0 \\ 0 & 2 \\ 1 & 3 \end{pmatrix} + \begin{pmatrix} 2 & 4 \\ 1 & 5 \\ 0 & 6 \end{pmatrix} = \begin{pmatrix} 3 & 4 \\ 1 & 7 \\ 1 & 9 \end{pmatrix}$$

一个 $m \times n$ 矩阵可右乘一个 $n \times p$ 矩阵，结果为一个 $m \times p$ 矩阵。即矩阵乘法 AB 必须满足：A 的列数等于 B 的行数。例如，一个 4×2 矩阵可与一个 2×3 矩阵相乘，产生一个 4×3 矩阵。

平面上的点、矩阵的行（或列）都可以看成是向量。如 $(2, 5)$ 为平面上的一个点，也可以看成是一个 2 维向量，$(3, 7, 1)$ 为一个 3 维向量。两个向量的内积（或称为点乘）定义为：

$$(a, b) \cdot (c, d) = ac + bd,$$

$$(a, b, c) \cdot (d, e, f) = ad + be + cf$$

例如：

$$(2, 5, 1) \cdot (4, 3, 1) = 2 \times 4 + 5 \times 3 + 1 \times 1 = 24$$

注意，两个向量的内积为一个数，不是向量。同时，只有两个相同维数的向量才可以进行内积运算。

我们记 $A(i, j)$ 为矩阵 A 位于第 i 行第 j 列的元素。例如 $A(3, 2)$ 为 A 的第 3 行第 2 列的元素。假设 A，B，C 均为矩阵，且 $AB=C$。C 的元素定义如下：

$$C(i, j) = (A \text{ 的第 } i \text{ 行}) \cdot (B \text{ 的第 } j \text{ 列})$$

下面的例子进一步说明了矩阵的乘法：

$$(2 \quad 0 \quad 3) \cdot \begin{pmatrix} -1 \\ 3 \\ 5 \end{pmatrix} = (13)$$

$$\begin{pmatrix} 2 & 5 & 1 \\ 4 & 3 & 1 \end{pmatrix} \cdot \begin{pmatrix} 1 & 0 & 0 \\ 0 & 2 & 0 \\ 2 & 3 & 1 \end{pmatrix} = \begin{pmatrix} 4 & 13 & 1 \\ 6 & 9 & 1 \end{pmatrix}$$

❷ 矩阵与变换

一、平面上的矩阵乘法与几何变换

考虑二维空间上矩阵的几何意义。我们将平面上的一点 P 看成是一个 1×2 矩阵，那么 P 可以右乘一个 2×2 矩阵。这相当于对 P 进行相应的几何变换。如 $P=(2, 1)$：

（1）缩放变换（见图 16-1（a））：$(2 \quad 1) \cdot \begin{pmatrix} 3 & 0 \\ 0 & 1 \end{pmatrix} = (6 \quad 1)$；

（2）旋转变换（见图 16-1（b））：$(2 \quad 1) \cdot \begin{pmatrix} 0 & 1 \\ -1 & 0 \end{pmatrix} = (-1 \quad 2)$；

（3）关于 x 轴的镜像变换（见图 16-1（c））：$(2 \quad 1) \cdot \begin{pmatrix} 1 & 0 \\ 0 & -1 \end{pmatrix} =$

$(2 \quad -1)$。

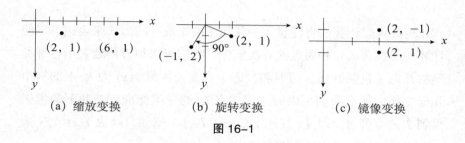

（a）缩放变换　　　　（b）旋转变换　　　　（c）镜像变换

图 16-1

上面所有的变换均为线性变换。注意，平移变换不是线性变换，它不能表示成一个 2×2 矩阵的右乘。假设 $P=(2，1)$，我们先对它顺时针旋转 90°，再沿 x 轴正向平移 3 个单位，沿 y 轴正向平移 4 个单位。那么相当于先对 P 右乘一个矩阵，再加上一个矩阵。图 16-2 展示了实现的变换，类似于：

$$(2 \quad 1) \cdot \begin{pmatrix} 0 & 1 \\ -1 & 0 \end{pmatrix} + (3 \quad 4) = (2 \quad 6)$$

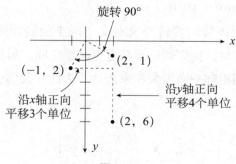

图 16-2

注意，在以上矩阵运算中，如果我们将点的坐标用列向量 x 表示，那么矩阵乘法就应该是左乘，即 Ax。事实上，一般教科书上均习惯采用列向量和矩阵左乘的形式，尽管这样做会在书写上带来一些不便，但是这种形式符合我们的思维习惯和在线性代数中所学的内容形式。

二、一般欧氏变换的矩阵表示

矩阵可以让我们将任意一个几何变换用统一的形式来表达，以便计算和变换合成。利用点的齐次坐标，我们可以很方便地表示各种类型的几何（包括欧氏、仿射和投影）变换。如果 $T(x)$ 为 R^n 上的一个几何变换，那么我们可以通过求 T 在 R^n 的一组标准正交基下的像来得到 T 的矩阵 A，即 $A = (Te_1, Te_2, \cdots, Te_n)$。例如，函数 $T(x) = 5x$ 为一个线性变换。运用这个方法产生

$$T(x) = 5x = 5Ix = \begin{pmatrix} 5 & 0 \\ 0 & 5 \end{pmatrix} x$$

在平面上绕坐标原点 O 逆时针旋转 θ 角，对应的坐标变换式为

$$x' = x\cos\theta - y\sin\theta$$
$$y' = x\sin\theta + y\cos\theta$$

写成矩阵—向量乘积形式，即 $AX = X'$，其中

$$A = \begin{pmatrix} \cos\theta & -\sin\theta \\ \sin\theta & \cos\theta \end{pmatrix}, \quad X = \begin{pmatrix} x \\ y \end{pmatrix}$$

因此，两次连续的旋转变换对应于两个旋转矩阵（称为正交矩阵）的乘积，这可以推广到三维甚至更高维空间。另外，空间的平移变换同样可以用矩阵—向量乘积来表达。为此，我们引进齐次坐标的概念：记

$$\bar{X} = \begin{pmatrix} X \\ 1 \end{pmatrix} = \begin{pmatrix} x \\ y \\ 1 \end{pmatrix}, \quad \bar{X}' = \begin{pmatrix} X' \\ 1 \end{pmatrix} = \begin{pmatrix} x' \\ y' \\ 1 \end{pmatrix}$$

$\bar{\boldsymbol{X}}$ 和 $\bar{\boldsymbol{X}}'$ 分别称为向量 $\boldsymbol{X}$ 和 $\boldsymbol{X}'$ 的齐次坐标。假设平面上的向量（点）X 在平面上绕坐标原点 O 逆时针旋转 θ 角后再沿着向量 $\boldsymbol{P}=(x_0,\ y_0)'$ 平移。那么该变换可以表示为

$$\boldsymbol{X}' = T(\boldsymbol{X}) = \boldsymbol{A}\boldsymbol{X} + \boldsymbol{P}$$

记

$$\bar{\boldsymbol{A}} = \begin{pmatrix} \boldsymbol{A} & \boldsymbol{P} \\ \boldsymbol{O} & 1 \end{pmatrix} = \begin{pmatrix} \cos\theta & -\sin\theta & x_0 \\ \sin\theta & \cos\theta & y_0 \\ 0 & 0 & 1 \end{pmatrix}$$

则有

$$\bar{\boldsymbol{X}}' = \bar{\boldsymbol{A}}\bar{\boldsymbol{X}}$$

说明一般几何变换在齐次坐标系下为线性变换。这一事实可以推广至三维甚至更高维空间。齐次坐标在射影几何中有广泛的应用。通过坐标的齐次化，我们可以把空间的点与线统一（例如：两点确定一条直线的对偶命题为两条线交于一点），同时我们还可以将空间中的无穷远点与一般点一视同仁，有兴趣的读者可以参看射影几何方面的文献。

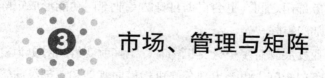

3 市场、管理与矩阵

1949 年仲夏，哈佛大学教授列昂惕夫正小心翼翼地将手中卡片上的数据一点一点输入哈佛大学的一台标号为 II 的计算机。这些数据为

美国国家统计局历经两年的辛勤劳动收集得到的美国各个经济领域的数据，共有 250 000 个部分。列昂惕夫将美国的经济划分为 500 个部门，其中包括煤炭、工业自动化、通信、交通、农业、医疗等。他还给出了一个线性方程组，以刻画每个部门的产品对其他部门生产的贡献。这台处理数据的电脑在当时可以说"非常先进"了，然而它还是无法处理这样一个含 500 个方程、500 个未知量的线性方程组。为了解这样一个线性方程组，列昂惕夫不得不将它分解成十几个部分，其中每个部分最多含 42 个方程、42 个未知量。即使是这样的相对较小的线性方程组，每个方程组的求解还是用了超过 56 个小时。

列昂惕夫在 1973 年获得了诺贝尔经济学奖，他开创了数学模型在经济学中的应用。可以说，在数学应用于经济学等领域的过程当中，矩阵发挥了不可替代的作用。

在任何企业和组织里面，只要存在分工，就会有矩阵的存在。中国人不太喜欢矩阵，很多人也不太适应矩阵，但事实上，矩阵无所不在。一个稍微成型的企业就会拥有业务、人力资源、财务等多个部门，只要有部门分工，矩阵就已经存在了。业务部门从事销售、市场等方面的工作，而人力资源部门负责招聘、薪酬、考核等，是一个横向的职能部门。这样，凡是业务部门中与招聘、薪酬等相关的工作都应该和人力资源部门达成共识，必须按人力资源部门的相关规定与流程开展工作。同样，其他部门如业务部门和财务部门之间、人力资源部门和财务部门之间，也会根据自身的专业部门功能形成矩阵，这时便形成了部门矩阵。

当企业发展到有多个分支机构时，矩阵就变得相对更为复杂，不仅会存在部门矩阵，也会出现分支机构横向管理和总部纵向管理的矩阵。所谓横向管理，就是贴身管理、走动式管理，对于一些需要本地化管理的工作而言，横向管理无疑具有很大优势。但为了确保系统的完整统一，总部还是要坚持专业的职能管理，包括财务、人力、销售、产品等在内都要有一个垂直的纵向管理。于是，这时形成了矩阵的一个延伸，即总部专业职能管理与分支机构的本地化横向管理。

当企业运营多个产品、拥有多条业务线时，矩阵就会进一步复杂化。企业会形成同一个销售部门对应不同的产品线的情况，就会形成交叉销售、重复销售等，这时的矩阵就更加复杂与多元化。

当部门分工、分支机构、多业务线并存时，这个组织的矩阵管理总体来讲是一个相当复杂的结构，而此时就对企业的管理水平提出了更高的要求。

在企业中，会出现大矩阵套小矩阵的复杂局面。比如产品事业部关联着财务部，是一个大矩阵，但是产品事业部内部可能会有很多产品线关联着销售部，这样，又形成了事业部内部的小矩阵。因此，无论我们是否喜欢，矩阵都无所不在。

1. 源头与结点，矩阵管理的复杂性

矩阵管理的本质是双线管理。一方面要考虑纵向管理，一方面又要考虑横向管理。就好比一个家庭里面既有父亲，又有母亲，到底是父亲更重要，还是母亲更重要？对不同的事情，在不同的阶段，父亲和母亲发挥的作用是不一样的，但是缺一不可。同理，在矩阵管理中，很难定性判断哪个管理更重要。

矩阵管理的复杂性存在于两个层面上。首先是矩阵的源头，也就是企业双线部门主管，或者说孩子的父母，他们必须能很好地协同。在现实工作中，很多部门主管希望单线管理，因此在矩阵结构下经常会觉得自己说了不算，还需要和他人协调，觉得很麻烦。其次是矩阵的"结点"，即被管辖的员工，他们同时受到纵向、横向主管的双向管理。他们往往会觉得工作很累，因为同时有两个领导，需要花费较多的沟通时间，工作强度与难度会提高，双向领导都会提出自己关心的工作目标与指标，有时双向指令有冲突时还会觉得无所适从。值得注意的是，在很多企业中，被管辖员工有时甚至会有意无意地制造矩阵源头间的矛盾与分歧，从而给自己获得一个推脱责任的借口或者偷懒的空间。要提升企业管理水平，往往需要从意识上提高对矩阵管理的认识与接纳。只要企业有一定规模、进行部门分工、出现分支机构、运营多业务线，无论你喜欢与否，主动选择也好，被动采纳也

好，矩阵都是必然面对的一种现象，是无处不在的。相信当人们认识到矩阵必然存在的现象后，心里就会平和与坦然许多，而这无疑有利于提升企业经理人的矩阵管理能力。

对矩阵的源头而言，主管们要讲究专业分工，突出各自的专业价值，不同的事项应该由更合适的专业部门管辖，而不是讲究"一言堂"。为此，一定要明确制定合理化的职责制度。尽管矩阵是双线管理，但并不意味着什么事情都要大家一起管，也不意味着什么事情大家都不管，而是对于什么事情该谁管、通过什么流程管、另外一方如何参与进来，要有明确的规则。规则越清晰，效率就越高。而且，矩阵的源头要多沟通。只要两个部门的主管沟通多了，矩阵的源头就会不断地磨合，从而提升企业的管理磨合度。

最后，矩阵"结点"的员工要善于协调矩阵源头的协同，也就是协调双向主管的协同，而不是从中挑拨离间。"结点"的员工要转变麻烦、受束缚的心态，应擅长利用双向管理的资源，不要把双向汇报当作一种包袱，而是要清晰地意识到，其实有两个主管在同时帮助你、支持你，你获得了双倍的资源。

2. 效率，矩阵管理的误读

时下有很多中国的职业经理人本能地就会说矩阵管理的效率太低、管理太复杂，不喜欢矩阵管理。这其实是一种对效率的错误理解。速度快慢与效率高低是两回事，速度快并不一定意味着效率高，快速地做了一件本身就是错误的事情，这样的效率是负数。到底一个人的单线管理效率更高，还是双线管理效率更高，很难做定性判断。因为当一个人单线管理的专业能力、工作时间等不够时，双线管理的专业互补优势将非常明显，尤其当出现地域制约时，无法对外地机构人员进行贴身式管理，因此，此时，单线管理的效率未必就高。

当然，在双线管理的职责下，如果大家分工不明确，经常产生"过量"的冲突和分歧，效率自然也会低下。但需要注意的是，并非有争论、有分歧就是效率低下，真理越辩越明，没有争论就不可能达成有效决策，"民主集中制"也告诉了我们同样的道理。适度的冲突与分歧对组织提升决策和运行效率是有正面作用的，由此，矩阵管理中的一些争论并不是对效率的扼杀，可能恰恰有助于通过有效决策提升企业运行效率。

父母在教育小孩时时常也会有分歧与争论，有时也会觉得效率不高，但是当父母能够很好地分工和充分沟通时，我们依然觉得这样的双亲式家庭管理对孩子的成长是最为有利的，企业管理也是如此。矩阵管理是一种科学的管理方式，无论你是否喜欢，矩阵都无处不在。

经济学中的矩阵有很多，比较常见的有：得分矩阵（又叫赢得矩阵）、竞赛矩阵、状态矩阵等，这些矩阵产生于经济学本身，为经济学以及相关学科的理论发展带来了诸多方便。

 思考题

1. 试求同时位于两条直线 $x+5y=7$ 和 $x-2y=-2$ 上的点的坐标。

2. 在二维空间中，什么变换能够将 x 轴变换到 y 轴，同时将 y 轴变换到 x 轴？

3. 如果将上一题中的变换作用到点 $P=(1，2)$，求产生的点的坐标。

4. 你能写出平面上任意三条直线过同一点的充要条件吗？

第十七讲　无所不能的"搜索"

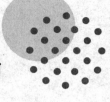

——谷歌矩阵介绍

21 世纪被称为高度信息化的世纪。人们的日常生活、工作等都离不开信息和网络。一个没有网络的地方将是被世人遗忘的角落。信息检索是如今人们每天都要从事的活动，无论你从事科学研究，还是想周游世界，都需要掌握足够的信息。网络的产生和发展为信息检索提供了方便。本讲将介绍基于矩阵理论、线性代数的信息检索技术和矩阵理论在谷歌搜索引擎技术方面的应用。

① 信息检索

互联网上数据库的发展导致了信息存贮和信息检索的巨大进步。现在，检索技术主要基于矩阵理论和线性代数。

在一般情况下，一个数据库包含一组文档，并且我们希望通过检索这些文档来找到最符合特定检索内容的文档。根据数据库的类型，我们可以像在期刊上检索论文、在互联网上搜索网页、在图书馆中搜索图书或在电影集中搜索某部电影一样，搜索这些条目。

我们假设数据库包含 m 个文件和 n 个可用于搜索的关键字（字典字）。由于类似冠词或前缀之类的通用词汇过于普遍，因此并非所有词汇都是可以用于搜索的。假设这些关键字是按照字典顺序进行排列的，那么我们可以将数据库表示成一个 m 行 n 列的矩阵 A，其中每个文档被表示成这个矩阵的某一列。例如，$A = (a_{ij})_{m \times n}$ 的第 j 列的第 1 个元素 a_{1j} 为第 j 个文档中第 1 个关键字出现的相对频率；同样，a_{2j} 为第 j 个文档中第 2 个关键字出现的相对频率，等等。用来搜索的关键字被表示成 R^m 中的一个向量 x。如果第 i 个关键字在搜索列表中，则 x 的第 i 个分量 $x_i = 1$，否则 $x_i = 0$。为了完成搜索，我们考虑乘积 $A^T x$。

一、简单匹配搜索

一类最简单的搜索是确定每一个文档中有多少个搜索的关键字，这种方法不考虑字的相对频率问题。例如，假设数据库中包含下列书名：

B1．Applied Linear Algebra

B2．Elementary Linear Algebra

B3．Elementary Linear Algebra with Applications

B4．Linear Algebra and Its Applications

B5．Linear Algebra with Applications

B6．Matrix Algebra with Applications

B7．Matrix Theory

按照字母顺序给出关键字的集合为

Algebra，Application，Elementary，Linear，Matrix，Theory

对于简单匹配搜索，只需在数据库矩阵中使用 0 和 1，而不必考虑关键字的相对频率。因此，矩阵 $A=(a_{ij})_{m\times n}$ 中，$a_{ij}=1$ 表示第 i 个单词出现在第 j 个书名中，相反，如果 $a_{ij}=0$，则表示第 i 个单词不出现在第 j 个书名中。假设搜索引擎十分先进，它可以识别同一个单词的不同形式（如名词、形容词和副词，以及过去时、进行时等）。如上面的书名中，Applied 和 Application 被认为都代表单词 Application，于是以上所给出的书名列表对应的数据库矩阵如表 17-1 所示：

表 17-1　　　　　　　　线性代数的书籍陈列数据库的阵列表示

关键词	书籍						
	B1	B2	B3	B4	B5	B6	B7
Algebra	1	1	1	1	1	1	0
Application	1	0	1	1	1	1	0
Elementary	0	1	1	0	0	0	0
Linear	1	1	1	1	1	0	0
Matrix	0	0	0	0	0	1	1
Theory	0	0	0	0	0	0	1

譬如，如果搜索的关键词为"Applied linear algebra"，则数据库矩阵和搜索向量分别为

$$A = \begin{pmatrix} 1 & 1 & 1 & 1 & 1 & 0 \\ 1 & 0 & 1 & 1 & 1 & 0 \\ 0 & 1 & 1 & 0 & 0 & 0 \\ 1 & 1 & 1 & 1 & 0 & 0 \\ 0 & 0 & 0 & 0 & 1 & 1 \\ 0 & 0 & 0 & 0 & 0 & 1 \end{pmatrix}, \quad x = \begin{pmatrix} 1 \\ 1 \\ 0 \\ 1 \\ 0 \\ 0 \end{pmatrix}$$

如果令 $y = A^{\mathrm{T}} x$，则

$$y = \begin{pmatrix} 1 & 1 & 0 & 1 & 0 & 0 \\ 1 & 0 & 1 & 1 & 0 & 0 \\ 1 & 1 & 1 & 1 & 0 & 0 \\ 1 & 1 & 0 & 1 & 0 & 0 \\ 1 & 1 & 0 & 1 & 0 & 0 \\ 1 & 1 & 0 & 0 & 1 & 0 \\ 0 & 0 & 0 & 0 & 1 & 1 \end{pmatrix} \begin{pmatrix} 1 \\ 1 \\ 0 \\ 1 \\ 0 \\ 0 \end{pmatrix} = \begin{pmatrix} 3 \\ 2 \\ 3 \\ 3 \\ 3 \\ 2 \\ 0 \end{pmatrix}$$

其中 y_1 的值（3）就是搜索关键字在第 1 个书名中的数量，$y_2 = 2$ 表示在第 2 个书名中有 2 个搜索关键字，等等。因为 $y_1 = y_3 = y_4 = y_5 = 3$，故书名 B1，B3，B4，B5 必包含所有 3 个需要搜索的关键字。如果搜索设置为匹配所有搜索单词，那么搜索引擎返回第 1、3、4、5 个书名。

二、相对频率搜索

非营利数据库的搜索通常会包含所有关键字的文档，并将它们按照相对频率进行排序。此时，数据库矩阵的元素应能反映出关键字在文档中出现的频率。例如，假设数据库所有关键字的字典中第 6 个单词均为 "Algebra"（不分大小写）、第 8 个单词均为 "Applied"，字典中的单词采用字母顺序排序。例如，数据库中文档 9 包含关键字字典中单词的总次数为 200，且若单词 "Algebra" 在文档中出现 10 次，而单词 "Applied" 出现 6 次，那么这些单词的相对频率分别为 $\dfrac{10}{200}$ 和 $\dfrac{6}{200}$，并且它们对应的数据库矩阵 A 有对应元素 $a_{69} = 0.05$ 和

$a_{89} = 0.03$。为了搜索这两个关键词，我们取向量 $\boldsymbol{x}$，使得 $x_6 = x_8 = 1$，且对于不等于 6 和 8 的 i，我们取 $x_i = 0$。然后计算 $\boldsymbol{y} = \boldsymbol{A}^{\mathrm{T}}\boldsymbol{x}$。$\boldsymbol{y}$ 中对应于文档 9 的元素为 $y_9 = a_{69} \cdot 1 + a_{89} \cdot 1 = 0.08$。这说明文档 9 中出现关键词共 16 次，占关键词出现总数 200 的 0.08%。如果 y_9 为向量 $\boldsymbol{y}$ 中最大的分量，则说明数据库中的文档 j 包含关键词的相对频率最大，那么搜索引擎（例如谷歌或者雅虎）返回的结果中有可能将该文档排在所有文档的前面，表示该文档与我们需要查找的内容最吻合。

三、高级搜索方法

搜索某些关键词，例如上面的"Linear"和"Algebra"，可能会出现很多甚至数以千计的文档，其中有些文档可能不是我们所需要的，它们甚至不是关于线性代数方面的。如果我们增加搜索关键词的数量，并要求所有搜索的单词匹配，那么可能会筛掉一些我们想要的、与线性代数相关的文档。对于这个扩展的搜索单词列表，搜索结果应优先给出匹配关键词最多且关键词出现的相对频率最高的文档。为了实现这一目的，我们需要在数据库矩阵 $\boldsymbol{A}$ 的列向量中寻找与搜索向量 $\boldsymbol{x}$ 比较"接近"的向量，而衡量两个向量接近的一种方法就是计算两个向量之间的夹角。

四、潜语义索引

通过除以一个常数倍，我们可设搜索向量 $\boldsymbol{x}$ 为单位向量，即 $\boldsymbol{x}$ 的所有分量的和为 1。令向量 $\boldsymbol{y} = \boldsymbol{A}^{\mathrm{T}}\boldsymbol{x}$，那么 $\boldsymbol{y} = \boldsymbol{A}^{\mathrm{T}}\boldsymbol{x}$ 的最接近于 1 的分量对应于最符合匹配要求的文档。

由于关键词可能是多义词或同义词，故我们可以考虑数据库的一个近似。因为存在同义词，故数据库矩阵中的某些元素可能会出现多余的 1；同样，因为存在同义词，故数据库矩阵中的某些本应是 1 的元素可能会变成 0。例如，当我们搜索关键词"Experiment"的时候，它的同义词或近义词"Lab""Test"等有可能被忽略，从而被视为不匹配；当我们要搜索数学词汇"Difference"（差分）时，系统有可能将诸如"Different""unequal""unidentical"等毫不相干的单词混为一谈，并将它们匹配。

现在我们假设搜索引擎的智能化程度足以区分和归类这些歧义和同义词，且得到一个理想矩阵 P，令 $E = A - P$，那么矩阵 E 成为一个误差矩阵。注意到一般情况下 P 和误差矩阵 E 均为未知。如果能够得到 A 的一个简单近似矩阵 A_1，那么 A_1 也将是矩阵 P 的一个近似。在潜语义索引（latent semantic indexing，LSI）方法中，数据库矩阵 A 用一个秩较小的矩阵 A_1 来近似。该方法的基本思想是：一个秩较 A 的秩小的矩阵 A_1 仍然给出了 P 的一个好的近似，且由于其结构简单，事实上将含有较小的误差矩阵 A_1，即 $\|E_1\| < \|E\|$。

改进的搜索方法可以处理词汇的不同和语言的复杂性。一些搜索的关键词可能有多层意义，它们可能出现于与指定的搜索关键词无关的语言环境中。例如，单词"Calculus"可能频繁出现在输血以及牙科医学文章中。另外，很多不一样的单词意思相同或者相近，这些相近的单词出现的文档同样反映了我们所需检索的内容和目标。例如，在关于狂犬病方面的文章中可能出现单词"dog"，然而这类文章的作者却一般习惯使用词汇"canine"。为解决这类问题，我们需要寻找与给定搜索单词列表最接近的文章，而不必与列表中的单词字面匹配。我们想要从数据矩阵中选出最接近搜索向量的列向量。为此，我们使用两个向量的夹角来衡量两个向量的匹配程度。

在实际问题中，需要匹配的关键词以及相关联的文章都非常多，所以数据矩阵非常大（即该矩阵的行数 m 和列数 n 非常大）。为了简化，我们这里考虑一个简单的例子，其中 $m = 10$, $n = 8$。假设一个网站有 8 个线性代数模块供学习，且每一个模块被放置在不同的网页当中。可能的搜索单词列表包括以下词汇：

determinants, eigenvalues, linear, matrices, numerical, orthogonality, spaces, systems, transformations, vector

表 17-2 给出了每个模块中关键词出现的频率。例如,表中第 3 行第 5 列元素为 4,表明关键词"linear"在第 5 个模块中出现了 4 次。

表 17-2 关键词频数表

关键词	模块							
	M1	M2	M3	M4	M5	M6	M7	M8
determinants	0	6	3	0	1	0	1	1
eigenvalues	0	0	0	0	0	5	3	2
linear	5	4	3	5	4	0	3	3
matrices	6	5	3	3	4	4	3	2
numerical	0	0	0	0	3	0	4	3
orthogonality	0	0	0	0	4	6	0	2
spaces	0	0	5	2	3	3	0	1
systems	5	3	3	2	4	2	1	1
transformations	0	0	0	5	1	3	1	0
vector	0	4	4	3	4	1	0	3

数据库矩阵是将表格的各列归一化为一个单位列向量得到的。因此,若矩阵 Q 对应于表 17-2 的数据库矩阵,则数据库矩阵 Q 的各列由下式确定:

$$q_j = \frac{1}{\|a_j\|} a_j, \qquad j = 1, \ldots, 8$$

为了搜索关键词"orthogonality""spaces""vector",我们构造一个搜索向量 x,它除了对应于搜索关键词"orthogonality""spaces""vector"的 3 行不是零外,其余元素均为零。为了得到单位搜索向量,将对应于搜索关键词的各行分别乘以 $\frac{1}{\sqrt{3}}$。这样,我们就得到数据库矩阵 Q 以及搜索向量 x(每一个元素均四舍五入后保留 3 位小数)为

$$
\boldsymbol{Q} = \begin{pmatrix}
0.000 & 0.594 & 0.327 & 0.000 & 0.100 & 0.000 & 0.147 & 0.154 \\
0.000 & 0.000 & 0.000 & 0.000 & 0.000 & 0.500 & 0.442 & 0.309 \\
0.539 & 0.396 & 0.436 & 0.574 & 0.400 & 0.000 & 0.442 & 0.463 \\
0.647 & 0.495 & 0.327 & 0.364 & 0.400 & 0.400 & 0.442 & 0.309 \\
0.000 & 0.000 & 0.000 & 0.000 & 0.300 & 0.000 & 0.590 & 0.463 \\
0.000 & 0.000 & 0.000 & 0.000 & 0.000 & 0.600 & 0.000 & 0.309 \\
0.000 & 0.000 & 0.546 & 0.229 & 0.300 & 0.300 & 0.000 & 0.154 \\
0.539 & 0.297 & 0.327 & 0.229 & 0.400 & 0.200 & 0.147 & 0.154 \\
0.000 & 0.000 & 0.000 & 0.574 & 0.100 & 0.300 & 0.147 & 0.000 \\
0.000 & 0.396 & 0.436 & 0.344 & 0.400 & 0.100 & 0.000 & 0.463
\end{pmatrix}
$$

$$
\boldsymbol{x} = \begin{pmatrix}
0.000 \\
0.000 \\
0.000 \\
0.000 \\
0.000 \\
0.577 \\
0.577 \\
0.000 \\
0.000 \\
0.577
\end{pmatrix}
$$

如果令 $\boldsymbol{y} = \boldsymbol{Q}^{\mathrm{T}}\boldsymbol{x}$，$y_i = \boldsymbol{q}_i^{\mathrm{T}}\boldsymbol{x} = \cos\theta_i$，其中 θ_i 为单位向量 $\boldsymbol{x}$ 和 θ_i 之间的夹角。对于我们的例子，有

$$
\boldsymbol{y} = (0.000,\ 0.229,\ 0.567,\ 0.331,\ 0.635,\ 0.577,\ 0.000,\ 0.535)^{\mathrm{T}}
$$

由于 $y_5 = 0.635$ 为 $\boldsymbol{y}$ 总最接近 1 的元素，说明搜索向量 $\boldsymbol{x}$ 接近 $\boldsymbol{q}_5$ 的方向，因此模块 5 应当是最接近搜索标准的一个。接下来最接近搜索标准的一个应该依次是模块 6（$y_6 = 0.577$）和模块 3（$y_3 = 0.567$）。注意，一个模块不包括符合要求的搜索关键词，当且仅当它对应的数据库矩阵的列向量与搜索向量 $\boldsymbol{x}$ 正交。例如，模块 1 和模块 7 不包含所需的搜索关键词，因此有

$$
y_1 = \boldsymbol{q}_1^{\mathrm{T}}\boldsymbol{x} = 0, \qquad y_7 = \boldsymbol{q}_7^{\mathrm{T}}\boldsymbol{x} = 0
$$

本例说明了一些数据库搜索的基本思想，即利用现代矩阵方法，我们可以对搜索过程进行显著改善，并且加快搜索速度，同时纠正由于多义词或同义词可能导致的错误。这一新的技术被称为潜语义索引方法，它依赖于矩阵分解以及奇异值分解等矩阵方法。

❷ 谷歌矩阵

著名搜索引擎谷歌（Google）的使命是整合全球信息，使人人皆可访问并从中受益。完成该使命的第一步始于谷歌创始人拉里·佩奇（Larry Page）和谢尔盖·布林（Sergey Brin）在斯坦福大学的学生宿舍内共同开发了全新的在线搜索引擎，然后迅速传播给全球的信息搜索者。谷歌目前被公认为全球规模最大的搜索引擎，它提供了简单易用的免费服务，用户可以在瞬间得到相关的搜索结果。

当我们访问 www.google.com 或其他众多谷歌域中的一个时，可以使用多种语言查找信息，查看新闻、股票、地图，查找美国所有城市的电话号码，搜索数十亿计的图片，精确定位某个街道上的人或物，并详读全球最大的 Usenet 信息存档 —— 它拥有十亿多个帖子，信息最早可追溯到 1981 年。

使用谷歌工具栏，我们可以从网上的任意位置执行谷歌搜索。即使身边没有 PC 机，也可以通过 WAP 和 iPhone 等手机或无线通信平台使用谷歌。

谷歌（Google）源于单词"Googol"，它本是一个数学术语，表示 1 后面带有 100 个零。它由美国数学家爱德华·卡斯纳的侄子米尔顿·西洛塔创造，因出现在卡斯纳和詹姆士·纽曼合著的《数学与想象力》一书中而得到普及。谷歌公司对这个词作了微小改变，借以反映公司的使命，意在组织网上无边无际的信息资源。

谷歌的核心软件称为 PageRank（网页级别），它是谷歌创始人拉里·佩奇和谢尔盖·布林在斯坦福大学开发出的一套用于网页评级的系统。它的原理如下：

（1）当从网页 A 链接到网页 B 时，谷歌就认为"网页 A 投了网页 B 一票"。谷歌根据网页的得票数评定其重要性。除了考虑网页得票数（即链接）的纯数量之外，谷歌还要分析投票的网页。"重要"的网页投出的票就会有更高的权重，并且有助于提高其他网页的"重要性"。重要的、高质量的网页会获得较高的网页级别。

（2）谷歌在排列其搜索结果时，都会考虑每个网页的级别。当然，如果不能满足查询要求，网页级别再高对我们来说也毫无意义。因此，谷歌将网页级别与完善的文本匹配技术结合在一起，为我们找到最重要、最有用的网页。谷歌所关注的远不只是关键词在网页上出现的次数，它还对该网页的内容（以及该网页所链接的内容）进行全面检查，从而确定该网页是否满足我们的查询要求。谷歌以其复杂而全自动的搜索方法排除了任何人为因素对搜索结果的影响。虽然谷歌也在搜索结果旁刊登相关广告，但没人能花钱买到更高的网页级别，从而保证了网页排名的客观公正。

下面介绍与谷歌搜索引擎有关的几个概念，并介绍网页分级的引入。

网页分级对一个网页所链接的所有网站进行评估，为它们分配一个数值，通过分析网络的整体结构，针对用户的需要和兴趣来确定哪些网站可以被评为最佳相关信息的来源。

1. 网页分级

这是基于"从许多优质的网页链接过来的网页必定还是优质网页"的回归关系来判定所有网页的重要性。它有效利用了 Web 所拥有的庞大链接构造的特性。从网页 A 导向网页 B 的链接被看作是网页 A 对网页 B 的支持投票，谷歌根据这个投票数来判断网页的重要性。可是谷歌不单单只看投票数（即链接数），对投票的网页也进行分析。重要性高的网页所投的票的评价会更高，被投的网页的 PageRank 也就会被提高。根据这样的分析，得到了高评价的重要网页会被给予较高的等级，在检索结果内的名次也会提高，且每一个网页都有一个特定的 PageRank 值。PageRank 值的大小取决于链入网页数、链入网页的质量和链入网页的链出网页数。

2. 谷歌矩阵 $A=(a_{ij})$

网页关联矩阵用来表达网页链接关系。如果从网页 i 向网页 j 有链接，则定义 $a_{ij}=1$，否则 $a_{ij}=0$。如用 N 来表示网页数，那么 A 为 $N \times N$ 方阵，称为谷歌矩阵。网页分级矩阵是把 A 转置。为了将各列矢量的总和变成 1（全概率），把各个列矢量除以各自的链接数。这样构造的矩阵被称为"迁移概率矩阵"，仍记为 A。它的各个行矢量表示状态之间的迁移概率。转置的理由是，PageRank 并非重视链接到多少地方，而是重视被多少地方链接。可以看出 A 为列随机矩阵，且 A 的最大特征值为 1。PageRank 的计算就是求 A 的最大特征矢量（称为 Perron 向量），即 $x=Ax$。因为当 $t \to \infty$ 时，我们能够根据变换矩阵的"绝对值最大的特征值"和"属于它的特征向量"将其从根本上记述下来。换句话说，用 A 表示的概率过程是反复对 A 进行乘法运算的一个过程，并且能够计算出前方状态的概率。图 17-1 是用位图表示的 Apache 在线手册（共 128 页）的邻接行列。当黑点呈横向排列时，表示这个网页有很多正向链接（即向外导出的链接）；反之，当黑点呈纵向排列时，表示这个网页有很多反向链接（即向内导入的链接）。

图 17-1　用位图表示的 Apache 在线手册的邻接关系

迁移概率矩阵有时也被称作马尔可夫矩阵。马尔可夫过程的试验矩阵的观测结果被称为马尔可夫链。

3. 回归

从有向图 S 的状态 i 出发，将有限时间之后再次回到状态 i 的概率作为 1 时，也就是说，当沿着有向图 S 的方向前进能够回到原来位置的路径存在的时候，i 就被称为"回归"。不能回归的状态被称为"非回归"。从图论的角度看，一个顶点（状态）i 的可回归性意味着该链接图 G 中，顶点 i 包含在某个长度大于 1 的圈（cycle）上。若记 $A=(a_{ij}) \in R^{n \times n}$ 为图 G 对应的链接矩阵，那么顶点 i 的可回归性等价于存在一个正整数 k，使得 A^k 的第 i 个对角元素大于零，若记 $A^k=(a_{ij}^{(k)})$，则等价于 $a_{ii}^{(k)}>0$。如果存在正整数 k，使得 $A^k>0$，即 A^k 的所有元素均大于零，则称这个图为本原的。

图的顶点回归性与图的连通性相关。

4. 连通性

若对 S 中的任意两个状态 $\{i, j\}$，存在一条路径连接 i 和 j，则有向状态圆 S 称为连通的；若从 S 中的任意状态 i 到任意状态 j 都有有向路径可以到达，则 S 称为强连通的。对应的马尔可夫链的样本路径表示 S 的任意两点间以正的概率通行。

网页分级就是一定时间内用户随机地沿着（网页）链接前进时对各个页面访问的固定分布，并以此来反映各个网页的重要性。但是现实中的网页链接并不都是强连通的（即互联网中不是任意两个网页都可以相互访问）。换句话说，在互联网中，有时顺着链接前进会走到完全没有向外链接的网页（死链接或单向链接）。

图 17–2 展示了 HTML 文件之间的链接关系。

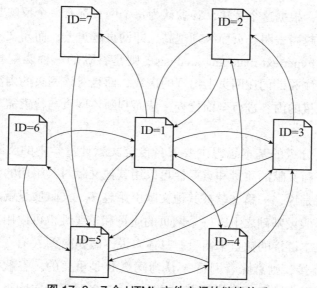

图 17–2 7 个 HTML 文件之间的链接关系

研究网页的分级问题可以转化为求谷歌矩阵的最大特征值（等于 1）对应的特征向量的问题。但是，在一般情况下，谷歌矩阵的最大特征值（=1）对应的特征向量可能不止一个。换句话说，这时对于一个局部网络并不唯一。为了解决这样的问题，考虑一种改革模式，即用户虽然在许多场合都顺着当前页面中的链接前进，但时常会跳跃到完全无关的页面里。进一步，将"时常"固定为 15% 来计算，即用户在 85% 的情况下沿着链接前进，但在 15% 的情况下会突然跳跃到无关的页面中去。若将此用算式来表示，即得到

$$A = [c\boldsymbol{P} + (1-c)\boldsymbol{E}]^{\mathrm{T}} \quad (c = 0.85) \tag{*}$$

矩阵 A 称作一般情形下的谷歌矩阵。这里 P 是一个 $n×n$ 随机矩阵，相当于网络链接图的邻接矩阵；E 是一个 n 阶秩 1 随机矩阵，它的所有元素均为 $1/n$；$0 \leqslant c \leqslant 1$，一般情况下，取 $c=0.85$。

谷歌拥有多项专利技术，这些技术是谷歌提供各种特殊检索和特色功能的基础。在这些技术中，最核心、最关键的是 PageRank™ 技术和超文本匹配分析技术。PageRank™ 技术是谷歌检索结果的一种排序算法，根据这个算法，谷歌认为每个网页都有一个反映其重要性的值，值越高表明其页面级别越高，即网页越重要；而超文本匹配分析技术（hypertext-matching analysis）则是谷歌的一种匹配技术，谷歌不仅关注关键词在网页上出现的次数，而且对该网页的内容以及该网页所链接的内容进行全面检查，从而判断该网页与检索需求的匹配程度。

网页分级的基本思想主要来自传统文献计量学中的文献引文分析，即一篇文献的质量和重要性可以用其他文献对其引用的数量来衡量，也就是说，一篇文献被其他文献引用越多，文献质量就越高。在这样一个假设基础之上，一个网页的质量和重要性也可以用其他网页对其超文本链接的数量来衡量，具体来说，假如网页 A 有一个指向网页 B 的链接，则意味着网页 A 认为网页 B 是重要的。谷歌根据网页被链接的数量来评定其重要性。假如有 10 个网页指向网页 A，而指向网页 B 的链接只有 2 个，则说明网页 A 比网页 B 更重要。

事实上，在实际计算网页的 PageRank 值时，谷歌还考虑到网页 A 的所有链入网页（链接到某网页的其他网页称为该网页的链入网页）对它的推荐能力（即由于它们对网页 A 的链接，人们认为网页 A 的重要程度）和推荐程度（即它们认为网页 A 的重要程度）。一个网页本身的 PageRank 值越高，它对其链出网页（从某个网页链出的网页称为该网页的链出网页）的推荐能力就越大；一个网页的链出网页越少，它对其中一个链出网页的推荐程度就越高。

我们可以用以下公式来简要表达谷歌关于网页 PageRank 值的计算：

$$PR(A) = (1-d) + d(PR(T_1)/c(T_1) + \cdots + PR(T_n)/c(T_n))$$

其中，$PR(A)$ 是指网页 A 的 PageRank 值；T_1，T_2，$\cdots$，T_n 是网页 A 的链入网页；$PR(T_i)$ 是指网页 T_i 的 PageRank 值 ($i=1$，2，$\cdots$，n)；$c(T_i)$ 是指网页 T_i 的链出网页的数量 ($i=1$，2，$\cdots$，n)；d 是一个衰减因子，$0<d<1$，通常取值为 0.85。可见，一个网页的 PageRank 值主要取决于以下三个因素：

（1）该网页的链入数量；

（2）该网页的链入网页本身的 PageRank 值；

（3）该网页的链入网页本身的链出数量。

显然，根据以上公式，一个网页的链入数量越多、这些链入网页的 PageRank 值越高、这些链入网页本身的链出数量越少，该网页的 PageRank 值越高。谷歌给每一个网页都赋予一个初始 PageRank 值，然后根据 PageRank 算法计算其 PageRank 值。在通常情况下，谷歌需要根据以上公式进行 20 次计算，才能得到最后稳定的网页 PageRank 值。

PageRank 技术根据网页之间的链接结构对网页的重要性进行客观的评价，并将网页的 PageRank 值应用于检索结果的排序。这样，PageRank 技术在很大程度上避免和减少了人为因素的影响，客观地将最恰当的检索结果呈现给用户。

谷歌矩阵还存在以下应用：

（1）PageRank 的收敛：PageRank 的算法是用幂乘的方法来计算 **A** 的主特征值（最大特征值），对于 PageRank 衰减因子 d 已经给定为 0.85。对于任何网络连接矩阵 **A**，它的幂乘算法的收敛速率为 0.85，所以 PageRank 的收敛速率是很快的，即使对于大规模的网络也是如此。

（2）PageRank 对连接结构干扰的稳定性：**A** 的非主特征值（除第一特征值之外的特征值）也能决定谷歌矩阵 **A** 对应的马尔可夫链是不是良定义的。特征值之间的绝对值差 $|\lambda_1| - |\lambda_2|$ 越大，马尔可夫链也就越稳定。这为 PageRank 的稳定性提供了解释。

（3）加速 PageRank 的计算：以前我们在研究加速 PageRank 的计算时，都假设 A 的第二大特征值未知。现在通过直接计算 A 的性质，可有效改善计算中的插值方法。

（4）垃圾信息的检测：对应于第二特征值的特征向量是网络图的某种结构（点）的某些对应的人为设置。特别地，如果一条链 P 上的每一个叶节点（度为 1 的节点）都在 SCC 图上，那么 A 的一个特征向量所对应的特征值为 c，这些在 SCC 上的叶节点都是网络连接图的子图，也就是它们没有入边，提高网页等级常常是通过发送链接产生这样的结构。分析矩阵 A 的非主要的特征向量也就可以达到分析发送链接的目的。这种独特的方法不仅适应于网络的搜索，还适用于例如点对点的网络。

 思考题

1. 下载谷歌提供的网页打分工具栏（PageRank），对一些你熟悉的网页打分，看看是否与你的预计结果一致。

2. 试查阅相关资料，谷歌一下有关谷歌的相关内容，找到与矩阵有关的资料。

3. 就你身边的局域网（如一个学校内部的网络），写出该局域网对应的谷歌矩阵。

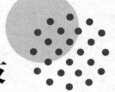

第十八讲　新翻杨柳枝

——阿达马矩阵与图像处理

　　矩阵理论运用得最早也是最为广泛的领域当属计算机领域，而在计算机领域中，运用矩阵处理问题最突出且最普遍的当属图形图像处理和计算机安全——计算机编码。本讲主要介绍矩阵在计算机编码（特别是线性码）和计算机图形图像处理方面的应用。读者会发现，原来你每天随身携带的数码相机、笔记本电脑、手机中也会涉及很多矩阵处理。本讲内容将带你进入一个数码世界，让你真正感受矩阵的无处不在。

1 阿达马矩阵

　　阿达马（Hadamard）矩阵是 1893 年由犹太数学家西尔维斯特（Sylvester）提出的一类方阵，它的每个元素为 1 或 −1。它是代数学和组合学中一个非常著名的矩阵。

　　一个 n 阶阿达马矩阵是满足

$$HH^{\mathrm{T}} = nI_n \qquad\qquad ①$$

的（−1，1）−矩阵，一般记为 H_n。一个 n 阶阿达马矩阵的任意两行（列）一定含一半同号元素和一半异号元素。这保证了 n 必须是偶数。如果我们用一个二元图像来代替一个 n 阶（−1，1）−矩阵，其中黑色代替 1，白色代替 −1，那么不难验证，以下二元图形分别对应 2，4，8，12，16，20，24 和 28 阶阿达马矩阵。

图 18−1　阿达马矩阵对应的二元图像

　　注意，以上对应的每个矩阵的最后一行（列）均为 1，这是因为：

若最后一行（列）的某个元素为 –1，那么将行（列）的每个元素同乘以 –1，得到的矩阵仍然满足式①，从而还是阿达马矩阵。因此，我们总可以使得该矩阵的最后一行（列）的每个元素为 1。一个自然的问题是：对于什么样的 n，一定存在 n 阶阿达马矩阵？

人们猜想：对于 4 的整数倍的数 n，一定有这样的 n 阶阿达马矩阵。这个猜想称为阿达马猜想，至今仍未解决。阿达马矩阵与很多问题有关，在图像处理方面也有很多应用。下面我们来考虑矩阵与图像更加广泛的联系。

2 图像处理

我们知道，普通的显示器屏幕是由许许多多点构成的，我们称之为像素。显示时采用扫描的方法：电子枪每次从左到右扫描一行，为每个像素着色，然后从上到下这样扫描若干行，就扫过了一屏。为了防止闪烁，每秒要重复上述过程几十次。例如，我们常说的屏幕分辨率为 640×480，刷新频率为 70Hz，意思是每行要扫描 640 个像素，一共有 480 行，每秒重复扫描屏幕 70 次。我们称这种显示器为位映象设备。所谓位映象，就是指一个二维的像素矩阵，而位图就是采用位映象方法显示和存储的图像。图 18-2 左侧是一幅普通的灰度 JPG 图，它在代数上对应一个 256×256 的矩阵，矩阵的每个元素是 0 ～ 255 之间的一个正整数，它代表该像素点的灰度值，例如，$a_{ij} = 0$ 表示像素点 (i, j) 处颜色为黑色，而 $a_{ij} = 255$ 表示像素点 (i, j)

处颜色为白色，当 a_{ij} 的值介于两者之间时，该点的灰度值决定了该点的亮度（intensity）。图 18-2 的右侧为一幅彩色图像（注：此处因黑白印刷，不易区分），它的代数表示也为一个 256×256 的矩阵，但该矩阵的每个元素不是一个数，而是一个三维向量 (r, g, b)。例如，$a_{ij} = (1, 0.5, 0.2)$ 表示像素点 (i, j) 处的色彩的红 / 绿 / 蓝色调的比例为 $1 : 0.5 : 0.2$，所以彩色图像对应的矩阵为一个三维矩阵（此处的矩阵为 256×256×3 的）。

图 18-2　灰度图像（左）与彩色图像（右）

事实上，自然界中的所有颜色都由红、绿、蓝（RGB）三种颜色（基色）组合而成。有的颜色（如深红）含红色成分多一些，有的颜色（如浅红）含红色成分少一些。红色可分成 0～255 共 256 个等级，0 表示不含红色成分，255 表示含有 100% 的红色成分。同样，绿色和蓝色也被分成 256 级。这种分级概念称为量化。这样，根据红、绿、蓝不同的组合我们就能表示出 256×256×256（约 1 600 万）种颜色。这么多颜色对于我们人眼来说已经足够丰富了。

你大概已经明白了，当对一幅图中每个像素赋予不同的 RGB 值时，能呈现出五彩缤纷的颜色，这样就形成了彩色图。的确是这样的，但实际做法还有些差别。

有一个长宽各为 200 像素的 16 色的彩色图，每一个像素都用 R、G、B 三个分量表示。因为每个分量有 256 个级别，要用 8 位（bit）即一个字节（byte）来表示，所以每个像素需要用 3 个字节。整个图像要用 200×200×3（约 120k）个字节，这可不是一个小数目呀！如果我们用下面的方法，就能节省很多字节。

上述是一个 16 色图，也就是说这幅图中最多有 16 种颜色，我们可以利用一个表，表中的每一行记录一种颜色的 R、G、B 值。这样当我们表示一个像素的颜色时，只需要指出该颜色在第几行，即该颜色在表中的索引值。举个例子，如果表的第 0 行为 255，0，0（红色），那么当某个像素为红色时，只需要标明 0 即可。

我们再来计算一下：16 种状态可以用 4 位（bit）表示，所以一个像素要用半个字节。整个图像要用 200×200×0.5（约 20k）个字节，再加上表占用的字节为 3×16＝48 字节，占用的字节总数约为之前的 1/6，省很多吧？

表 18-1 所示的 R、G、B 的表就是我们常说的调色板（palette），也称为颜色查找表 LUT（look up table），后者似乎更确切一些。Windows 位图中便用到了调色板技术。其实不仅是 Windows 位图，许多图像文件格式如 pcx、tif、gif 等都用到了这种技术，所以很好地掌握调色板的概念是十分有用的。

表 18-1 常见颜色的 RGB 组合值

颜色	R	G	B
红	255	0	0
蓝	0	255	0
绿	0	0	255
黄	255	255	0
紫	255	0	255
青	0	255	255
白	255	255	255
黑	0	0	0
灰	128	128	128

有一种图的颜色数高达 256×256×256 种，也就是说包含我们上述提到的 R、G、B 颜色表示方法中的所有颜色，这种图叫作真彩色（true color）图。真彩色图并不是说一幅图包含了所有颜色，而是说它具有显示所有颜色的能力，即最多可以包含所有颜色。表示真彩色图时，每个像素直接用 R、G、B 三个分量字节表示，而不采用调色板技术。原因很明显：如果用调色板，则表示一个像素也要用 24 位，这是因为每种颜色的索引要用 24 位（总共有 2^{24} 种颜色，即调色板有 2^{24} 行），这和直接用 R、G、B 三个分量表示时用的字节数一样，不但没有任何减少，而且要加上一个 256×256×256×3 个字节的大调色板。所以真彩色图直接用 R、G、B 三个分量表示，它又叫作 24 位色图。

因为无论黑白图像还是彩色图像都对应一个矩阵（尽管维数不同），所以我们可以非常容易地利用数学软件（如 Matlab）对它进行裁剪。例如，我们用下面的命令将名为 matrixappl. jpg 的图像文件载入 Matlab 工作空间：

>> load matrixappl. jpg

我们还可以通过下面的命令来查看该图像（见图 18-3）：

>> imread('matrixappl. jpg')

现在，我们想通过图像的裁剪去掉边缘而保留中间的矩阵图案。通过图像本身的大小和比例，我们可以大致判断矩阵图案对应的数据矩阵的行和列的上下限。假设本例中数据矩阵 A 的子矩阵 A1 利用下面的命令：

>> A1＝A[125:200, 50:200];

>> imread(A1);

同样，我们也可以通过将两幅（或多幅）图像对应的矩阵进行叠放从而达到对图像进行拼凑的目的。例如，如果图像 P1 和 P2 对应的矩阵分别为 A1 和 A2，且它们分别为 600×800 和 600×720 的，那么

>> A＝[A1，A2];

>> imshow(A);

图 18-3　256×256 的彩色图像
（数据矩阵为一个 256 阶的整数矩阵，每个元素为向量 (r, g, b)，
r 表示红色，g 表示绿色，b 表示蓝色）

生成的图像是将这两幅图像进行水平拼接，注意到水平拼接要求这两幅图像的行像素一样多，否则 Matlab 将会提示错误信息。同样，若图像 P1 和 P2 对应的矩阵分别为 B1 和 B2，且它们分别为 600×800 和 700×800 的，那么

　　>> B=[B1; B2];

　　>> imshow(B);

生成的图像是将这两幅图像进行垂直拼接。垂直拼接要求这两幅图像的列像素一样多。

 思考题

　　1. 找一幅图片，然后通过图像变换方法，将它放大为一幅大小是原图像两倍的图片。

　　2. 对以上图片进行适当的变换（如旋转等），然后将两幅图像放在同一幅图像中。

3. 试对两幅大小不同的图像进行适当的处理，使得它们大小相同，并对它们进行叠加。

4. 熟悉相关图像处理的 Matlab 指令，了解将一幅彩色图像转化为黑白（二元）图像、索引图像的方法，以及图像的均衡处理、压缩、合成等操作。

第十九讲　密码也不神秘

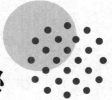

——编码与解码

　　保密通信在军事、政治、经济和竞争中的重要性不言而喻。在军事战斗或竞争中，一方要将信息传递给需要信息的接收方，同时又要防止其他人窃取自己发送的信息。那么一种常用的发送信息的方式就是将需要发送的信息在发送之前加密，变成密文之后再发送出去，使得敌方即使得到密文也难以读懂，而合法的接收方收到密文之后却可以按照预先约定好的方法解密，再翻译成明文。而敌方却要千方百计地从密文破译出明文来。一方如何编制密码使之不易被破译，而另一方又如何找到该加密信息的弱点并加以破译，这两个问题构成了密码学的主要内容。

1 密码学简介

一、什么是密码

一提起密码，你也许就会联想到在战争题材的影片中见到的这样一个场景：一个特工将自己关在一间漆黑的、不被人所知的地下室里，然后神不知鬼不觉地在纸上编造出一些稀奇古怪的密码，再用一个破旧的手动发报机将这些密码发送出去。这样的场景今天依然存在，不过现在的编码不需要在那样的操作间进行操作，也不需要借助过时、陈旧的手动发报机传送信息。借助计算机和互联网，甚至卫星装置，这些加密信息可以到达地球的任何一个角落。当然，随着科技的发达，人们掌握的破译密码的技术也越来越高超，这使得编码技术要求更高、更难。

密码学的英文是 cryptography，是由希腊文单词 kryptos（隐藏）和 graphin（写）派生出来的，最初的意思就是隐秘地传递信息。隐藏和写就是隐写，在古典密码学的发展中就有一门称为隐写术的技术，比如藏头诗就是一种隐写术。在畅销小说《巨人的陨落》中，艾瑟尔和弟弟比利就是通过每隔两个单词就加一个单词来加密密文，这也是隐写术的一个例子。隐写术发展到今天演变为数字水印技术，一般在文件中加一个标识信息（即数字水印），可以起到追踪溯源、防伪和保护版权的作用。

密码学可以分为古典密码学和现代密码学。以时间划分，1976年以前的密码算法都属于古典密码学，基本用于军事机密和外交领域，它的特点就是加解密过程简单，一般用手工或机械就可以完成。

　　古典密码学现在已经很少采用了，然而，研究古典密码的原理对于理解、构造和分析现代密码都是十分有益的。尤其是对称加密技术，它就是从古典密码学中演化而来的。

　　古典密码中最典型的有代换密码（也叫作替代密码）和置换密码（也叫作换位密码）两种。置换密码典型的有恺撒（Caesar）密码、仿射变换等；置换密码有单表置换和多表置换等。

　　（1）代换密码。

　　代换密码要先建立一个替换表（即密钥），加密时将需要加密的明文通过查表依次替换为相应的字符，明文字符被逐个替换后，生成无任何意义的字符串，即密文。接收者对密文做反向替换就可以恢复明文。

　　代换密码的一个典型例子是：在公元前 500 年的古希腊斯巴达城邦，有一种叫作"棍子加密"的方法。找一条腰带，将信息横着写在腰带上，但这个信息是完全打乱的，需要一个可以解密的棍子，将腰带缠绕在棍子上，就可以恢复明文。这也是最简单的代换密码的方式。

　　（2）置换密码。

　　置换密码是对明文字符按某种规律进行位置的置换。

　　置换密码中最简单的是恺撒密码，它是一种单表代换密码，加密方式就是对字母作位移，比如把字母表右移三位，比如 A 代表 D、B 代表 E，等等，如图 19-1 所示。

　　单表代换也可以在不同符号体系中实行。例如，假定明文用英语撰写，将明文中的每一个英文字母用一个阿拉伯数字来代替，得到的信息就是加密信息（密码）。接收方在接收到

图 19-1

你发送的信息后，若了解你发送的每一个数字所表示的原字符，那么对方就可以破解密码，从而可以了解信息的真实含义。注意，明文中不同的字母应当对应不同的数字。从数学的角度来说，就是存在一个1-1映射，它将26个字母映射为26个数字。这种对应关系就是一张密码表。

单表密码是一种简单的编码方法，很容易被频率分析表破解：如果你对经过上述方法加密的密文中每个字母出现的频率以及双字母、三字母组合出现的频率进行统计，并与英文字母在通常文章中出现的频率的统计数据进行比较，就可以发现密文字母（或符号）代表哪个原文字母。譬如，大量的统计表明，字母e在英文文章中出现的频率最高，约为12.7%。因此，我们有理由相信该密文中出现频率最高的那个字母（而且频率接近12.7%）代表原文中的e。对密文中出现的其他字母做类似处理，我们就可以很容易得到该密文的破译。

鉴于单表密码有以上缺点，多表密码应运而生，稍后我们做一些简单介绍，有兴趣的读者可以参看有关密码学方面的文章。

后来，随着抽象代数的出现，有了矩阵之后，就可以做一个复杂的置换加密，对运算做一个置换，用置换矩阵来解密，得到明文。

"道高一尺，魔高一丈"，有了密码就会有破解密码的方法，同样地，有了破解密码的方法后，密码学也会相应地寻求防止破解的方法。此消彼长之间，直至今天产生了越来越复杂的现代密码学。

二、古典密码学与现代密码学

密码学的发展历史可以大致分为古典密码学和近现代密码学两个阶段，两者以现代信息技术的诞生为分界点。现在所讨论的密码学大多是指后者，建立在信息论和数学理论基础之上。此外，随着量子计算和量子通信的研究，量子密码学（quantum cryptography）受到越来越多的关注，被认为会对已有的密码学安全机制产生较大的影响。

（1）古典密码学。

古典密码学已有几千年的历史。公元前 1900 年左右的古埃及就曾使用特殊字符和简单替换式密码来保护信息。美索不达米亚平原上曾出土一个公元前 1500 年左右的泥板，其上记录了加密描述的陶器上釉工艺配方。古希腊时期（公元前 800—前 146 年）还发明了通过物理手段来隐藏信息的"隐写术"，例如使用牛奶书写、用蜡覆盖文字。后来在古罗马时期出现了恺撒密码等，其连同上面我们提到的几种加密方法都可以称为古典密码。这些手段大多数采用简单的机械工具来保护秘密，今天看来毫无疑问是十分简陋的且很容易被破解，严格来说都很难称为密码科学。

（2）现代密码学。

现代密码的研究源自第一、二次世界大战中对军事通信进行保护和破解的需求。1901 年 12 月，意大利工程师奎里亚摩·马可尼（Guglielmo Marconi）成功完成了跨越大西洋的无线电通信试验，在全球范围内引起轰动，推动了无线电通信时代的到来。无线电极大地提高了远程通信的能力，但存在着天然缺陷——它很难限制接收方，这意味着要想保护所传递信息的安全，必须采用可靠的加密技术。对无线电信息进行加密以及破解的过程直接促进了现代密码学和计算机技术的出现。反过来，这些科技进步也影响了时代的发展进程。例如，第一次世界大战时期德国外交部长阿瑟·齐默尔曼（Arthur Zimmermann）拉拢墨西哥构成抗美军事同盟的电报被英国情报机构破译，直接导致了美国的参战；第二次世界大战时期德国使用的当时最先进的加密设备恩尼格玛（Enigma）密码机被盟军成功破译，导致了大西洋战役中德国战败。据称，第二次世界大战时期仅英国从事密码学研究的人员就达到 7 000 人，而他们的成果使战争结束的时间至少提前了 1 ～ 2 年。需要说明的是，恩尼格玛密码机也是密码学发展史上的一个标志性事件，对古典密码算法的应用达到了相当高的水准。

接下来，就是可以称为密码学发展史上的里程碑事件了。1945

图 19-2　香农

年 9 月 1 日，美国数学家 C. E. 香农（Shannon）（见图 19-2）完成了划时代的内部报告 "A Mathematical Theory of Cryptography"；1949 年 10 月，该报告以 "Communication Theory of Secrecy Systems" 为题在《贝尔系统技术期刊》（*Bell System Technical Journal*）上正式发表。这篇论文首次将密码学和信息论联系到一起，为对称密码技术提供了数学基础。这也标志着现代密码学的正式建立。这也是密码学发展史上的第一个里程碑事件，而香农也由此成为信息学的创始人。

密码学发展史上的第二个里程碑事件是 DES 的出现。DES 的全称为 Data Encryption Standard，即数据加密标准，是一种使用密钥加密的分组密码算法，1977 年被美国联邦政府的国家标准局确定为联邦资料处理标准（FIPS），并授权在非密级政府通信中使用，随后该算法在国际上广泛流传开来。

密码学发展史上的第三个里程碑事件就是现在广泛应用的公钥密码，也就是非对称密码算法的出现。1976 年 11 月，惠特菲尔德·迪菲（Whitfield Diffie）和马丁·爱德华·赫尔曼（Martin Edward Hellman）在 *IEEE Transactions on Information Theory* 上发表了论文《密码学新动向》（New Directions in Cryptography），探讨了无需传输密钥的保密通信和签名认证体系问题，正式开创了对现代公钥密码学体系的研究。在发现公钥密码以前，如果需要保密通信，通信双方事先要对加解密的算法以及要使用的密钥进行协商。但自从有了公钥密码，进行秘密通信的双方不再需要进行事前的密钥协商了。公钥密码在理论上是不保密的，在实际上是保密的。也就是说，公钥密码是可以被破解的，但需要极长的时间，等到被破解了，这个秘密也就没有保密的必要了。

可惜，迪菲－赫尔曼算法于 1984 年被破译，因而失去了实际意义。真正有生命力的公开密钥加密系统算法是由罗纳德·李维斯特（Ronald Rivest）、阿迪·萨莫尔（Adi Shamir）和伦纳德·阿德曼（Leonard Adlemen）在迪菲和赫尔曼论文的启发下，于 1977 年发明的，这就是沿用至今的 RSA 算法（以三人名字首字母命名）。它也是第一个既能用于数据加密也能用于数字签名的算法。

综合来看，古典密码学与现代密码学一般具有以下明显的区别：

（1）计算强度：前者小，后者大。

（2）时间：两者一般以 DES 的出现（也就是 20 世纪 70 年代）来划分。

（3）安全性基础：古典密码是基于算法的保密，只要知道加密方法，就能轻易地获取明文。而现代密码是基于秘钥的加密，算法都是公开的，而且公开的密码算法安全性更高。

（4）加密对象：古典密码大多数是对有意义的文字进行加密，而现代密码是对比特序列进行加密。

古典密码学更像一门艺术，因为古典密码学需要用非常精妙的方式对明文加密，而现代密码学则让密码学真正成为一门科学，研究方向也从军事和外交走向了民用和公开。

② 可逆矩阵在编码理论中的应用

编码的技巧之一就是运用矩阵和它的逆。给定一个可逆矩阵 A，假设我们已经把一段信息转化成了一个矩阵 B，使得乘积 AB 有意义。矩阵 AB 同样对应一段信息。我们发出该矩阵对应的信息，那么在信息接收端，对方只要知道 A 的逆矩阵 A^{-1} 就可以求出矩阵 B，从而知道信息的真正含义。事实上，我们有

$$A^{-1}(AB) = B$$

B 对应的就是接收方需要的信息。注意，一旦有人知道了矩阵 A，那么他同样可以了解该信息的具体内容，这一般不是我们所希望的。我们希望能够产生简单的矩阵 A 以及它的逆，并将它们同时发送给接收方。一般说来，即使一个 n（$n>1$）阶矩阵 A 本身是整数矩阵（即 A 的每一个元素均为整数），也无法保证它的逆矩阵也是整数矩阵，但一个非整数矩阵对应的信息码很难用电子的方式翻译并传递。当 A 的行列式的绝对值为 1 时，这种情况就可以避免：此时矩阵 A 的逆一定为整数矩阵。如何生成这类矩阵？一种方法是生成一个上（下）三角整数矩阵，并且让其对角线元素为 +1 或者 −1。对这样的矩阵 A 再进行一系列初等行变换，并且不改变它的行列式。注意，初等行变换不能用非整数的数去乘某一行。下面的例子将说明具体操作：

例 1 考虑矩阵

$$D = \begin{pmatrix} -1 & 5 & -1 \\ 0 & 1 & 8 \\ 0 & 0 & 1 \end{pmatrix}$$

将矩阵 D 的第 1 行分别加至第 2、3 行，得到矩阵

$$\begin{pmatrix} -1 & 5 & -1 \\ -1 & 6 & 7 \\ -1 & 5 & 0 \end{pmatrix}$$

再保持矩阵的第 1 行不变，将该矩阵的第 3 行加至第 2 行，再将第 1 行乘以 −2 加到第 3 行，最后得矩阵

$$A = \begin{pmatrix} -1 & 5 & -1 \\ -2 & 11 & 7 \\ 1 & -5 & 2 \end{pmatrix}$$

注意到以上所有初等变换均不改变矩阵 D 的行列式，且显然有 $\det D = -1$，故 $\det A = -1$。直接计算（可以用初等变换方法）不难得到

$$A^{-1} = \begin{pmatrix} -57 & 5 & -46 \\ -11 & 1 & -9 \\ 1 & 0 & 1 \end{pmatrix}$$

现在我们再回到开始的问题。假设我们想通过编码的形式向对方发出信息

I LOVE MONICA

我们将其中的每一个字母用一个数字来代替。譬如，我们用 0 来代替空格，用 1 代替 A、2 代替 B，等等。另一种常用方法是用 0 来代替空格，1 代替 A、-1 代替 B、2 代替 C、-2 代替 D，等等。现在我们采用第二种方案，这样上述文字就变成了

I		L	O	V	E		M	O	N	I	C	A
5	0	-6	8	-11	3	0	7	8	-7	5	2	1

用这些数字构成矩阵 B，

$$B = \begin{pmatrix} 5 & 8 & 0 & -7 & 1 \\ 0 & -11 & 7 & 5 & 0 \\ -6 & 3 & 8 & 2 & 0 \end{pmatrix}$$

考虑乘积 AB，得

$$AB = \begin{pmatrix} -1 & 5 & -1 \\ -2 & 11 & 7 \\ 1 & -5 & 2 \end{pmatrix}\begin{pmatrix} 5 & 8 & 0 & -7 & 1 \\ 0 & -11 & 7 & 5 & 0 \\ -6 & 3 & 8 & 2 & 0 \end{pmatrix}$$

$$= \begin{pmatrix} 1 & -66 & 27 & 30 & -1 \\ -52 & -116 & 133 & 83 & -2 \\ -7 & 69 & -19 & -28 & 1 \end{pmatrix}$$

还原成数字向量形式，即

1，-52，-7，-66，-116，69，27，133，-19，30，83，

-28，-1

以上数字序列就是我们需要发送的字符。

利用矩阵理论，我们还可以得到更复杂的编码，如汉明码。当计算机存储或移动数据时，可能会产生数据位错误，这时可以利用汉明码来检测并纠错，简单地说，汉明码是一个错误校验码码集，它由贝尔实验室的汉明（R. W. Hamming）发明，因此命名为汉明码。

与其他错误校验码类似，汉明码也利用了奇偶校验位的概念，通过在数据位后面增加一些比特，可以验证数据的有效性。利用一个以上的校验位，汉明码不仅可以验证数据是否有效，还能在数据出错的情况下指明错误位置。

进行奇偶校验的方法是先计算数据中1的个数，通过增加一个0或1（称为校验位），使1的个数变为奇数（奇校验）或偶数（偶校验）。例如，数据1001总共是4个比特位，包括2个1，1的数目是偶数，因此，如果是偶校验，那么增加的校验位就是一个0，反之，增加一个1作为校验位。通过"异或"运算来实现偶校验，"同或"运算来实现奇校验。单个比特位的错误可以通过计算1的数目是否正确检测出来，如果1的数目错误，说明有一个比特位出错，这表示数据在传输过程中受到噪音影响而出错。利用更多的校验位，汉明码可以检测两位码错，每一位的检错都通过数据中不同的位组合计算出来。校验位的数目与传输数据的总位数有关，可以通过汉明规则进行计算：

$$(d+p+1)\,p \leqslant 2p$$

这里，d表示传输数据位数目，p表示校验位数目。两部分合称汉明码字，通过将数据位与一个生成矩阵相乘，可以生成汉明码字。下面我们来看汉明码与矩阵理论的关系。

假设我们需要发送的信息包含4个比特（或4个字符），其中每一个比特用D表示，我们将用一个含7个比特的字符串来发送，其中增加的3个比特称为控错字符。这样的一个编码称为一个(7，4)码。增加的3个字符为3个偶校验字符（用P表示），每个校验字符通过

表 19-1 计算不同的信息码子集得到。

表 19-1

7	6	5	4	3	2	1	
D	D	D	P	D	P	P	7-比特码字
D	—	D		D	—	P	偶校验
D	D	—			P	—	偶校验
D	D	D	P	—			偶校验

例如，信息码 1101 被翻译成 1100110，这可以通过表 19-2 得到。若 7 个字符中有一处出现错误，那么该错误的字符将影响到后面的三个校验码，并得到不同的组合。譬如，我们要发送加密后的码字 1100110，对方接收到的错误码字为 1110110，即：

发送信息　　　　　　　　　　　接收信息

1 1 0 0 1 1 0 　　──────→ 　　1 1 1 0 1 1 0

表 19-2

7	6	5	4	3	2	1	
1	1	0	0	1	1	0	7-比特码字
1	—	0		1		0	偶校验
1	1	—			1	1	偶校验
1	1	0	0	—			偶校验

检查表 19-3，我们发现其中的第二个校验码未受到影响，说明第二个校验码中 1 在原码字中一定出现，从而对应正确的码字。

表 19-3

7	6	5	4	3	2	1	
1	1	1	0	1	1	0	7-比特码字
1	—	1	—	1	—	0	偶校验

续表

1	1	—	—	1	1	—	偶校验
1	1	1	0	—	—	—	偶校验

最后，我们把汉明码的意义归结如下：

（1）它可以检测出错误字符不多于两个的信息错误码（这里不要求纠错）；

（2）可检测只有一个错误字符的信息码并且同时纠错；

（3）可以通过加入3个检测字符来加密并检测4字符信息码。

 思考题

1. 归纳古典密码与现代密码的主要区别。

2. 以小组为单位，在事先约定加密类型的前提下，进行一次编制密码与破译密码的游戏比赛。

第二十讲　神奇转换
——图与图论简介

　　图论（graph theory）是数学的一个分支，它以图为研究对象。图论是应用数学的一个重要分支。事实上，在所有的应用数学中都要用到图论来构造一个拓扑结构的模型。图论在网络通信、信息检索与匹配等方面都有非常重要的应用。

　　图论中的图是由若干给定的点及连接两点的线构成的图形，这种图形通常用来描述某些事物之间的某种特定关系，用点代表事物，用连接两点的线表示两个相应事物间具有这种关系。

　　众所周知，图论源于一个非常经典的问题——哥尼斯堡（Konigsberg）七桥问题（见第六讲）。1738 年，瑞士数学家欧拉（见图 20-1）解决了哥尼斯堡问题。欧拉不仅圆满地回答了哥尼斯堡居民提出的问题，而且由此开创了数学的两个新的分支——图论与拓扑，欧拉也成为这两个学科的创始人。

图论与拉姆齐问题

1859 年，英国数学家汉密尔顿发明了一种游戏：用一个规则的实心十二面体的 20 个顶点标出世界著名的 20 个城市，要求游戏者找一条沿着各边通过每个顶点刚好一次的闭回路，即"绕行世界"。用图论的语言来说，游戏的目的是在十二面体的图中找出一个生成圈。这个生成圈后来被称为汉密尔顿回路。这个问题后来就叫作汉密尔顿问题。由于运筹学、计算机科学和编码理论中的很多问题都可以化为汉密尔顿问题，从而引起了广泛的注意和研究。

谈到图论，不可能不提到另一个著名的问题——四色猜想，即任何一张地图只用四种颜色就能使具有共同边界的国家着上不同的颜色（见第九讲）。

图论中很多重要的结果都是在 19 世纪得到的，大部分都跟电子网络相关（电子工程可能是图论得以成功运用的第一个领域）。直到 1936 年匈牙利数学家科尼格（Konig）出版了第一本图论专著《有限图与无限图的理论》，图论才以一个独立的数学学科出现在人们的视野中。目前，由于研究方法和内容的不同，图论已产生了若干分支，如代数图论、极值图论、随机图论、拓扑图论、应用图论等。20 世纪中叶以后，由于生产管理、军事、交通运输、计算机网络等领域的需要，出现了很多离散问题，而图论可为离散问题的研究提供数学模型。近代电子计算机的出现和发展促使图论及其应用得到了迅猛发展。图论与线性规划、动态规划等优化理论的内容和方法相互渗透，促进了组合优化理论和算法的研究。应用图论来解决化学、物理学、生物学、运筹学、网络理论、信息论、控制论、经济学、社会科学等学科的问题，已显示出极大的优越性。同时，对图论中古老问题以及经典问题（如最短路问题、旅行售货商问题、中国邮递员问题等）的研究促进了图论本身的发展。著名数学家、沃尔夫奖获得者洛瓦斯（L. Lovász）在《图论45年的发展》一文中写道："在过去的十年里，图论已经变得越来越重要，无论是它的应用还是它跟数学其他分支的紧密联系方面。"

拉姆齐问题 "假如要求在组合数学中举出一个而且仅仅一个精美的定理，那么大多数组合数学家会提名拉姆齐定理。"这是现代组合数学奠基人之一、美国数学家吉安 - 卡洛·罗塔（Gian-Carlo Rota）对拉姆齐定理的评价，也是对拉姆齐定理在组合数学中地位的评价。创立了拉姆齐数和拉姆齐理论的拉姆齐（F. P. Ramsey）（见图20-2）堪称旷世奇才。他在许多领域都取得了相当有影响的成就，如逻辑学、经济学、概率论、认知心理学、科学方法论等。拉姆齐1930年去世时还不到27岁，《图论杂志》（*Journal of Graph Theory*）在1983年7卷1期为纪念其80诞辰的专刊里，全面地介绍了他的生平、贡献以及拉齐姆理论的发展。

图 20-1 欧拉

图 20-2 拉姆齐

在组合数学中，拉姆齐定理要解决以下问题：找一个最小的数 n，使得 n 个人中必定有 k 个人相识或 i 个人互不相识。我们在趣味数学中经常遇到它的一个简单形式：6个人中至少存在3个人相识或者互不相识。

1958 年，《美国数学月刊》（*American Mathematical Monthly*）上登载着这样一个有趣的问题："任何 6 个人的聚会，其中总会有 3 个人相识，或 3 个人互不相识。"对拉姆齐理论作出重大贡献的组合数学家斯宾塞在 1983 年描写了他第一次得知这个问题也是他第一次接触拉姆齐理论时的情形："当时我正在中学读书，得知这个问题后，回家花了很长时间才费劲地搞出了一个分很多种情况来讨论的冗长证明，我把我的证明带给老师，老师就给我看下面的简单明了的标准证明。当时此论证的简单扼要使我非常欣喜。"

这个证明描述如下：用 A，B，C，D，E，F 分别表示聚会的 6 个人，若两个人相识，则在代表这两个人的点之间用红线相连，否则连一条蓝线。这样把每对点都用红线和蓝线连好之后，原来的问题就等价于证明图中有红边三角形或者蓝边三角形。考虑从某一点（设为 A）连出 5 条边，根据抽屉原理，其中必有三条同色，不妨设它们是三条红边 AD，AE，AF。再考虑 $\triangle DEF$，如果它有一条红边，不妨设为 DE，则 ADE 就是一个红边三角形；如果 $\triangle DEF$ 没有红边，则 DEF 自身就是一个蓝边三角形。论证完毕。

上面的聚会问题虽然产生于拉姆齐定理提出的几十年之后，但它确实是拉姆齐定理的一个最简单的特例。"6 人聚会问题"可以推广到"n 人聚会问题"：经典拉姆齐数 $R(n, n)$ 表示满足如下要求的最小正整数 N，使得对完全图 KN 的边进行任意二着色（红蓝两色），总存在单色的完全图 Kn。后来人们又对这一问题进行了推广：对于 n 阶完全图 Kn 进行边的红蓝二着色，只要 n 充分大，其红色边导出的子图就必包含一个预先给定的图 G，或者其蓝色图包含一给定的图 H，上述的临界值 n，即最小的符合要求的整数 n 被称作拉姆齐数，并记作 $R(G, H)$。如果 $G=Kn$，$H=Km$，则记 $R(G, H)$ 为 $R(n, m)$。拉姆齐在 1930 年证明了 $R(n, m)$ 的存在性，这就是著名的拉姆齐定理。然而确定 $R(n, m)$ 的精确值是非常困难的，美国数学家拉齐佐夫斯基（Radziszowski）在《组合数学电子刊》（*Electronic Journal of Combinatorics*）上发表了关于拉姆齐数的综述文章"Small Ramsey

Numbers"（文章自 1993 年 2 月起不断更新）。著名数学家、拉姆齐理论的主要推动者之一埃尔德什（Erdös）对此曾开过一个玩笑：外星人要挟人类说，必须在一年内交出拉姆齐数 $R(5，5)$ 的值，不然将毁灭地球，那么人类应集中所有计算机去计算这个值；若改成 $R(6，6)$，那么人类只能拼命了。1947 年，埃尔德什创造性地利用了概率方法，给出了经典拉姆齐数的下界，为之后的概率方法在组合数学中的运用，包括随机图理论、随机算法的发展作出了奠基性的工作。现在拉姆齐定理已经成为图论乃至整个数学研究的一个重要课题。

下面再举几个例子，说明矩阵与图、矩阵与概率之间的关系。

例 1 图 20-3 为进行老鼠试验所采用的鼠笼结构示意图：

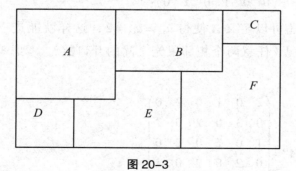

图 20-3

其中 $A—D$，$A—B$，$B—C$，$D—E$，$B—E$，$E—F$ 之间均只有一扇门，

C—F 之间有两扇门。现在我们用图 20-4 所示的连接图来表示图 20-3。

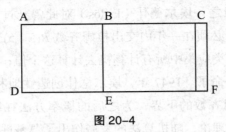

图 20-4

对应该连接关系的连接矩阵为

$$\begin{array}{c}\quad\ A\ B\ C\ D\ E\ F\\ \boldsymbol{A}=\begin{array}{c}A\\B\\C\\D\\E\\F\end{array}\begin{pmatrix}0&1&0&1&0&0\\1&0&1&0&1&0\\0&1&0&0&0&1\\1&0&0&0&1&0\\0&1&0&1&0&1\\0&0&1&0&1&0\end{pmatrix}\end{array}$$

即

$$\boldsymbol{A}=\begin{pmatrix}0&1&0&1&0&0\\1&0&1&0&1&0\\0&1&0&0&0&1\\1&0&0&0&1&0\\0&1&0&1&0&1\\0&0&1&0&1&0\end{pmatrix}$$

我们还可以定义 $\boldsymbol{A}$ 使得 $a_{36}=a_{63}=2$，这样就能进一步反映上述连通情况（任意两个相邻鼠笼之间的开口数）。考虑矩阵 $\boldsymbol{A}$ 的平方，有

$$\boldsymbol{A}^2=\begin{pmatrix}2&0&1&0&2&0\\0&3&0&2&0&2\\1&0&2&0&2&0\\0&2&0&2&0&1\\2&0&2&0&3&0\\0&2&0&1&0&2\end{pmatrix}$$

一个图 G（或称为无向简单图）定义为顶点集 V 和无序顶点对（或称为边）的集合构成的二元组，记为 $G=G(V, E)$，其中

$$V = \{v_1, v_2, ..., v_n\}, \quad E \subseteq \{\{v_i, v_j\}\} = V \times V$$

例2 假定你在一个旅行社工作，职责是帮助人们计划在不同城市之间的旅行方案。你的顾客通常都是一些商人，他们要求上午到达一个城市，然后在白天进行商业会晤，再飞往另外一个城市。从大城市出发，一般都有很多航班到达其他城市，但小的城市却难以达到这一目的。假设你的顾客前往的主要城市为上海、北京、天津、广州、杭州、武汉、厦门、南京、长沙。为了简单起见，我们分别用字母 S，B，T，G，H，W，X，N，C 来表示这 9 个城市。9 个城市之间的航班信息如下：

从北京出发，有航班发往 S，N，H，G，X，C

从上海出发，有航班发往 B，N，G，X，T，W

从天津出发，有航班发往 N，X，W，H

从广州出发，有航班发往 B，N，W，C，H

从杭州出发，有航班发往 S，B，G，X，W，C

从武汉出发，有航班发往 S，B，N，X，T，H

从厦门出发，有航班发往 S，N，G，H，C

从南京出发，有航班发往 S，B，G，X，T

从长沙出发，有航班发往 S，B，N，G，W

（1）以这些城市为顶点，每一条边表示一个航班，作图表示该问题。

（2）检查任意两个城市之间是否都有往返航班。你能否找到一个单向飞行的航线（即从一个城市有航班到达另一个城市，但返程没有航班）？

（3）为此图构造邻接矩阵，说明其中非零元素的含义。

例3 矩阵在计算机图形和动画中的应用。一个平面上的图形可以在计算机上存储为一个顶点集合，通过画出顶点，再将顶点与直线相连，就可以得到图形。假设有 n 个顶点，将它们存储在一个 $2 \times n$

矩阵中，其中矩阵的第 1 行用来存储顶点的 x 坐标（横坐标），矩阵的第 2 行用来存储顶点的 y 坐标（纵坐标）。每一对相继顶点用一条直线相连。例如，若要存储一个顶点为 $(0，0)$，$(1，1)$，$(1，-1)$ 的三角形，将每一顶点对应的数对存储为矩阵的一列：

$$H = \begin{pmatrix} 0 & 1 & 1 & 0 \\ 0 & 1 & -1 & 0 \end{pmatrix}$$

对矩阵 H 附加最后一列作为顶点 $(1，-1)$ 的一个邻。通过改变顶点的位置并重新绘图，即可以变换图形。如果变换为线性的，则通过矩阵乘法来实现。观察一系列这样的图形就得到一个动画。计算机中用到的 4 类基本几何变换如下：

（1）缩放变换。形如 $L(x) = cx$ 的变换称为缩放变换。当 $c>1$ 时，该变换称为放大变换；当 $0<c<1$ 时，该变换称为收缩变换。算子 L 可表示为矩阵 cI，其中 I 为一个 $2×2$ 单位矩阵，它把原图形放大 c 倍；同样，收缩变换将图形压缩为原来的 $c(<1)$ 倍。

（2）轴对称变换。为方便起见，我们考虑简单情形。设在平面上变换 L_x 绕坐标轴 x（坐标系 e_1，e_2）翻转，即 $L_x(e_1) = e_1$，$L_x(e_2) = -e_2$，故对应的变换矩阵为

$$A = \begin{pmatrix} 1 & 0 \\ 0 & -1 \end{pmatrix}$$

类似地，若变换 L_y 绕坐标轴 y（坐标系 e_1，e_2）翻转，即 $L_y(e_1) = -e_1$，$L_y(e_2) = e_2$，故对应的变换矩阵为

$$B = \begin{pmatrix} -1 & 0 \\ 0 & 1 \end{pmatrix}$$

（3）旋转变换。变换 L 将一个向量从初始位置逆时针旋转角度 θ。显然，旋转变换也为线性变换，且在二维平面上，有 $L(x) = Ax$，其中变换矩阵为

$$A = \begin{pmatrix} \cos\theta & -\sin\theta \\ \sin\theta & \cos\theta \end{pmatrix}$$

（4）平移变换。对应向量 a 的平移变换定义为

$$L(x) = x + a$$

若 $a \neq 0$，那么 L 非线性变换，且 L 不能表示为一个 2×2 矩阵。然而，计算机图形学中，要求所有的几何变换都要表示为矩阵的乘法。为此，我们引入齐次坐标系。这个新的坐标系使得平移变换可以表示为线性变换。

例 4　矩阵在概率论中的应用（矩阵与马尔可夫链）。考虑一个系统，它可能处于的状态为 S_1，S_2，$\cdots$，S_n。该系统从状态 S_i 以某个给定的概率 p_{ij} 迁移到状态 S_j。例如，假设有四个人，他们相互传球，下面是他们传球的规则：

发球者	接球者	概率
Jackie	Brinkley	0.25
Jackie	Chris	0.50
Jackie	Mark	0.25
Chris	Jackie	0.25
Chris	Brinkley	0.25
Chris	Mark	0.50
Brinkley	Mark	0.40
Brinkley	Chris	0.20
Brinkley	Jackie	0.40
Mark	Brinkley	0.10
Mark	Mark	0.50
Mark	Jackie	0.20
Mark	Chris	0.20

用 J，B，C，M 分别表示 Jackie，Brinkley，Chris，Mark。状态初始向量 $x = (1, 0, 0, 0)$ 表示初始时刻球在 Jackie 手上，即 Jackie 先发球。我们想了解球最终最有可能落在谁的手中。我们把具体问题的处理作为习题留给读者。

从上面所讲的我们应该能够看到，矩阵与现代科学发展以及我们

的日常生活联系紧密。从目前来看，矩阵的应用之所以如此广泛和重要，主要原因是它在计算机编程、问题建模和问题转化等方面的便利。几乎任一款计算软件都需要用矩阵来编程，因为几乎所有线性或非线性问题的数值求解都需要转化为线性代数问题来求解。因此，矩阵就显得尤为重要。现在，基于矩阵运算的编程软件实在太多，其中最具代表性的要数 Matlab（Matrix+Lab，译成"矩阵试验室"）。Matlab 具有强大的矩阵处理功能，这也使得矩阵在科学领域的地位显得更加突出。可以说，在当今高度信息化和高度智能化的时代，没有矩阵的应用和发展，人们几乎寸步难行。

 思考题

1. 你能解释例 1 中矩阵 A^2 的每个元素的含义吗？

2. 计算例 1 中矩阵 A 的立方 A^3，并进一步解释其中每个元素的意义。

3. 完成例 2 中的作图任务，并写出相应的邻接矩阵及其平方。

4. 试作图表示例 4 中的状态转移：用有向边表示从一个状态转移到另一个状态，边的权表示该状态转移的概率，这样作出的图称为加权有向图。